“十三五”国家重点出版物出版规划项目
面向可持续发展的土建类工程教育丛书
普通高等教育工程造价类专业“十三五”系列规划教材

工程造价管理

李建峰　主编
李建峰　赵剑锋　李秋菊　温　馨　编著

机　械　工　业　出　版　社

本书依据建筑业最新国家政策、标准和规范对工程造价管理知识进行了全面梳理，构建了完整的工程造价管理知识体系，体现了工程造价管理体系改革中的最新精神，反映了工程造价的最新动态和方向。

本书共八章，讲述了各阶段工程造价管理的内容与方法，并对当前较为广泛应用的工程造价管理新技术进行了讲解。内容包括：工程造价管理概论、建设项目决策阶段工程造价确定与控制、建设项目设计阶段工程造价确定与控制、建设项目招标投标阶段工程造价确定与控制、建设项目施工阶段工程造价确定与控制、建设项目竣工阶段工程造价确定与控制、工程造价审查及工程造价管理新技术等。

本书针对学生理解和实训需要，采用案例贯穿全书的引导式教学方式，将各个知识点串联成一个整体，并通过各章本章小结与习题，使学生的学习思路更加清晰，提高知识的实践性。

本书文前设有“教学建议（学习导言）”，内容包括本课程的性质与任务、教学导航、课内外教学内容及学时分配、教学方法、相关学习资料与网站等，为教学提供了帮助。书中章前设有学习要点、案例导入，章后设有案例分析、本章小结及关键概念、习题等，书后附有模拟题，方便教与学。

本书配有 PPT 电子课件，免费提供给选用本书作为教材的授课教师。需要者请登录机械工业出版社教育服务网（www. cmpedu. com）注册，免费下载，或根据书末的“信息反馈表”索取。

图书在版编目（CIP）数据

工程造价管理/李建峰等编著. — 北京：机械工业出版社，2017.6（2024.6 重印）

普通高等教育工程造价类专业“十三五”系列规划教材

ISBN 978-7-111-57011-0

Ⅰ.①工… Ⅱ.①李… Ⅲ.①建筑造价管理—高等学校—教材 Ⅳ.①TU723.3

中国版本图书馆 CIP 数据核字（2017）第 130756 号

机械工业出版社（北京市百万庄大街 22 号 邮政编码 100037）

策划编辑：刘 涛 责任编辑：刘 涛 马碧娟 李欣遥 商红云

责任校对：樊钟英 封面设计：马精明 责任印制：张 博

三河市航远印刷有限公司印刷

2024 年 6 月第 1 版第 10 次印刷

184mm×260mm · 15.5 印张 · 368 千字

标准书号：ISBN 978-7-111-57011-0

定价：48.00 元

电话服务 网络服务

客服电话：010-88361066 机 工 官 网：www. cmpbook. com

010-88379833 机 工 官 博：weibo. com/cmp1952

010-68326294 金 书 网：www. golden-book. com

 机工教育服务网：www. cmpedu. com

序　一

1996 年，建设部和人事部联合发布了《造价工程师执业资格制度暂行规定》，工程造价行业期盼多年的造价工程师执业资格制度和工程造价咨询制度在我国正式建立。该制度实施以来，我国工程造价行业取得了三个方面的主要成就：

一是形成了独立执业的工程造价咨询产业。通过住房和城乡建设部标准定额司和中国建设工程造价管理协会（以下简称中价协），以及行业同仁的共同努力，造价工程师执业资格制度和工程造价咨询制度得以顺利实施。目前，我国已拥有注册造价工程师近 11 万人，甲级工程造价咨询企业 1923 家，年产值近 300 亿元，进而形成了一个社会广泛认同独立执业的工程造价咨询产业。该产业的形成不仅为工程建设事业做出了重要的贡献，也使工程造价专业人员的地位得到了显著提高。

二是工程造价管理的业务范围得到了较大的拓展。通过大家的努力，工程造价专业从传统的工程计价发展为工程造价管理，该管理贯穿于建设项目的全过程、全要素，甚至项目的全寿命周期。造价工程师的地位之所以得以迅速提高，就在于我们的业务范围没有仅仅停留在传统的工程计价上，是与我们提出的建设项目全过程、全要素和全寿命周期管理理念得到很好的贯彻分不开的。目前，部分工程造价咨询企业已经通过他们的工作成就，得到了业主的充分肯定，在工程建设中发挥着工程管理的核心作用。

三是通过推行工程量清单计价制度实现了建设产品价格属性从政府指导价向市场调节价的过渡。计划经济体制下实行的是预算定额计价，显然其价格的属性就是政府定价；在计划经济向市场经济过渡阶段，仍然沿用预算定额计价，同时提出了“固定量、指导价、竞争费”的计价指导原则，其价格的属性具有政府指导价的显著特征。2003 年，《建设工程工程量清单计价规范》实施后，我们推行工程量清单计价方式，该计价方式不仅是计价模式形式上的改变，更重要的是通过“企业自主报价”改变了建设产品的价格属性，它标志着我们成功地实现了建设产品价格属性从政府指导价向市场调节价的过渡。

尽管取得了具有划时代意义的成就，但是必须清醒地看到我们的主要业务范围仍然相对单一、狭小，具有系统管理理论和技能的工程造价专业人才仍很匮乏，学历教育的知识体系还不能适应行业发展的要求，传统的工程造价管理体系部分已经不能适应构建我国法律框架和业务发展要求的工程造价管理的发展要求。这就要求我们重新审视工程造价管理的内涵和任务、工程造价行业发展战略和工程造价管理体系等核心问题。就上述三个问题笔者认为：

1. 工程造价管理的内涵和任务。工程造价管理是建设工程项目管理的重要组成部分，它是以建设工程技术为基础，综合运用管理学、经济学和相关的法律知识与技能，为建设项目的工程造价的确定、建设方案的比选和优化、投资控制与管理提供智力服务。工程造价管理的任务是依据国家有关法律、法规和建设行政主管部门的有关规定，对建设工程实施以工程造价管理为核心的全面项目管理，重点做好工程造价的确定与控制、建设方案的优化、投资风险的控制，进而缩小投资偏差，以满足建设项目投资期望的实现。工程造价管理应以工程造价的相关合同管理为前提，以事前控制为重点，以准确工程计量与计价为基础，并通过优化设计、风险控制和现代信息技术等手段，实现工程造价控制的整体目标。

2. 工程造价行业发展战略。一是在工程造价的形成机制方面，要建立和完善具有中国特色的“法律规范秩序，企业自主报价，市场形成价格，监管行之有效”的工程价格的形成机制。二是在工程造价管理体系方面，构建以工程造价管理法律、法规为前提，以工程造价管理标准和工程计价定额为核心，以工程计价信息为支撑的工程造价管理体系。三是在工程造价咨询业发展方面，要在“加强政府的指导与监督，完善行业的自律管理，促进市场的规范与竞争，实现企业的公正与诚信”的原则下，鼓励工程造价咨询行业“做大做强，做专做精”，促进工程造价咨询业可持续发展。

3. 工程造价管理体系。工程造价管理体系是指建设工程造价管理的法律法规、标准、定额、信息等相互联系且可以科学划分的整体。制订和完善我国工程造价管理体系的目的是指导我国工程造价管理法制建设和制度设计，依法进行建设项目的工程造价管理与监督。规范建设项目投资估算、设计概算、工程量清单、招标控制价和工程结算等各类工程计价文件的编制。明确各类工程造价相关法律、法规、标准、定额、信息的作用、表现形式以及体系框架，避免各类工程计价依据之间不协调、不配套，甚至互相重复和矛盾的现象。最终通过建立我国工程造价管理体系，提高我国建设工程造价管理的水平，打造具有中国特色和国际影响力的工程造价管理体系。工程造价管理体系的总体架构应围绕四个部分进行完善，即工程造价管理的法规体系、工程造价管理标准体系、工程计价定额体系以及工程计价信息体系。前两项是以工程造价管理为目的，需要法规和行政授权加以支撑，要将过去以红头文件形式发布的规定、方法、规则等以法规和标准的形式加以表现；后两项是服务于微观的工程计价业务，应由国家或地方授权的专业机构进行编制和管理，作为政府服务的内容。

我国从1996年开始实施造价工程师执业资格制度。天津理工大学在全国率先开设工程造价本科专业，2003年才获得教育部的批准。但是，工程造价专业的发展已经取得了实质性的进展，工程造价业务从传统概预算计价业务发展到工程造价管理。尽管如此，目前我国的工程造价管理体系还不够完善，专业发展正在建设和变革之中，这就急需构建具有中国特色的工程造价管理体系，并积极把有关内容贯彻到学历教育和继续教育中。

2010年4月，笔者参加了2010年度“全国普通高等院校工程造价类专业协作组会议”，会上通过了尹贻林教授提出的成立“普通高等教育工程造价类专业系列规划教材”编审委员会的议题。我认为，这是工程造价专业发展的一件大好事，也是工程造价专业发展的一项重要基础工作。该套系列教材是在中价协下达的“造价工程师知识结构和能力标准”的课题研究基础上规划的，符合中价协对工程造价知识结构的基本要求，可以作为普通高等院校工程造价专业或工程管理专业（工程造价方向）的本科教材。2011年4月中价协在天津召开了理事长会议，会议决定在部分普通高等院校工程造价专业或工程管理专业（工程造价方向）试点，推行双证书（即毕业证书和造价员证书）制度，我想该系列教材将成为对认证院校评估标准中课程设置的重要参考。

该套教材体系完善，科目齐全，虽未能逐一拜读各位老师的新作，进而加以评论，但是，我确信这将又是一个良好的开端，它将打造一个工程造价专业本科学历教育的完整结构，故笔者应尹贻林教授和机械工业出版社的要求，欣然命笔，写下对工程造价专业发展的一些个人看法，勉为其序。

中国建设工程造价管理协会
秘书长　吴佐民

注：本序写于2011年。

序　二

进入21世纪，我国高等教育界逐渐承认了工程造价专业的地位。这是出自以下考虑：首先，我国三十余年改革开放的过程主要是靠固定资产投资拉动经济的迅猛增长，导致对计量计价和进行投资控制的工程造价人员的巨大需求，客观上需要在高校办一个相应的本科专业来满足这种需求。其次，高等教育界的专家、领导也逐渐意识到一味追求宽口径的通才培养不能适用于所有高等教育形式，开始分化，即重点大学着重加强对学生的人力资源投资通用性的投入以追求“一流”，而对于大多数的一般大学则着力加强对学生的人力资源投资专用性的投入以形成特色。工程造价专业则较好地体现了这种专用性，它是一个活跃而精准满足上述要求的小型专业。第三，大学也需要有一个不断创新的培养模式，既不能泥古不化，也不能随市场需求而频繁转变。达成上述共识后，高等教育界开始容忍一些需求大，但适应面较窄的专业。在十余年的办学历程中，工程造价专业周围逐渐聚拢了一个学术共同体，以“全国普通高等院校工程造价类专业教学协作组”的形式存在着，每年开一次会议，共同商讨在教学和专业建设中遇到的难题，目前已有几十所高校的专业负责人参加了这个学术共同体，日显人气旺盛。

在这个学术共同体中，大家认识到，各高校应因地制宜，创出自己的培养特色。但也要有一些核心课程来维系这个专业的正统和根基。我们把这个根基定为与大学生的基本能力和核心能力相适应的课程体系。培养学生基本能力是各高校基础课程应完成的任务，对应一些公共基础理论课程；而核心能力则是今后工程造价专业适应行业要求的培养目标，对应一些高校自行设置、各有特色的工程造价核心专业课程。这两类能力和其对应的课程各校均已达成共识，从而形成了这套“普通高等教育工程造价类专业系列规划教材”。以后的任务则是要在发展能力这个层次上设置各校特色各异又有一定共识的课程和教材，从英国工程造价（QS）专业的经验看，这类用于培养学生的发展能力的课程或教材至少应该有项目融资及财务规划、价值管理与设计方案优化、LCC及设施管理等。这是我们协作组今后的任务，可能要到“十三五”才能实现。

那么，高等教育工程造价专业的培养对象，即我们的学生应如何看待并使用这套教材呢？我想，学生应首先从工程造价专业的能力标准体系入手，真正了解自己为适应工程造价咨询行业或业主方、承包商方工程计量计价及投资控制的需要而应当具备的三个能力层次体系，即从成为工程造价专业人士必须掌握的基本能力、核心能力、发展能力入手，了解为适应这三类能力的培养而设置的课程，并检查自己的学习是否掌握了这几种能力。如此循环往复，与教师及各高校的教学计划互动，才能实现所谓的“教学相长”。

工程造价专业从一代宗师徐大图教授在天津大学开设的专科专业并在技术经济专业植入工程造价方向以来，在21世纪初，由天津理工大学率先获得教育部批准正式开设目录外专业，到本次教育部调整高校专业目录获得全国管理科学与工程学科教学指导委员会全体委员投票赞成保留，历时二十余载，已日臻成熟。期间徐大图教授创立的工程造价管理理论体系至今仍为后人沿袭，而后十余年间又经天津理工大学公共项目及工程造价研究所研究团队及开设工程造价专业的高校同行共同努力，已形成坚实的教学体系及理论基础，在工程造价这个学术共同体中聚集了国家级教学名师、国家级精品课、国家级优秀教学团队、国家级特色专业、国家级优秀教学成果等一系列国家教学质量工程中的顶级成果，对我国工程造价咨询业和建筑业的发展形成强烈支持，贡献了自己的力量，得到了高等工程教育界的认同，也获得了世界同行们的瞩目。可以想见，经过进一步规划和建设，我国高等工程造价专业教育必将赶超世界先进水平。

天津理工大学公共项目与工程造价研究所（IPPCE）所长
尹贻林　博士　教授

注：本序写于2011年。

前　言

随着我国建筑行业的日益规范和不断完善，以及国家法律法规、建筑标准、造价文件的修订及细化，工程造价管理也出现了一些新的变化和要求。为了更好地培养具有较高素质和实践能力的造价管理人员，满足新形势下工程管理及相关专业的教学需要，本书编者依据近年来最新的工程造价管理制度、法规、规范、政策文件、定额资料、造价信息和研究成果，结合教学实践和同行们的建议，编写了本书。

在整个编写过程中，坚持“吐故纳新，完善内容，贴近教学，突出实用”的指导思想，使本书内容更加符合当前工程造价管理和教学的需要。力争通过对本书的讲授，达到提高学生学习兴趣，学以致用的教学效果。本书的编写具有以下特点：

(1) 内容时效性强　本书着眼于工程造价管理体制改革的前沿内容，在编写过程中依据建筑业“营改增”、《建设项目投资估算编审规程》(CECA/GC1—2015)、《建设项目设计概算编审规程》(CECA/GC2—2015)、《建设项目施工图预算编审规程》(CECA/GC5—2010)、《建设工程招标控制价编审规程》(CECA/GC6—2011)、《建筑安装工程费用项目组成》(建标［2013］44号)、《建设工程工程量清单计价规范》(GB 50500—2013)、《建设工程施工合同（示范文本)》(GF—2013—0201) 及《建设工程造价咨询合同（示范文本)》(GF—2015—0212) 等国家政策规范，对工程造价管理知识进行了全面梳理和展现，体现了造价管理体系改革中的新精神，反映了工程造价的新动态和方向。

(2) 知识体系覆盖面广　本书从全面构建一个完整的工程造价管理知识体系出发，以全过程造价管理为线索，全面讲述了各阶段工程造价管理的内容与方法，并为更好地适应工程造价管理的时代发展，对当前较为广泛应用的工程造价管理新技术进行讲解。

(3) 重难点突出　本书在编写过程中突出重点、难点，同时针对难点努力做到深入浅出，通过一系列工程实例提高学生对知识的理解度，适用于不同层次的学生。

(4) 学习实践性高　针对学生理解和实训需要，采用案例贯穿全书的引导式教学编写方式，将各个知识点串联成一个整体，并通过各章本章小结与习题，使学生学习思路更加清晰，从而提高知识的实践性。

本书分为八章，主要内容包括：工程造价管理概论、建设项目决策阶段工程造价确定与控制、建设项目设计阶段工程造价确定与控制、建设项目招标投标阶段工程造价确定与控制、建设项目施工阶段工程造价确定与控制、建设项目竣工阶段工程造价确定与控制、工程造价审查及工程造价管理新技术等。

全书由长安大学李建峰教授策划和主编，长安大学的赵剑锋、李秋菊、温馨等参与编著。

本书的出版有我们研究团队的努力，也有同行的中肯建议，更有出版社的大力支持；另外，在编写过程中参阅了大量的文献和资料，在此对这些文献的作者和所有关心本书的同行、使用者、支持者深表谢意。

由于诸多原因，书中难免存在疏漏和不足之处，恳请大家不吝赐教，我们将不胜感激。

编著者

2017年1月于西京园

教学建议（学习导言）

一、课程的性质与任务

“工程造价管理”是高等院校工程造价专业的必修课程，而且是专业主干课程；是工程管理专业工程投资与造价管理方向的专业必修课程；是土木工程专业的专业选修课程，在专业学习中起着核心作用。

该课程是一门综合性、适用性和实践性极强的课程，综合运用了相关课程（如房屋建筑学、建筑制图、工程计量与计价、土木工程施工等）的有关知识，以建设项目为研究对象，研究建设项目建设过程中工程造价的管理问题。工程造价管理就是综合运用管理学、经济学、工程技术、信息技术等方面的知识与技能，对工程造价进行的预测、计划、控制、核算、分析和评价等工作过程。

本课程的主要任务是：培养学生掌握工程造价管理的基本原理、全过程工程造价确定与控制的方法和措施，并运用其原理、方法解决工程建设中实际问题的能力，为学生今后从事与建设项目造价管理有关的工作打下理论基础，同时提高学生的学识水平和实操水平。

二、教学导航

本课程的框架体系和知识要点如图1所示。

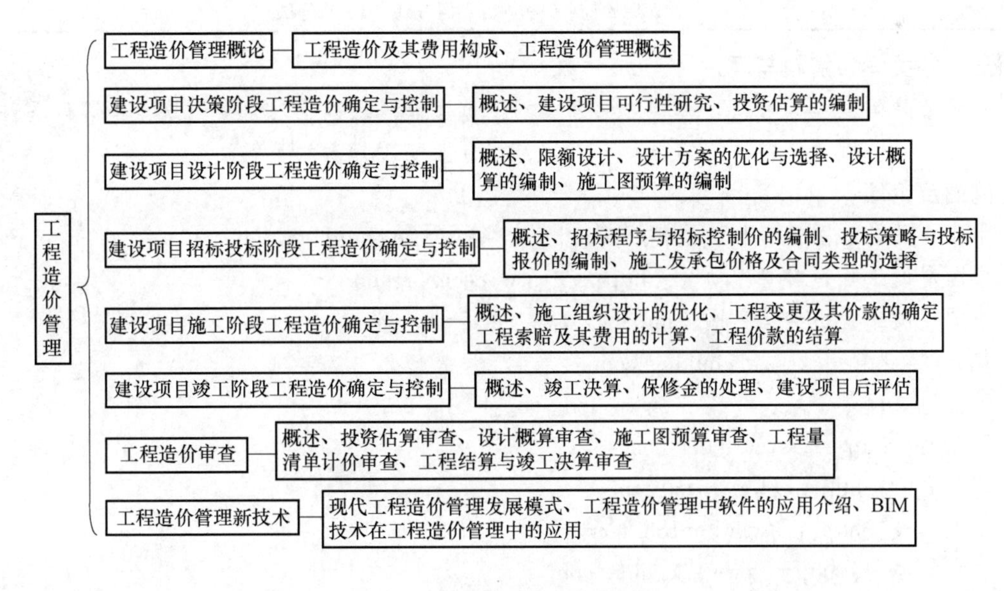

图1　框架体系与知识要点

三、课内外教学内容及学时分配

使用本书的课内外教学内容及学时分配见表1（仅供参考）。

表1 课内外教学内容及学时分配参考表

章节	内容	课内学时	课外	课外学时
1	工程造价管理概论	4~5	作业布置	2
2	建设项目决策阶段工程造价确定与控制	4~5	作业布置、搜寻实例	2
3	建设项目设计阶段工程造价确定与控制	7~9	作业布置、搜寻实例	5
4	建设项目招标投标阶段工程造价确定与控制	6~8	上机教学1学时、作业布置、搜寻实例	4
5	建设项目施工阶段工程造价确定与控制	8~9	上机教学1学时、作业布置、搜寻实例	5
6	建设项目竣工阶段工程造价确定与控制	4~5	作业布置、搜寻实例	3
7	工程造价审查	4	作业布置、搜寻实例	3
8	工程造价管理新技术	3	上机教学1学时、作业布置	2
	合计	40~48		26

四、教学方法

教学方法：为了确保教学质量，尽量采用启发式教学、直观教学和案例教学以及翻转课堂等；为提高效率和效果，尽量采用多媒体教学。

考核方法：在教学过程的各个环节，从学生的出勤、课堂表现、作业、测验、项目完成情况及完成质量，对学生进行全方位的考核，具体考核方法见表2。

表2 考核方法

类别	考核项目	考核主要内容及其知识点	考核方式	考核时间	所占权重
形成性考核	平时考核	到课情况、课堂表现	记录	每次上课	15%
	实践考核	作业完成情况	作业	每章后	15%
	阶段考核	每章讲完后总结性测验	笔试	每章后	10%
终结性考核	期末考核	结课后的整个课程内容卷面考试	笔试	结课后	60%

五、相关学习资料与网站

在课余时间，学生可以查阅相关参考文献，也可以登录以下网站及论坛，还可以关注相关微信公众号，以扩充自己的知识面，充实对本专业相关知识的了解。

网站及论坛：

中华人民共和国住房和城乡建设部：http：//www. mohurd. gov. cn

中国建设工程造价管理协会：http：//www. ceca. org. cn

中国建设工程造价信息网：http：//www. cecn. gov. cn

筑龙网：http：//www. zhulong. com

天圆地方建筑论坛：http：//www. tydf. cn

天工网：http：//www. tgnet. com

建工之家：http：//www. jgzj. com

土木在线：http：//www. co188. com

土木工程网：http：//www. civilcn. com

造价者网：http：//www. shigoog. com

微信公众号：

中国建设工程造价管理协会：zjxwxfupt　　筑龙造价：zhulongzj

建筑工程精选：zao-jia　　定额之家：zgdewcn

目 录

第 1 章 工程造价管理概论

学习要点

●知识点：工程造价的概念、划分、特点及职能，工程造价的费用构成，工程造价管理的概念及内容，国内外工程造价管理的现状。

●重点：工程造价的概念，工程造价的费用构成，工程造价管理的概念及内容，我国工程造价管理现状。

●难点：工程造价的费用构成（建筑安装工程费部分），工程造价管理的内容。

1.1 工程造价及其费用构成

1.1.1 工程造价

1. 工程造价的概念

工程造价（Project Costs）是指某建设项目（工程）的建造价格，本质上属于价格范畴，从不同角度理解，工程造价有广义和狭义之分。

广义上，从投资者的角度定义，是指建设项目的建设成本，即预期开支或实际开支的项目的全部建设费用，包括建筑工程费、安装工程费、设备及相关费用⊖。

狭义上，从市场经济的角度定义，是指建设项目的承发包价格，即工程价格，是在建设某项工程，预计或实际交易活动中，所形成的工程承包合同价。这是以工程、设备、技术等特定商品作为交易对象，通过招标投标（以下简称招投标）或其他交易方式，在各方反复测算的基础上，最终由市场形成的价格。

工程造价两种含义的区别主要在于需求主体和供给主体，两方在市场中追求的经济利益不同。从管理性质来看，前者属于投资管理范畴，后者属于价格管理范畴；从管理目标来看，投资者关注的是较低的投资费用，承包商关注的是合理甚至较高的工程造价。

此外，学术界相关学者认为工程造价就是工程项目在建设期预计或实际支出的建设费用。

2. 工程造价的划分

工程造价一般按以下不同进行划分：

（1）按研究对象不同分

1）建设工程造价。它是指完成一个建设项目所花费的费用总和，即该建设项目从建设

⊖ 如最终形成的是生产性项目，则工程造价是固定资产投资和流动资金投资之和；如最终形成的是非生产性项目，则工程造价是固定资产投资之和。

前期到竣工投产全过程所花费的费用总和，包括建筑安装工程费用、设备及工器具购置费用、工程建设其他费用等。

2）单项工程[⊖]造价。它是指完成一个单项工程所花费的费用总和，是建设工程造价的组成部分，主要包括建筑安装工程费、设备及工器具购置费。如属于独立的单项工程，还包括工程建设其他费用。

3）单位工程[⊜]造价。它是指完成一项单位工程所花费的总费用，是单项工程造价的组成部分，主要包括土建工程费、电气照明工程费、管道工程费、机械设备安装工程费、通风空调工程费等。

（2）按建设项目建设阶段不同分

1）预期（或预算）造价。它是指正式施工之前，在项目建设的不同阶段，对工程造价的预计和核定，包括投资估算、设计概算、施工图预算、合同价等。各阶段对应的造价如图1-1所示。

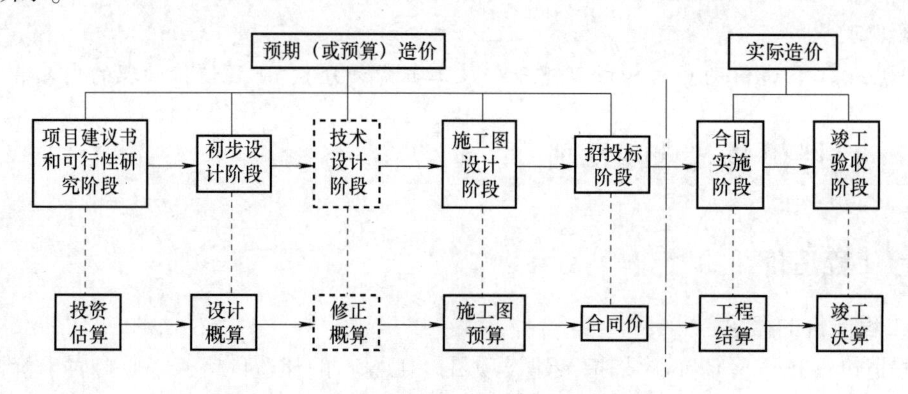

图1-1　不同建设阶段对应的工程造价

注：图中虚线表示该阶段与相对应造价，虚框表示某些项目不一定有该阶段。

2）实际造价。它是指完成一项建设项目实际所花费的费用。即工程结算或竣工决算所显示的费用。

（3）按单位工程的专业不同分　按此类别划分，工程造价一般分为建筑工程造价、装饰工程造价、安装工程造价、市政工程造价和园林绿化工程造价等。

3. 工程造价的特点

建设产品的生产和交易与一般工业产品相比较，既有相同性又有众多不同点。其相同性表现在：生产上的连续性和阶段性，组织上的专业化和协作化，凝结在产品上的活劳动和物化劳动，决定价格的价值规律、供求规律、货币流通规律等。由于建设产品本身及其施工生产的特殊性，其工程造价具有如下特点：

1）大额性。能够发挥投资效用的任何一项建设项目，不仅实物形体庞大，而且造价高昂。动辄数百万、千万、亿、十几亿元，特大型工程项目的造价可达百亿、千亿元。工程造

⊖ 单项工程是指具有单独设计文件的，建成后可以独立发挥生产能力或效益的一组配套齐全的工程项目，是建设项目的组成部分。

⊜ 单位工程是指具有独立的设计文件，具备独立施工条件并能形成独立使用功能，但竣工后不能独立发挥生产能力或工程效益的工程，是单项工程的组成部分。

价的大额性使其关系到有关各方的重大经济利益，同时也会对宏观经济产生重大影响。这就决定了工程造价的特殊地位，也说明了工程造价管理的重要意义。

2）个别性、差异性。任何一项建设项目都有特定的用途、功能、规模。因此，对每一项建设项目的结构、造型、空间分割、设备配置和内外装饰都有具体的要求，因而使建设项目内容和实物形态都具有个别性、差异性。产品的差异性决定了工程造价的个别性差异。同时，每项建设项目所处地区、地段都不相同，使这一特点得到强化。

3）动态性。任何一项建设项目从决策到竣工交付使用，建设周期较长，且在预计工期内，存在许多影响工程造价的动态因素，如工程变更，设备材料价格变化，工资标准以及费率、利率、汇率等的变化。所以，工程造价在整个建设期处于动态变化中，直至竣工决算后才能最终确定项目的实际造价。

4）层次性。工程造价的层次性取决于建设项目的层次性。一个建设项目往往含有多个单项工程（车间、写字楼、住宅楼等），一个单项工程又由多个单位工程（土建工程、安装工程等）组成。与此相适应，工程造价有三个层次：建设项目总造价、单项工程造价和单位工程造价。如果专业分工更细，单位工程（如土建工程）的组成部分分部分项工程也可以成为交换对象，如大型土方工程、基础工程、装饰工程等，这样工程造价的层次就增加分部工程和分项工程而成为五个层次。即使从工程造价的计算和工程管理的角度来看，工程造价的层次性也是非常突出的。

5）兼容性。工程造价的兼容性首先表现在它具有两种含义，其次表现在工程造价构成因素的广泛性和复杂性。在工程造价中，首先，成本因素非常复杂，其中为获得建设工程用地支出的费用、与政府一定时期政策（特别是产业政策和税收政策）相关的费用、材料费等占有相当的份额。其次，盈利的构成也较为复杂，资金成本较大。

4. 工程造价的职能

工程造价除具有一般商品的价格职能（即价值表现、市场交易和调节）外，还具有以下特殊职能：

1）预测职能。由于工程造价具有大额性和动态性的特点，无论是投资者还是承包商都要对拟建项目的工程造价进行预先测算。投资者预先测算工程造价，不仅作为项目决策依据，同时也是筹集资金、控制造价的需要。承包商对工程造价的测算，既为投标决策提供依据，也为投标报价和成本管理提供依据。

2）控制职能。工程造价一方面可以对投资进行控制，即在投资的各个阶段，根据对造价的多次预估，对造价的全过程进行多层次的控制；另一方面可以对以承包商为代表的商品和劳务供应企业的成本进行控制，在承包价格确定之后，企业的成本开支决定其盈利水平，工程造价提供的信息资料是控制工程成本的基本依据。

3）评价职能。①工程造价是评价投资合理性和投资效益的主要依据；②工程造价是评价土地价格、建筑安装工程产品和设备价格合理性的依据；③工程造价是评价建设项目偿还贷款能力、盈利能力和宏观效益的重要依据；④工程造价是评价承包商管理水平和经营成果的依据。

4）调控职能。由于项目建设直接关系到经济增长、资源分配和资金流向，对国计民生会产生重大影响，所以政府依据发展状况，在不同时期要对建设规模、投资结构等进行宏观调控，这些调控可用工程造价作为经济杠杆，对项目建设中的物质消耗水平、建设规模、投资方向等进行调控和管理。

1.1.2 工程造价的费用构成

工程造价的**费用构成**是指建设项目建设全过程中所需花费的各类项目费用的分配和归集，类似于企业财务上会计科目的设立和划分。正确理解工程造价的费用构成是正确归集和分配生产费用的重要前提，也是准确计算工程造价的先决条件。由于建筑产品交易属于先订货、后生产的期货交易模式，承包单位必须按照政府规定或招标文件中或合同规定的计价模式（包括费用划分和计算程式）进行计价、报价，才能准确计算工程造价，这保证了工程造价计算的合理有序、层次分明，便于归类和检查。

1. 建设项目投资的构成

（1）建设项目总投资　**建设项目总投资**是指投资主体为获取预期收益，在选定的建设项目上投入所需全部资金的经济行为。生产性建设项目总投资包括固定资产投资和包含铺底流动资金在内的流动资产投资两部分，其中流动资金的计算见第 2 章，而非生产性建设项目总投资只有固定资产投资。

固定资产投资是投资主体为了特定的目的，以达到预期收益的资金垫付行为。在我国，按管理渠道分类，固定资产投资包括基本建设投资、更新改造投资、房地产开发投资和其他固定资产投资四个部分。建设项目的固定资产投资也就是建设项目的工程造价，两者在量上是等同的，其中建筑安装工程投资也就是建筑安装工程造价，两者在量上也是等同的。

项目总投资中的流动资金形成项目运营过程中的流动资产，**流动资金**是指在工业项目投产前预先垫付，在投产后的生产经营过程中用于购买原材料、燃料动力、备品备件，支付工资和其他费用以及被产品、半成品和其他存货占用的周转资金，这些不构成建设项目总造价。

（2）静态投资与动态投资

1）静态投资。**静态投资**是指在工程计价（投资估算、设计概算和施工图预算）时，以某一基准年、月的建设要素的单价为依据所计算出的工程造价瞬时值。它包括因工程量误差而可能引起的造价增加，不包括以后因价格上涨等风险因素所增加的投资，也不包括因时间因素而发生的资金利息净支出。静态投资由建筑安装工程费、设备及工器具和生产家具购置费、工程建设其他费用和预备费中的基本预备费等四部分费用组成。静态投资是动态投资最主要的组成部分，也是动态投资的计算基础。

2）动态投资。**动态投资**是指为完成某一项目的建设，预计投资需要量的总和。它除了包括静态投资所含内容以外，还包括建设期贷款利息、固定资产投资方向调节税（暂停征收）、价差预备费、新开征税费，以及由于汇率变动而引起的费用增加等部分的费用。动态投资符合市场价格运动规律的要求，使项目投资的计划、估算、控制更加贴合实际。

我国的建设工程造价的费用构成已基本稳定，并与国际工程十分接近，由建筑安装工程费、设备及工器具购置费、工程建设其他费用、预备费、建设期贷款利息、固定资产投资方向调节税（暂停征收）等构成。

2. 建筑安装工程费

根据《建筑安装工程费用项目组成》（建标〔2013〕44 号）和《关于做好建筑业营改增建设工程计价依据调整准备工作的通知》（建办标〔2016〕4 号）等的规定，**建筑安装工程费**可按费用构成要素或造价形成划分，如图 1-2 和图 1-3 所示。

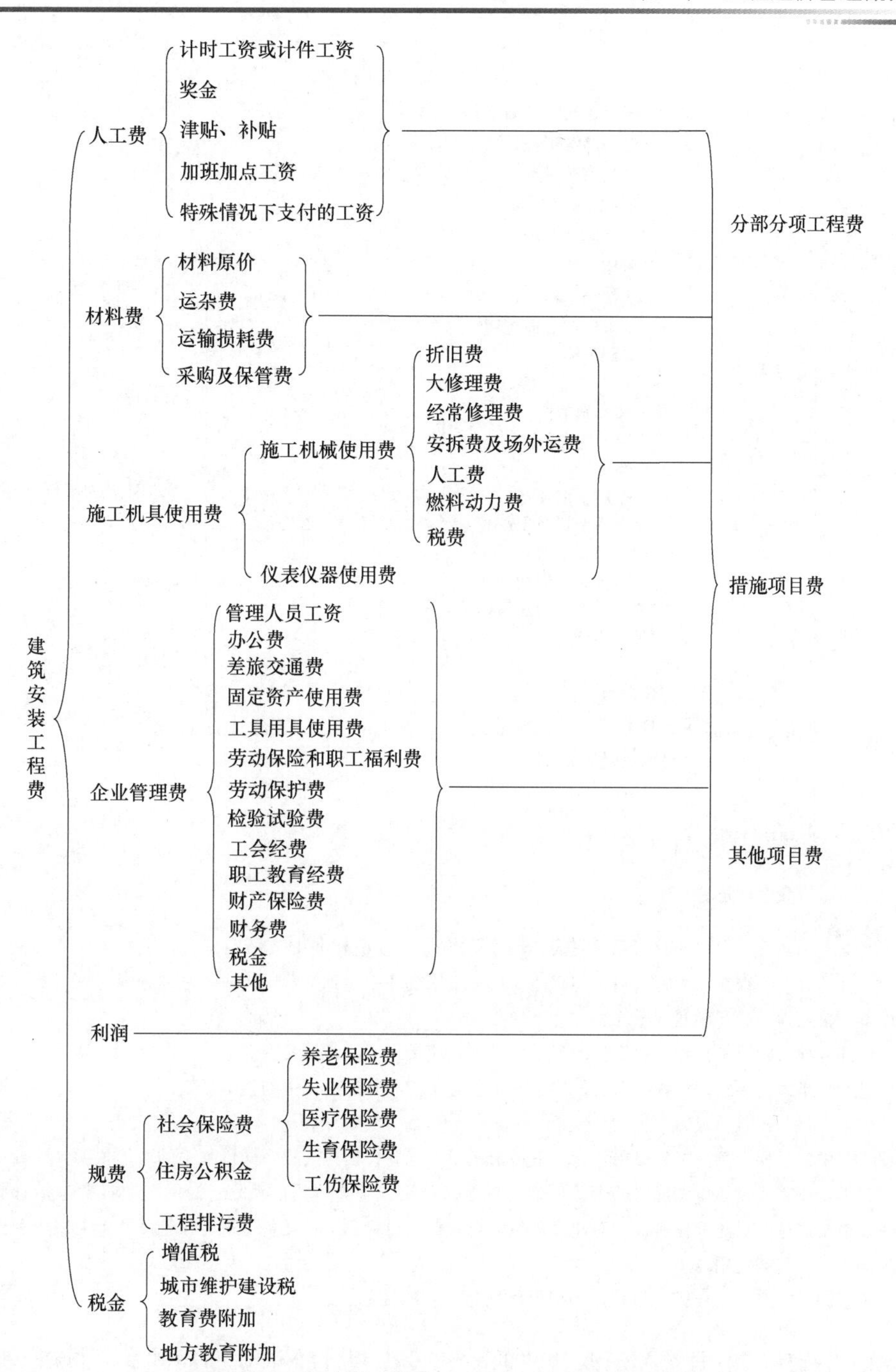

图1-2 建筑安装工程费（按费用构成要素划分）

注：图中人工费、材料费、施工机具使用费、企业管理费和利润五项之和相当于按造价形成划分中的分部分项工程费、措施项目费和其他项目费三项之和。

其中，人工费是指按工资总额构成规定，支付给从事建筑安装工程施工的生产工人和附属生产单位工人的各项费用。

材料费是指施工过程中耗费的原材料、辅助材料、构配件、零件、半成品或成品、工程设备的费用。

施工机具使用费是指施工作业所发生的施工机械、仪器仪表使用费或其租赁费。

企业管理费是指建筑安装企业组织施工生产和经营管理所需的费用。

利润是指施工企业完成所承包工程获得的盈利。

规费是指按国家法律、法规规定，由省级政府和省级有关权力部门规定必须缴纳或计取的费用。

税金是指按照国家税法规定应计入建筑安装工程造价的增值税、城市维护建设税、教育费附加及地方教育附加。

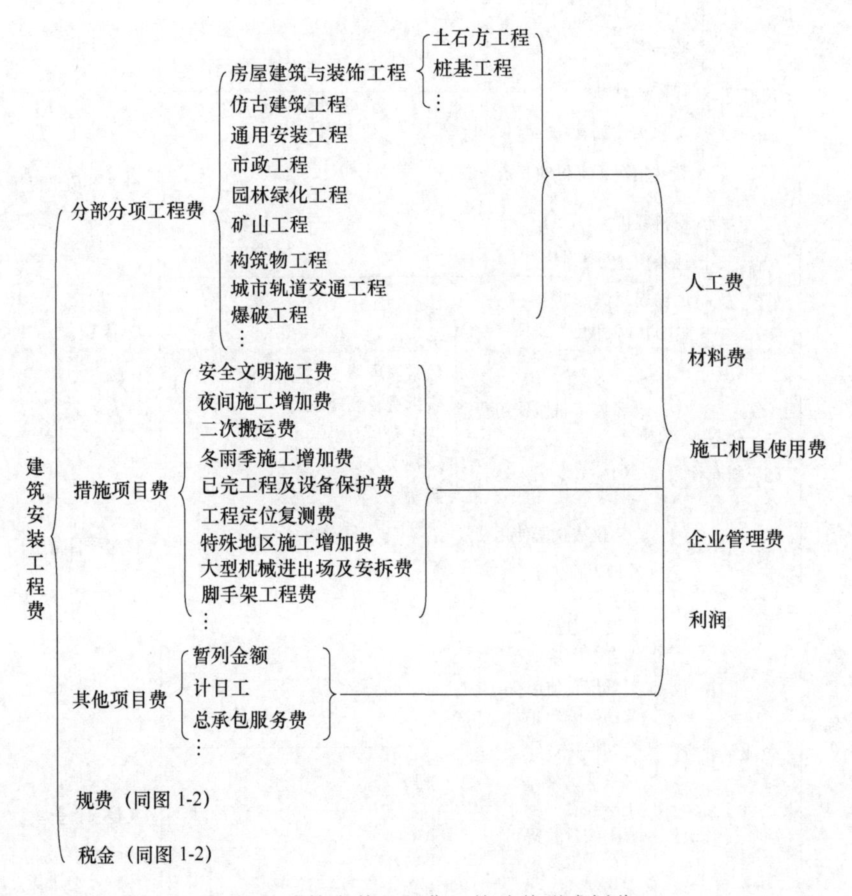

图 1-3　建筑安装工程费（按造价形成划分）

注：图中分部分项工程费、措施项目费和其他项目费三项之和相当于按费用构成要素划分中的人工费、材料费、施工机具使用费、企业管理费和利润五项之和。

其中，分部分项工程费是指各专业工程的分部分项工程应予列支的各项费用。

措施项目费是指为完成建设工程施工，发生于该工程施工前和施工过程中的技术、生活、安全、环境保护等方面的费用。

其他项目费中的暂列金额是指建设单位在工程量清单中暂定并包括在工程合同价款中的一笔款项；计日工是指在施工过程中，施工企业完成建设单位提出的施工图以外的零星项目或工作所需的费用；总承包服务费是指总承包人为配合、协调建设单位进行的专业工程发包，对建设单位自行采购的材料、工程设备等进行保管以及施工现场管理、竣工资料汇总整理等服务所需的费用。

规费和税金同建筑安装工程费（按费用构成要素划分）中的规定。

以陕西省为例，根据《关于调整陕西省建设工程计价依据的通知》（陕建发〔2016〕100 号）中的规定，增值税销项税额和附加税⊖的计算方法见式（1-1）和式（1-2）。

$$\text{增值税销项税额} = \text{税前工程造价} \times 9\% \tag{1-1}$$

$$\text{附加税} = (\text{分部分项工程费} + \text{措施项目费} + \text{其他项目费} + \text{规费}) \times \text{附加税率} \tag{1-2}$$

其中，9% 为建筑业增值税税率，税前工程造价为分部分项工程费、措施项目费、其他项

⊖ “营改增”后，陕西省将原城市维护建设税、教育费附加及地方教育附加划为附加税，有的省份将其列入企业管理费，详见各省“营改增”文件。

目费及规费之和乘以综合系数，各费用项目均以不包含增值税可抵扣进项税额的价格计算。附加税率按纳税地点在市区，县城、镇及市区、县城、镇以外分别为0.48%、0.41%、0.28%。

3. 设备及工器具购置费

设备及工器具购置费由设备购置费和工器具及生产家具购置费组成，它是固定资产投资中的组成部分，一般在生产性建设项目中约占项目投资费用的40%左右。

(1) 设备购置费的构成及计算　**设备购置费**是指为建设项目购置或自制达到固定资产标准的设备费用，计算方法见式（1-3）。

$$\text{设备购置费}=\text{设备原价}+\text{设备运杂费} \tag{1-3}$$

设备原价是指国产标准设备、国产非标准设备、进口设备的原价。设备运杂费是指除设备原价之外与设备采购、运输、途中包装及仓库保管等方面支出有关的费用总和。

1）国产设备原价的构成及计算。国产设备原价是指设备制造厂的交货价，即出厂价，或订货合同价。它一般根据生产厂商或供应商的询价、报价、合同价确定，或采用一定的方法通过计算确定。国产设备分为**国产标准设备**和**国产非标准设备**。

国产标准设备是指按照主管部门颁布的标准图样和技术要求，由我国设备生产厂批量生产的，符合国家质量检验标准的设备。国产标准设备原价一般指的是设备制造厂的交货价，即出厂价。如果设备由设备成套公司供应，则以订货合同价为设备原价。国产标准设备的原价有两种，即带有备件的原价和不带备件的原价，一般按带有备件的原价计算。

国产非标准设备是指国家尚无定型标准，不能成批定点生产，只能按一次订货，并根据具体的设计图样制造的设备。非标准设备原价的计算有**成本计算估价法**、扩大定额估价法、类似设备估价法和概算指标估价法。

① 成本计算估价法的计算方法见式（1-4）～式（1-13）。

$$\text{非标准设备原价}=\text{制造成本}+\text{利润}+\text{增值税}+\text{设计费} \tag{1-4}$$

其中：

$$\begin{aligned}\text{制造成本}=&\text{主要材料费}+\text{加工费}+\text{辅助材料费}+\text{专用工具费}+\\&\text{废品损失费}+\text{外购配套件费}+\text{包装费}\end{aligned} \tag{1-5}$$

$$\text{主要材料费}=\text{材料净重}\times(1+\text{加工损耗系数})\times\text{每吨材料综合价格} \tag{1-6}$$

$$\begin{aligned}\text{加工费}=&\text{设备总质量}\times\text{设备每吨加工费}(\text{包括生产工人工资和工资附加费、}\\&\text{燃料动力费、设备折旧费、车间经费等})\end{aligned} \tag{1-7}$$

$$\begin{aligned}\text{辅助材料费}=&\text{设备总重量}\times\text{辅助材料费（包括焊条、焊丝、}\\&\text{氧气、氩气、氮气、电石、油漆等费用）指标}\end{aligned} \tag{1-8}$$

$$\text{专用工具费}=(\text{主要材料费}+\text{加工费}+\text{辅助材料费})\times\text{一定百分比} \tag{1-9}$$

$$\text{废品损失费}=(\text{主要材料费}+\text{加工费}+\text{辅助材料费}+\text{专用工具费})\times\text{一定百分比} \tag{1-10}$$

外购配套件费，按设备设计图样所列的外购配套件价格加运杂费计算。

$$\begin{aligned}\text{包装费}=&(\text{主要材料费}+\text{加工费}+\text{辅助材料费}+\text{专用工具费}+\\&\text{废品损失费}+\text{外购配套件费})\times\text{一定百分比}\end{aligned} \tag{1-11}$$

$$\begin{aligned}\text{利润}=&(\text{主要材料费}+\text{加工费}+\text{辅助材料费}+\text{专用工具费}+\\&\text{废品损失费}+\text{包装费})\times\text{一定利润率}\end{aligned} \tag{1-12}$$

增值税 = 当期销项税额 − 进项税额 = 销售额(制造成本 + 利润) × 税率 − 进项税额 (1-13)

非标准设备设计费，按国家规定的设计收费标准计算。

② 扩大定额估价法的计算方法见式（1-14）~ 式（1-18）。

非标准设备原价 = 材料费 + 加工费 + 其他费 + 设计费 (1-14)

其中：

材料费 = 设备净重 ×(1 + 加工损耗系数) × 每吨材料综合价格 (1-15)

$$加工费 = \frac{加工费比重}{材料费比重} \times 材料费 \tag{1-16}$$

$$其他费 = \frac{其他费比重}{材料费比重} \times 材料费 \tag{1-17}$$

设计费 =(材料费 + 加工费 + 其他费) × 设计费费率 (1-18)

③ 类似设备估价法的计算方法见式（1-19）。

$$P = \frac{\frac{P_1}{Q_1} + \frac{P_2}{Q_2}}{2} Q \tag{1-19}$$

式中 P——拟估非标准设备原价；

Q——拟估非标准设备总重；

P_1、P_2——已生产的同类非标准设备价格；

Q_1、Q_2——已生产的同类非标准设备质量。

在类似或系列设备中，当只有一个或几个设备没有价格时，可根据其邻近已有设备价格按式（1-19）确定拟估设备的价格。

④ 概算指标估价法是指根据各制造厂或其他有关部门收集的各种类型非标准设备的制造价或合同价资料，经过统计分析综合平均得出每吨设备的价格，再根据该价格进行非标准设备估价的方法，计算方法见式（1-20）。

$$P = QM \tag{1-20}$$

式中 P——拟估非标准设备原价；

Q——拟估非标准设备净重；

M——该类设备单位质量的理论价格。

【例 1-1】 某企业拟采购一台国产非标准设备，据调查，供货方生产该台设备所用材料费为 22 万元，加工费为 3 万元，辅助材料费为 0.2 万元，供货方为生产该设备，在材料采购过程中发生增值税进项税额 1 万元。专用工具费费率为 1.2%，废品损失费费率为 12%，外购配套件费为 4.5 万元，包装费费率为 1%，利润率为 6%，增值税税率为 17%，非标准设备设计费为 4 万元，试求该国产非标准设备的原价。

【解】 专用工具费 =(22 +3 +0.2) 万元 ×1.2% =0.302 4 万元

废品损失费 =(22 +3 +0.2 +0.302 4) 万元 ×12% =3.060 3 万元

包装费 =(22 +3 +0.2 +0.302 4 +3.060 3 +4.5) 万元 ×1% =0.330 6 万元

利润 =(22 +3 +0.2 +0.302 4 +3.060 3 +0.330 6) 万元 ×6% =1.733 6 万元

销项税额 =(22 +3 +0.2 +0.302 4 +3.060 3 +4.5 +0.330 6 +1.733 6) 万元 ×17% =

5.971 6 万元

增值税 =(5.971 6 −1)万元 =4.971 6 万元

该国产非标准设备的原价 = （22 +3 +0.2 +0.302 4 +3.060 3 +0.330 6 +1.733 6 +4.971 6 +4.5 +4） 万元 =44.098 5 万元

2）进口设备原价的构成与计算。进口设备原价是指进口设备的抵岸价，即抵达买方国家的边境港口或边境车站，且交完关税后所形成的价格，进口设备的交货方式有内陆交货类、目的地交货类和装运港交货类。

① 内陆交货类。它是指卖方在出口国内陆的某个地点交货。

② 目的地交货类。它是指卖方在进口国的港口或者内地交货，主要有目的港船上交货价、目的港船边交货价（FOS 价[一]）、目的港码头交货价（关税已付）和完税后交货价（进口国指定地点）等几种交货价。

③ 装运港交货类。它是指卖方在出口国装运港交货，主要有**装运港船上交货价**（FOB 价[二]，也称离岸价）、运费在内价（CFR 价[三]）、运费和保险费在内价（CIF 价[四]，也称到岸价）等几种交货价。

FOB 价是我国进口设备采用最多的一种货价。采用 FOB 价时卖方的责任如下：①在规定的期限内，负责在合同规定的装运港口将货物装上买方指定的船只，并及时通知买方；②负担货物装船前的一切费用和风险；③负责办理出口手续；④提供出口国政府或有关方面签发的证件；⑤负责提供有关装运单据。买方的责任如下：①负责租船或订舱，支付运费，并将船期、船名通知卖方；②负担货物装船后的一切费用及风险；③负责办理保险及支付保险费，办理在目的港的进口和收货手续；④接受卖方提供的有关装运单据，并按合同规定支付货款。

当进口设备采用的是 FOB 价时，其抵岸价的构成计算方法见式（1-21）~式（1-32）。

进口设备原价 = 货价 + 国际运费 + 运输保险费 + 银行财务费 + 外贸手续费 + 关税 + 增值税 + 消费税 + 海关监管手续费 + 进口车辆购置税　　(1-21)

其中，货价（FOB 价）分为原币货价和人民币货价。原币货价一律折算为美元来表示，人民币货价按原币货价乘以外汇市场美元兑换人民币中间价确定。进口设备货价按有关生产厂商询价、报价、订货合同价计算。

国际运费[五] = 原币货价 × 运费费率　　(1-22)

或　　国际运费 = 运量 × 单位运价　　(1-23)

运费费率或单位运价参照有关部门或进出口公司的规定执行。

[一] Free on Steamer，是指卖方负责把货物交到港口码头买方指定船只的船边，船舶不能停靠码头需要过驳时，交到驳船上，卖方的风险、责任和费用均以此为界，以后一切风险和费用均由买方承担的一种买卖协议。

[二] Free on Board，是指当货物在指定的装运港越过船舷，卖方即完成交货义务。

[三] Cost and Freight，是指装运港货物越过船舷，卖方即完成交货，卖方必须支付将货物运至指定的目的港所需的运费和费用，但交货后货物灭失或损坏的风险等额外费用，由买方承担。

[四] Cost Insurance and Freight，是指卖方除承担与 CFR 相同的义务外，还应办理海运保险。

[五] 国际运费是指从装运港（站）到达我国抵达港（站）的运费。我国进口设备大部分采用海洋运输，小部分采用铁路运输，个别采用航空运输。

$$\text{运输保险费}^{㊀}=\frac{\text{原币货价(FOB 价)}+\text{国际运费}}{1-\text{保险费费率}}\times\text{保险费费率} \tag{1-24}$$

$$\text{银行财务费}^{㊁}=\text{人民币货价(FOB 价)}\times\text{财务费费率(一般为}0.4\%\sim0.5\%\text{)} \tag{1-25}$$

$$\text{外贸手续费}^{㊂}=\text{到岸价格(CIF 价)}\times\text{外贸手续费费率(一般为}1.5\%\text{)} \tag{1-26}$$

$$\text{关税}^{㊃}=\text{到岸价格(CIF 价)}\times\text{关税税率} \tag{1-27}$$

其中，关税税率按我国海关总署发布的进口关税税率计算。

增值税和消费税，增值税是我国政府对从事进口贸易的单位和个人，在进口商品报关进口后征收的税种。我国规定，进口应税产品均按组成计税价格依税率直接计算应纳税额，不扣除任何项目的金额或已纳税额。

$$\text{进口产品增值税税额}=\text{组成计税价格}\times\text{增值税税率} \tag{1-28}$$

$$\text{组成计税价格}=\text{完税价格}+\text{关税}+\text{消费税} \tag{1-29}$$

消费税作为增值税的辅助税种，对部分进口设备征收，即

$$\text{应纳消费税税额}=\frac{\text{到岸价}+\text{关税}}{1-\text{消费税税率}}\times\text{消费税税率} \tag{1-30}$$

其中，消费税税率根据规定的税率计算。

$$\text{海关监管手续费}^{㊄}=\text{到岸价}\times\text{海关监管手续费费率(一般为}0.3\%\text{)} \tag{1-31}$$

$$\text{进口车辆购置税}=(\text{到岸价}+\text{关税}+\text{增值税})\times\text{进口车辆购置税税率} \tag{1-32}$$

3）设备运杂费的确定。国产设备运杂费是指由制造厂仓库或交货地点运至施工工地仓库或设备存放地点为止，所发生的运输及杂项费用。进口设备国内运杂费是指进口设备由我国到岸港口或边境车站起到工地仓库止，所发生的运输及杂项费用。计算方法见式（1-33），其内容包括：

① 运费和装卸费。运费包括从交货地点到施工工地仓库所发生的运费及装卸费。

② 包装费。它是指对需要进行包装的设备在包装过程中所发生的人工费和材料费。该费用若已计入设备原价的则不再另计；没有计入设备原价又确实需要进行包装的，则应在运杂费内计算。

③ 采购保管和保养费。它是指设备管理部门在组织采购、供应和保管设备过程中所需的各种费用，包括设备采购保管和保养人员的工资、职工福利费、办公费、差旅交通费、固定资产使用费、检验试验费等。

④ 供销部门手续费。它是指设备供销部门为组织设备供应工作而支出的各项费用。该项费用只有在从供销部门取得设备的时候才产生。供销部门手续费包括的内容与采购保管和保养费包括的内容相同。

$$\text{设备运杂费}=\text{设备原价}\times\text{设备运杂费费率} \tag{1-33}$$

㊀ 承保进口货物的保险金额一般是按进口货物的到岸价格计算，具体可参照保险公司的有关规定进行。

㊁ 银行财务费是指中国银行为办理进口商品业务而计取的手续费。

㊂ 外贸手续费是指我国的外贸部门为办理进口商品业务而计取的手续费，其中，到岸价格（CIF 价）包括离岸价（FOB 价）、国际运费、运输保险费等费用，同时它也作为关税的完税价格。

㊃ 关税是指国家海关对引进的成套及附属设备、配件等征收的一种税费。

㊄ 海关监管手续费是指海关对进口减免、免税、保税货物实施监督、管理、提供服务的手续费，全额征收进口关税的货物不计此费用。

设备运杂费费率一般由各主管部门根据历年设备购置费统计资料，分不同地区，按占设备总原价的一定百分比确定。

（2）工器具及生产家具购置费的构成及计算 **工器具及生产家具购置费**是指新建项目或扩建项目初步设计规定所必须购置的不够固定资产标准的设备、仪器工具、生产家具和备品备件等的费用，计算方法见式（1-34）。

工器具及生产家具购置费 = 设备购置费 × 工器具及生产家具定额费率 （1-34）

其中，工器具及生产家具定额费率按照相关部门或行业的规定计取。

【例1-2】 现拟从某国进口重1 100t的设备一台，装运港船上交货价为500万美元，需应用该设备的建设项目位于国内某省会城市。假设国际运费标准为280美元/t，海上运输保险费费率为3.2‰，银行财务费费率为4‰，外贸手续费费率为1%，关税税率为22%，增值税税率为17%，消费税税率为10%，经查，当时美元对人民币的汇率为1美元=6.765 4元人民币，试估算该设备原价。

【解】 进口设备FOB价=500万美元×6.765 4=3 382.700 0万元

国际运费=280美元/t×1 100t×6.765 4=208.374 3万元

运输保险费=(3 382.700 0+208.374 3)万元/(1-3.2‰)×3.2‰=11.528 3万元

进口设备CIF价=(3 382.700 0+208.374 3+11.528 3)万元=3 602.602 6万元

银行财务费=3 382.700 0万元×4‰=13.530 8万元

外贸手续费=3 602.602 6万元×1%=36.026 0万元

关税=3 602.602 6万元×22%=792.572 6万元

消费税=(3 602.602 6+792.572 6)万元/(1-10%)×10%=488.352 8万元

增值税=(3 602.602 6+792.572 6+488.352 8)万元×17%=830.199 8万元

进口从属费⊖=(13.530 8+36.026 0+792.572 6+488.352 8+830.199 8)万元=2 160.682 0万元

进口设备原价=3 602.602 6万元+2 160.682 0万元=5 763.284 6万元

4. 工程建设其他费用

（1）土地使用费 土地使用费是指通过划拨方式取得土地使用权而支付的土地征用及迁移补偿费，或者通过土地使用权出让方式取得土地使用权而支付的土地使用权出让金。

1）土地征用及迁移补偿费。它是指建设项目通过划拨方式取得无限期的土地使用权，依照《中华人民共和国土地管理法》等规定所支付的费用。其总和一般不得超过被征土地年产值的20倍，土地年产值则按该地被征用前3年的平均产量和国家规定的价格计算。其内容包括土地补偿费、青苗补偿费和被征用土地上的房屋、水井、树木等附着物补偿费、安置补助费、缴纳的耕地占用税或城镇土地使用税、土地登记费及征地管理费、征地动迁费以及水利水电工程水库淹没处理补偿费。

2）土地使用权出让金。它是指建设项目通过土地使用权出让方式，取得有限期的土地使用权，依照规定支付的土地使用权出让金。

① 国家是城市土地的唯一所有者，并分层次、有偿、有限期地出让、转让城市土地。

⊖ 进口从属费：包含银行财务费、外贸手续费、关税、消费税、增值税及进口车辆购置税等费用。

第一层次是城市政府将国有土地使用权出让给用地者，该层次由城市政府经营。出让对象可以是有法人资格的企事业单位，也可以是外商。第二层次及以下层次的转让则发生在使用者之间。

② 城市土地的出让和转让可采用协议、招标、公开拍卖等方式。协议方式是由用地单位申请，经市政府批准同意后双方洽谈具体地块及地价。该方式适用于市政工程、公益事业用地以及需要减免地价的机关、部队用地和需要重点扶持、优先发展的产业用地。

招标方式是在规定的期限内，由用地单位以书面形式投标，市政府根据投标报价、所提供的规划方案以及企业信誉综合考虑，择优而取。该方式适用于一般工程建设用地。

公开拍卖是指在指定的地点和时间，由申请用地者叫价应价，价高者得。这完全由市场竞争决定，适用于盈利高的行业用地。

③ 在有偿出让和转让土地时，政府对地价不做统一规定，但应坚持“地价对目前的投资环境不产生大的影响、地价与当地的社会经济承受能力相适应、地价要考虑已投入的土地开发费用、土地市场供求关系、土地用途和使用年限”的原则。

④ 政府有偿出让土地使用权的最高年限为：住宅用地年限为70年；工业用地年限为50年；教育、科技、文化、卫生、体育用地年限为50年；商业、旅游、娱乐用地年限为40年；综合或者其他用地年限为50年。住宅建设用地使用权期间届满的，自动续期。

⑤ 土地有偿出让和转让。土地使用者和所有者要签约，明确使用者对土地享有的权利和对土地所有者应承担的义务，即：①有偿出让和转让使用权，要向土地受让者征收契税；②转让土地如有增值，要向转让者征收土地增值税；③在土地转让期间，国家要区别不同地段、不同用途向土地使用者收取土地占用费。

（2）与项目建设有关的其他费用　与建设项目有关的其他费用主要包括：①建设管理费；②可行性研究费；③勘察设计费；④研究试验费；⑤建设单位场地准备及临时设施费；⑥工程保险费；⑦引进技术和进口设备的其他费用；⑧特殊设备安全监督检验费；⑨市政公用设施建设及绿化费；⑩劳动安全卫生评价费；⑪环境影响评价费。

（3）与企业未来生产经营有关的其他费用

1）联合试运转费。它是指新建项目或新增加生产能力的工程，在交付生产前按照批准的设计文件所规定的工程质量标准和技术要求，进行整个生产线或装置的负荷联合试运转或局部联动试车所发生的费用净支出（试运转支出大于收入的差额部分费用，以及必要的工业炉烘炉费）。试运转支出包括试运转所需原材料、燃料及动力消耗、低值易耗品、其他物料消耗、工具用具使用费、机械使用费、保险金、施工单位参加试运转人员工资，以及专家指导费等；试运转收入包括试运转期间的产品销售收入和其他收入。

联合试运转费不包括应由设备安装工程费用开支的调试及试车费用，以及在试运转中暴露出来的因施工原因或设备缺陷等发生的处理费用。

2）生产准备及开办费。生产准备费是指建设项目为保证正常生产（或营业、使用）而发生的人员培训费、提前进厂费以及投产使用初期必备的生产生活用具、工器具等购置费用。费用内容包括：

① 人员培训费及提前进厂费：自行组织培训或委托其他单位培训的人员工资、工资性补贴、职工福利费、差旅交通费、劳动保护费、学习资料费等。

② 为保证初期正常生产、生活（或营业、使用）所必需的生产办公、生活家具用具购

置费。改、扩建项目所需的办公和生活用具购置费应低于新建项目。其范围包括办公室、会议室、资料档案室、阅览室、文娱室、食堂、浴室、理发室、单身宿舍和设计规定必须建设的托儿所、卫生所、招待所、中小学校等家具用具购置费。这项费用按照设计定员人数乘以综合指标计算，一般为600～800元/人。

③ 为保证初期正常生产（或营业、使用）必需的第一套不够固定资产标准的生产工具、器具、用具购置费，不包括备品备件费。

5. 预备费

预备费的介绍见第2章。

6. 建设期贷款利息

建设期贷款利息的介绍见第2章。

1.2　工程造价管理概述

1.2.1　工程造价管理

1. 工程造价管理的概念

工程造价管理（Project Cost Management）主要围绕工程、工程造价和工程造价管理三个关键词展开，从两个不同的范畴出发，分别对应两种不同的工程造价管理。

1）建设项目投资费用管理，属于投资管理范畴，是指为了实现一定的预期目标，在拟定的决策、规划和设计指导下，预测、计算、确定和监控工程造价及其变动的系统活动。这一活动包括了微观层面和宏观层面的投资费用管理，常说的合理确定和有效控制工程造价就属于这一管理。

2）建设项目价格管理，属于价格管理范畴。微观层面上是指企业在掌握市场价格信息的基础上，为实现建设项目预定目标而进行的成本控制、计价、定价和竞价的系统活动。宏观层面上是指在社会主义市场经济下，发挥市场在资源配置中的决定性作用，辅之以政府的法律手段、经济手段和行政手段对价格进行管理和调控的系统活动。

学术界相关学者认为工程造价管理就是综合运用管理学、经济学、工程技术、信息技术等方面的知识与技能，对工程造价进行的预测、计划、控制、核算、分析和评价等工作过程。

2. 工程造价管理的内容

工程造价管理的基本内容是**合理确定和有效控制工程造价**，即运用科学的原理和方法，在统一目标，各负其责的原则下，为确保建设项目的经济效益对工程造价所进行的各项工作的总称。

（1）工程造价的合理确定　**工程造价的合理确定**（又称工程计价）是指在项目建设的各个阶段，运用各种科学的手段和方法，合理确定投资估算、设计概算、施工图预算、合同价、工程结算和竣工决算等的过程。

1）项目建议书和可行性研究阶段，按照有关规定，应编制投资估算，并经有关部门批准，作为拟建项目列入国家中长期计划和开展前期工作的控制造价。

2）初步设计阶段，按照有关规定，应编制设计概算，并经有关部门批准，作为拟建项目工程造价的最高限额。有技术设计阶段的，还应修正概算。

3）施工图设计阶段，按照有关规定，应编制施工图预算，用以核实施工图预算是否超过批准的设计概算。

4）招投标阶段，经法定程序，发承包双方签订合同，确定合同价。对以施工图预算为基础的招投标工程，合同价也是以经济合同形式确定的建筑安装工程造价。

5）合同实施阶段，按照承包方实际完成的工程量，以合同价为基础，同时考虑物价变化及设计阶段难以预料的在实施阶段实际发生的工程变更和费用，由**承包方合理进行工程结算**。

6）竣工验收阶段，全面汇总项目建设过程中实际花费的费用，由**发包方进行竣工决算**。

（2）工程造价的有效控制　**工程造价的有效控制**是指在项目建设的各个阶段，采取有效措施，随时纠正偏差，把工程造价控制在批准的造价限额以内，以求在项目建设中能合理使用人力、物力、财力，取得较好的投资效益和社会效益。项目建设的不同主体对工程造价进行控制的对象、目标、方法及手段都是不同的。

1）建设单位（发包方或甲方）作为投资者，应对项目的决策、设计、施工、竣工验收及工程结算与决算进行全过程、全方位的控制，以达到较好的经济效益和社会效益。

2）设计单位应对建设单位提出的各项功能要求和技术经济指标通过限额设计、优化与选择设计方案进行控制。

3）施工单位（承包方或乙方）通过采取质量管理、进度管理、成本管理、安全管理、信息管理、合同管理和协调施工现场各方等各种措施，使项目建设的实际成本小于预期成本来控制造价。

4）工程造价咨询企业在工程造价的活动中主要通过各方咨询和协调来控制造价。

5）政府主管部门通过制定有关法律、法规、标准和规范等，从制度上规范项目建设的各参与主体的行为，从宏观上进行造价控制。

工程造价控制的**基本原理**是：在项目建设过程中，首先确定工程造价控制目标，制订工程费用支出计划，并付诸实施。在计划执行过程中对其进行跟踪检查，收集有关反映费用支出的数据，将实际费用支出额与计划费用支出额进行比较，通过比较发现偏差，然后分析偏差产生的原因，并采取有效措施加以控制，以保证造价控制目标的实现，如图1-4所示。

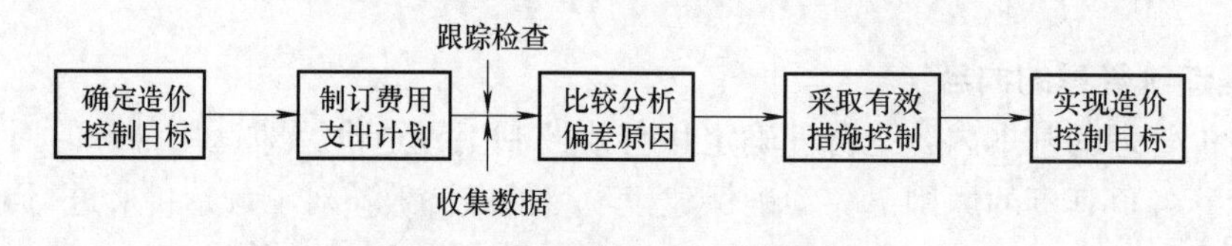

图1-4　工程造价控制的基本原理

要有效地控制工程造价，可采取以下措施：

1）**合理设置工程造价控制目标**。一个建设项目若没有工程造价控制目标，则该项目的资金投入就无法控制，难以实现预期的经济和社会效益，而没有目标，也就无从谈起控制工程造价。因此，工程造价控制目标的设置有其必要性和重要性，并应具有可行性，目标设置得过高，如要缩减投资估算的50%，则难以实现，没有实际意义，目标设置得过低，如以施工单位的高报价为准，则不能满足投资者的利益，等于虚设。

工程造价控制目标应随着项目建设进程的不断深入、清晰而分阶段地设置。具体来说，投资估算应是建设项目设计方案选择和进行初步设计的投资控制目标；设计概算应是进行技术设计和施工图设计的控制目标，施工图预算或工程发承包合同价则应是施工阶段投资控制的目标。各个阶段目标，相互联系、相互制约、相互补充，共同组成建设工程造价控制的目标系统。

2）**以设计阶段为重点的建设全过程造价控制**。工程造价控制贯穿于项目建设全过程，但又必须突出重点。工程造价控制的关键在于项目决策和设计阶段，而在项目做出投资决策后，控制造价的关键就在于设计。

长期以来，我国往往将控制工程造价的主要精力放在施工阶段（审核施工图预算、结算建筑安装工程价款等），对建设项目决策和设计阶段的造价控制重视不够。而事实上，一般建设项目设计费仅占建设工程总费用的1%～2%，但对工程造价的影响度却占75%以上，决策阶段对工程造价的影响度更是达到了70%～90%。因此，在建设项目决策阶段后，设计质量对整个工程建设的效益至关重要，必须进行以设计阶段为重点的建设全过程造价控制。

3）**主动的动态控制**。它是指立足于事先主动采取预防措施，减少或避免实际值与目标值的偏离的控制方法，如图1-5所示。与被动的控制不同，主动的动态控制重点在于预防可能发生的偏差，并提前做好相应的准备工作，而不是等待发现偏差，再采取措施。

在主动的动态控制中，当实际值偏离目标值时，要分析产生偏差的原因，并确定下一步的对策，形成调整后计划，各阶段相互制约、相互作用。在工程造价控制的过程中，不仅要反映投资决策，反映设计、施工等全过程的造价情况，更要能动地影响投资决策，影响设计、施工，主动控制工程造价。

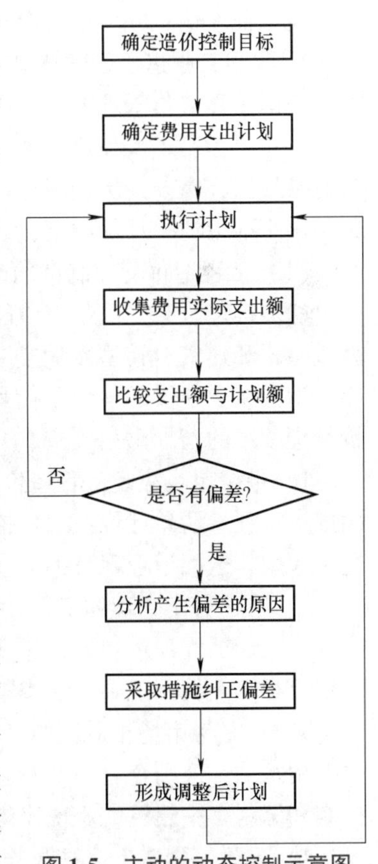

图1-5　主动的动态控制示意图

4）**技术与经济相结合的控制**。要有效控制工程造价，应从组织、技术、经济、合同、信息管理等多方面采取措施。从组织上采取的措施，包括明确项目组织结构，明确造价控制者及其任务，明确管理职能分工；从技术上采取措施，包括重视设计多方案选择，严格审查监督初步设计、技术设计、施工图设计、施工组织设计，深入技术领域研究节约投资的可能性；从经济上采取措施，包括动态地比较造价的计划值和实际值，严格审核各项费用支出，采取对节约投资的有力奖励措施等；从合同管理上采取措施，包括促使建设项目参与各方履行各自的合同义务，切实充分协调好各方的合同行为，同时建立各方相互支持、相互促进的伙伴型关系；从信息管理上采取措施，包括建立规范的工程造价信息收集、整理、使用、存储和传递程序，建立建设项目的工程造价信息体系等。

技术与经济相结合的控制是控制工程造价最有效的手段。应通过技术比较、经济分析和效果评价，正确处理技术先进与经济合理两者之间的对立统一关系，力求在技术先进条件下的经济合理，在经济合理基础上的技术先进，将控制工程造价观念渗透到各项设计和施工技术措施之中。

总之，合理确定和有效控制工程造价，两者相互依存、相互制约。首先，工程造价的确定是工程造价控制的基础和载体，没有工程造价的确定就没有工程造价的控制；其次，工程造价的控制贯穿于工程造价确定的全过程，工程造价的确定过程也就是工程造价的控制过程，通过逐项控制、层层控制才能最终合理地确定工程造价。确定工程造价和控制工程造价的最终目标是一致的，两者相辅相成，都是为了实现建设项目投资不超过批准的造价限额，合理使用人力、物力、财力，以取得最大的投资效益的目的。

1.2.2 我国工程造价管理现状

目前，我国正着力推行全过程造价管理、全要素造价管理和全寿命周期造价管理（具体介绍见第8章），以期建立具有中国特色的工程造价管理事业，使行业走在世界的前沿。自2013年我国施行《建设工程工程量清单计价规范》（GB 50500—2013）及2016年建筑业营业税改征增值税并要实行全费用单价以来，我国的工程造价管理更是开启了新的篇章。

1. 我国工程造价管理体制

我国工程造价管理的发展历史上有三个重要的时间节点，分别是1985年以前实行政府定价，主要经历了概预算定额制度的建立发展及特殊时期被削弱破坏；1985—2003年实行政府指导价，主要经历了工程造价管理工作的整顿及在市场经济下的初步发展；2003年我国推出工程量清单计价制度，实行市场调节价。

（1）工程造价管理制度的改革　我国工程造价管理体制在政府和行业等多方的努力下，一直稳步推进改革，以适应中国特色社会主义市场经济发展，为使其进一步适应中国特色新型城镇化和建筑业转型发展需要，紧紧围绕使市场在工程造价确定中起决定性作用，2014年住房和城乡建设部（以下简称住建部）发布《住房和城乡建设部关于进一步推进工程造价管理改革的指导意见》，其中提出的改革主要任务和措施有如下几个方面：

1）健全市场决定工程造价制度。主要包括加强市场决定工程造价的法规制度建设；全面推行工程量清单计价；细化招投标、合同订立阶段有关工程造价条款；按照市场决定工程造价原则，全面清理现有工程造价管理制度和计价依据；大力培育造价咨询市场等方面。

2）构建科学合理的工程计价依据体系。主要包括逐步统一各行业、各地区的工程计价规则；完善工程项目划分，建立多层级工程量清单；推行工程量清单全费用综合单价和研究制定工程定额编制规则，形成服务于从工程建设到维修养护全过程的工程定额体系等方面。

3）建立与市场相适应的工程定额管理制度。主要包括明确工程定额定位；提高工程定额编制水平；鼓励企业编制企业定额；建立工程定额全面修订和局部修订相结合的动态调整机制和编制有关建筑产业现代化、建筑节能与绿色建筑等工程定额等方面。

4）改革工程造价信息服务方式。主要包括明晰政府与市场的服务边界；建立工程造价信息化标准体系；编制工程造价数据交换标准；建立国家工程造价数据库和制定工程造价指标指数编制标准等方面。

5）完善工程全过程造价服务和计价活动监管机制。主要包括建立健全工程造价全过程管理制度；注重工程造价与招投标、合同的管理制度协调；完善建设工程价款结算办法；创新工程造价纠纷调解机制；推行工程全过程造价咨询服务和发挥造价管理机构专业作用等方面。

6）推进工程造价咨询行政审批制度改革。主要包括研究深化行政审批制度改革路线图；探索造价工程师交由行业协会管理；将甲级工程造价咨询企业资质认定中的延续、变更等事项交由省级住房城乡建设主管部门负责；放宽行业准入条件；加强造价咨询企业跨省设立分支机构管理；简化跨省承揽业务备案手续；简化申请资质资格的材料要求等方面。

7）推进造价咨询诚信体系建设。主要包括加快造价咨询企业职业道德守则和执业标准建设；整合资质资格管理系统与信用信息系统；探索开展以企业和从业人员执业行为和执业质量为主要内容的评价等方面。

8）促进造价专业人才水平提升。主要包括研究制定工程造价专业人才发展战略；注重造价工程师考试和继续教育的实务操作和专业需求；加强与大专院校联系，指导工程造价专业学科建设等方面。

（2）工程造价管理体系　我国**工程造价管理体系**分为工程造价管理和工程计价两部分。前者包括工程造价管理的法律法规体系和工程造价管理标准体系，属宏观管理范畴；后者包括工程计价定额体系和工程计价信息体系，属微观工程计价业务范畴。

1）工程造价管理的法律法规体系。它由国家法律、行政法规、行业规章、地方性法规和规章等构成，我国目前已初步建立起该体系，在十八届四中全会提出全面推进依法治国后，工程造价管理行业应逐步完善，建立起一套统一而又多层次的法律法规体系。

2）工程造价管理标准体系。它由基础标准（如基本术语、费用构成）、管理规范（如工程造价管理、项目划分、工程量计算规则）、操作规程（如建设项目投资估算/设计概算/施工图预算/招标控制价/工程结算/工程竣工决算编审规程）、质量标准（如工程造价咨询质量和档案质量）和信息标准（工程造价指数发布、信息交换）构成，我国目前已出版国家标准16个，如《建设工程工程量清单计价规范》（GB 50500—2013）、《建设工程造价咨询规范》（GB/T 51095—2015）等。

3）工程计价定额体系。它由全国统一计价定额（与工程量清单计价配套的建筑与装饰、市政、公路等全国统一计价定额）、各类专业计价定额（各行业编制和发布的建筑工程、安装工程、城市轨道交通工程和市政工程等定额）和各地方计价定额（各地区编制和发布的专业计价定额）构成。我国工程计价定额体系相对比较系统和完善，但在中国特色社会主义市场经济的背景下，应明确其不是政府主导，而是由市场竞争形成的。

4）工程计价信息体系。它由建设项目造价指数（包括国家或地方的房屋建筑与装饰工程、市政工程等造价指数和各行业的各专业工程造价指数）、建设项目要素价格信息（包括人工费、材料费和施工机具使用费价格信息等）和建设项目综合指标信息（包括建设项目、单项工程、单位工程、分部分项工程等的工程造价指标）构成。

2. 我国工程造价管理的组织

工程造价管理的组织是指为实现工程造价管理的目标而进行的有效组织活动，以及与工程造价管理功能相关的有机群体。工程造价管理的组织包括政府行政管理机构、企事业单位管理机构、行业协会和工程造价咨询企业。

（1）政府行政管理机构　政府在工程造价管理中既是宏观管理主体，也是政府投资项目的微观管理主体，工程造价管理始终是各级政府经济工作的重要内容。我国政府有十分严密的组织机构对工程造价进行管理，设置了多层管理机构，并规定了管理权限和职责范围。我国现行工程造价管理的政府组织机构如图 1-6 所示。

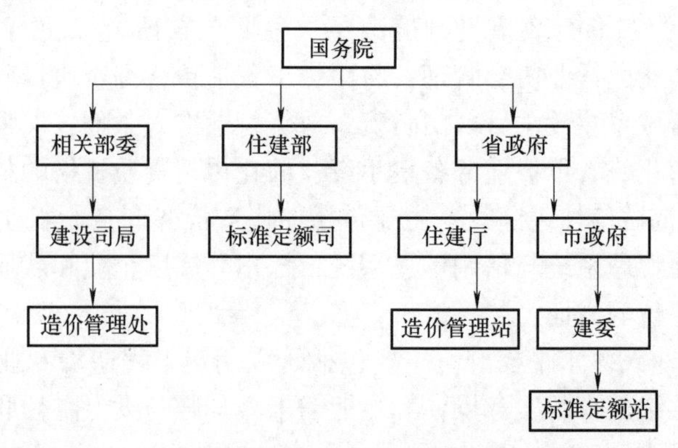

图 1-6 我国现行工程造价管理的政府组织机构

（2）企事业单位管理系统　企事业单位对工程造价的管理属于微观管理的范畴，如建设单位在项目的前期估算投资并进行经济评价，实施项目招标并编制招标文件及标底（招标控制价），进行评标，在施工阶段通过对设计变更、索赔、结算等进行工程造价管理和控制工作；设计单位通过限额设计实现工程造价控制目标；施工单位的工程造价管理尤为重要，要通过市场调查和自我分析，做出工程估价，研究投标策略进行投标报价，强化索赔意识保护自身权益，加强管理提高竞争力等。

工程造价管理是企业管理的重要组成部分，在企业组织架构中一般设有专门造价管理的职能机构，参与企业的日常生产经营活动，收集资料、确定工程造价并进行控制等，以保证企业经济效益的最大化。

（3）行业协会　我国工程造价管理的行业协会是成立于 1990 年 7 月的中国建设工程造价管理协会（以下简称中价协），该协会是亚太区工料测量师协会（PAQS）和国际工程造价联合会（ICEC）等相关国际组织的正式成员，它的前身是 1985 年成立的中国工程建设概预算委员会。此外，我国先后成立了各省、自治区、直辖市所属的地方工程造价管理协会。全国性造价管理协会与地方造价管理协会是平等、协商、相互支持的关系，地方协会接受全国性协会的业务指导，共同促进全国工程造价行业管理水平的整体提升。

中价协的业务范围包括：①研究工程造价咨询与管理改革和发展的理论、方针、政策，参与相关法律法规、行业政策及行业标准规范的研究制定；②制定并组织实施工程造价咨询行业的规章制度、职业道德准则、咨询业务操作规程等行规行约，推动工程造价行业诚信建设，开展工程造价咨询成果文件质量检查等活动，建立和完善工程造价行业自律机制；③研究和探讨工程造价行业改革与发展中的热点、难点问题，开展行业的调查研究工作；④接受政府部门委托和批准开展相关工作等。

中价协主要发挥的作用为："合理确定和有效控制工程造价，提高投资效益，在推进经济社会又快又好地持续发展中充分发挥本团体的桥梁和纽带作用。"

（4）工程造价咨询企业　工程造价咨询企业是指接受委托，对建设项目投资、工程造价的确定与控制提供专业咨询服务的企业，且应当依法取得工程造价咨询企业资质，并在其资质等级许可范围内从事工程造价咨询活动，签订的合同应符合《建设工程造价咨询合同(示范文本)》(GF—2015—0212) 的相关要求。我国工程造价咨询企业资质等级分为甲级、乙级。

我国工程造价咨询企业对造价管理的内容主要包括：①全过程造价咨询；②编制工程招标控制价、概算、预算；③工程竣工结算造价编制、审核；④工程财务决算审计；⑤工程招标代理；⑥工程投资策划等。

同时，企业应注重促进造价管理人才水平提升，研究制定工程造价管理人才培养与发展战略，提升专业人才素质，科学发挥产学研联盟的作用。

3. 我国工程造价管理的执业资格

在我国推进供给侧结构性改革，取消了造价员职业资格之后，目前工程造价管理行业人员的执业资格主要是造价工程师（Cost Engineer)。造价工程师是指通过全国造价工程师执业资格统一考试或者资格认定、资格互认，取得中华人民共和国造价工程师执业资格，并按照《注册造价工程师管理办法》(建设部令第150号) 注册，取得中华人民共和国造价工程师注册执业证书和执业印章，从事工程造价活动的专业人员。

全国造价工程师执业资格考试由住建部与人力资源和社会保障部共同组织，考试每年举行一次，造价工程师执业资格考试实行全国统一大纲、统一命题、统一组织的办法。原则上每年举行一次，只在省会城市设立考点。考试采用滚动管理，共设4个科目，单科滚动周期为2年。

(1) 申请报考条件　凡中华人民共和国公民，遵纪守法并具备以下条件之一者，均可申请参加造价工程师执业资格考试：

1) 工程造价专业大专毕业后，从事工程造价业务工作满5年；工程或工程经济类大专毕业后，从事工程造价业务工作满6年。

2) 工程造价专业本科毕业后，从事工程造价业务工作满4年；工程和工程经济类本科毕业后，从事工程造价业务工作满5年。

3) 获上述专业第二学士学位或研究生毕业并获硕士学位后，从事工程造价业务工作满3年。

4) 获上述专业博士学位后，从事工程造价业务工作满2年。

(2) 考试内容

1) 建设工程造价管理。主要掌握投资经济理论、经济法与合同管理、项目管理等知识。

2) 建设工程计价。除掌握基本概念外，主要掌握工程计价与造价控制的理论方法。

3) 建设工程技术与计量（土建、安装)。这一部分分两个专业考试，即建筑工程与安装工程，主要掌握两门专业基本技术知识与计量方法。

4) 建设工程造价案例分析。考查考生实际操作的能力。含计算或审查专业工程的工程量，编制或审查专业工程投资估算、概算、预算、控制价、决算、结算，投标报价与评标分析，设计或施工方案技术经济分析，合同管理与索赔，编制补充定额的技能等。

(3) 注册　取得执业资格的人员，可自资格证书签发之日起1年内申请初始注册，逾期未申请者，须符合继续教育的要求后方可申请初始注册，初始注册的有效期为4年，经过注册方能以注册造价工程师的名义执业。

注册分为初始注册、延续注册和变更注册，取得执业资格的人员申请注册的，可以向聘用单位工商注册所在地的省、自治区、直辖市人民政府住房城乡建设主管部门或者国务院有关专业部门提交申请材料，目前，三种注册将逐步实行网上申报、受理和审批。

（4）造价工程师的执业范围

1）建设项目建议书、可行性研究投资估算的编制和审核，项目经济评价，工程概算、预算、结算、竣工结（决）算的编制和审核。

2）工程量清单、标底（或者控制价）、投标报价的编制和审核，工程合同价款的签订及变更、调整，工程款支付与工程索赔费用的计算。

3）建设项目管理过程中设计方案的优化、限额设计等工程造价分析与控制，工程保险理赔的核查。

4）工程经济纠纷的鉴定。

1.2.3 国外工程造价管理现状

作为工程造价管理人员，除了熟悉和掌握我国的工程造价管理情况之外，还需要熟悉和了解国外工程造价管理的现状，提升自身的综合素质，以便进一步为我国工程造价管理行业做出有益的贡献。

发达国家由于市场体制比较完善，市场能够完成自身的管理和投资结构的调整，市场中的诸多因素（如价格、质量、工期等）都由业主和承包商自主决定。政府管理的重点主要集中在政府投资的项目（公共项目）上，但这种管理是以投资主体的身份，以追求投资效益为目的的管理。政府对全社会工程造价的宏观管理是集中在安全、环保等方面的间接管理。目前国外典型的较完善的工程造价管理有美国、英国和日本等模式。

1. 美国的工程造价管理

在美国，虽然没有全国统一的计价依据和标准，但存在一套前后连贯统一的工程成本编码。美国的项目参与各方历来重视工程项目细分（WBS）和会计编码，将其视为成本计划和进度计划管理的基础。WBS 在不同的项目、不同的业主、不同的承包商那里都有可能不同，这种差异反映了该机构的管理特点，以及项目的特定要求。

美国工程造价管理通常有四算，即毛估、估算、核定估算、详细设计估算，各阶段有不同的精度要求，分别为 ±25%、±15%、±10%、±5%。美国工程造价的组成内容包括设计费、环境评估费、地质土壤测试费、上下水、暖气电接管费、场地平整绿化费、税金、保险费、人工费、材料费和机械费等。在上述费用的基础上承包商收取约 15% ~20% 的利润和 10% 的管理费。而且在工程建设过程中，承包商可以根据市场价格变化情况随时调整工程造价。由于没有标准统一的工料测量方法，美国的承包商都有自己的工料测量系统和估价系统，依据劳务、材料、设备、管理费和利润计算价格，内部设有专门负责成本控制的人员和机构，拥有完善的合同管理体系和健全的法律体系，以及完善的承包商信誉体系。从而体现了美国自由型价格模式的特点。

此外，美国的建设工程主要分为政府投资和私人投资两大类，其中，私人投资工程占到整个建筑业投资总额的 60% ~70%。在其工程造价信息来源中，ENR（Engineering News Record，《工程新闻记录》）较为重要，其主要编制建筑造价指数和房屋造价指数，由构件钢材、波特兰水泥、木材和普通劳动力 4 个个体指数组成，数据主要来源于美国的 20 个城市和加拿大的 2 个城市。

2. 英国的工程造价管理

英国的工程造价管理有着悠久的历史。英国没有计价定额和标准，只有统一的工程量计算规则，即《建筑工程量标准计算方法》(Standard Method of Measurement of Building Works, SMM)。它详细地规定工程项目划分、计算单位和工程量计算规则。工程量的确定由业主和承包商依据 SMM 并参照政府和各类咨询机构公布的造价指数、价格信息指标来进行。工程造价通过立项、设计、招标签约、施工过程结算等阶段贯穿全过程。工程造价管理在既定的投资范围内随阶段性工作的开展而深化，使工期、质量、造价和预算目标得以实现。

工程造价管理专业在英国及英联邦国家统称为工料测量专业，设有皇家特许测量师学会(RICS)，经过学会认可的可培养本科生的大学有 30 多所；造价工程师与概算人员自律制度的完善实行"谁签字谁负责"，加大个人责任风险，以此完善专业人士自律制度。

在管理方式上，英国建设主管部门为英国环境交通区域部 (Department of the Environment Transport and Regions)，重点管理政府投资项目，负责各个领域的建设项目管理。对于政府投资项目和非政府投资项目，实行不同的管理体系。英国政府对建设项目的监督主要是程序方面的监督，也包括实体方面的监督，如竣工验收。

3. 日本的工程造价管理

日本的建筑业是第二次世界大战后发展最快的产业部门之一，并在经济中占有重要的地位，对工程建设的管理和招投标工作采取分工负责制。企业从事建筑业的经营活动，必须经过资格审查，建设单位要严格按招投标程序办事，招投标是由相关法律条文规定的，国家有《会计法》和《预算决算及会计法》，地方有《地方自治法》，从而使招投标做到有法可依。在日本，政府工程按规定进行招投标的占 90% 以上。招标主要是由公团或公社具体负责实施。公团与公社介于政府与民间之间，社会地位特殊，具有"国营"性质，是"官办自营"式的特殊法人单位，因此施工单位为达到中标的目的，会非常注重提高投标书的编制质量。

日本建筑数量积算基准是在建筑工业经营研究会对英国的 SMM 进行翻译研究的基础上，由建筑积算研究会于 1970 年接受建设大臣办公厅政府建筑设施部部长关于工程量计算统一化的要求，花费了近 10 年的时间汇总而成的。数量积算基准的内容包括总则、土方工程与基础处理工程、主体工程、装修工程。

日本工程造价中工程费用按直接工程费、共同费和消费税等分别计算。直接工程费根据设计图样划分为建筑工程、电气设备和机械设备工程等；共同费分为共同临时设施费、现场管理费和一般管理费等。

4. 美国、英国、日本三国的工程造价计价模式比较

美国、英国和日本三国的工程造价计价模式比较如表 1-1 所示。

表 1-1 美国、英国、日本三国的工程造价计价模式比较

国别	工程计价方法	工 程 分 项	工程量计算规则	消耗量标准	价 格 标 准
美国	工程估价	根据美国建筑标准协会发布标准格式和部位单价格式两套成本编码系统进行分项划分	无统一的定额和详细的工程量计算规则，工程造价管理人员一般选用行业协会、学会、相关组织、机构、大型工程咨询顾问公司、政府有关部门出版的大量商业出版物和数据库进行计价，美国各地政府也在对上述资料综合分析的基础上定时发布工程成本指南，供社会参考		

（续）

国别	工程计价方法	工程分项	工程量计算规则	消耗量标准	价格标准
英国	工料测量	根据统一的工程量计算规则进行分项划分	根据皇家特许测量师学会发布的《建筑工程量标准计算方法》和土木工程学会发布的《土木工程工程量标准计算规则》计算工程量	应用政府部门颁发的造价指标，物价指数和有关统计资料、刊物定期登载的有关国内外的工程价格资料，私人公司编制的工程价格和价目表，有关专业学会和联合会所属情报机构颁布的造价资料，大专院校和建筑研究部门发表的研究资料，专业技术图书馆提供的各种造价资料进行计价	
日本	工程积算	根据建筑面积研究会制定的《建筑工程工程量清单标准格式》进行分项划分和工程量计算		根据公共建筑协会组织编制的《建设省建筑工程积算基准》中的“建筑工程标准定额”计算消耗量	根据经济调查会和建设物价调查会出版的定期刊物和网站以及其他信息渠道获得的市场信息计价

本章小结及关键概念

● **本章小结**：工程造价是指某建设项目（工程）的建造价格，广义上，从投资者的角度来定义，是指建设项目的建设成本；狭义上，从市场经济的角度来定义，是指建设项目的承发包价格。工程造价由建筑安装工程费、设备及工器具购置费、工程建设其他费用、预备费、建设期贷款利息和固定资产投资方向调节税（暂停征收）构成。

工程造价按研究对象不同可分为建设工程造价、单项工程造价和单位工程造价，按项目建设阶段可分为预期造价（包括投资估算、设计概算、施工图预算、合同价等）和实际造价（包括工程结算、竣工决算），按单位工程的专业不同可分为建筑工程造价、装饰工程造价、安装工程造价、市政工程造价和园林绿化工程造价等。

工程造价具有大额性、个别性、差异性、动态性、层次性和兼容性等特点，其还具有一般商品的价格职能及预测、控制、评价和调控职能。

工程造价管理主要围绕工程、工程造价和工程造价管理三个关键词展开，在投资管理范畴上，是建设项目投资费用管理，在价格管理范畴上，是建设项目价格管理，其管理的主要内容是工程造价的合理确定和有效控制。

我国正在从推进工程计价依据制度改革、提升造价信息化服务能力、加强工程造价全过程管理制度建设、深化造价咨询行业行政审批制度改革和建立造价咨询诚信监管体系等方面推进工程造价管理体制的改革，目前已经形成包含工程造价管理的法律法规体系、工程造价管理标准体系、工程计价定额体系和工程计价信息体系的工程造价管理体系，由政府行政管理机构、企事业单位管理系统、行业协会和工程造价咨询企业等组成的工程造价管理的组织，由造价工程师执业的工程造价执业资格制度。

美国的建设工程主要分为政府投资和私人投资两大类，没有全国统一的计价依据和标准，但存在一套前后连贯统一的工程成本编码，在各个阶段形成毛估、估算、核定估算和详细设计估算。英国以《建筑工程量标准计算方法》为统一的工程量计算规则，没有计价定额和标准，其建设主管部门为英国环境交通区域部，设有皇家特许测量师学会。日本则形成了数量积算基准制度，工程费用按直接工程费、共同费和消费税等分别计算。总之，发达国家由于市场体制比较完善，市场能够完成自身的管理和投资结构的调整，市场中的诸多因素（如价格、质量、工期等）都由业主和承包商自主决定。

• **关键概念**：工程造价、工程造价管理、建筑安装工程费、工程造价的合理确定、工程造价的有效控制、工程造价的管理体系及组织。

习题

一、选择题

1. 下列不是广义上工程造价包含的费用的是（　　）。

A. 建筑工程费　　B. 装饰工程费　　C. 安装工程费　　D. 设备及相关费用

2. 按建设项目建设阶段不同分，下列不属于工程造价的划分的是(　　)。

A. 建筑工程造价　　B. 预期造价　　C. 预算造价　　D. 实际造价

3. 下列不属于材料费的一项是（　　）。

A. 材料运费　　B. 运杂费　　C. 运输损耗费　　D. 采购及保管费

4. 建筑业“营改增”后，增值税的税率为（　　）。

A. 7%　　B. 3. 41%　　C. 9%　　D. 0. 48%

5. 我国进口设备采用最多的一种货价是（　　）。

A. FOS 价　　B. CFR 价　　C. CIF 价　　D. FOB 价

6. 工程建设其他费用不包含（　　）。

A. 土地使用费　　B. 与建设项目有关的其他费用

C. 强制性保险费用　　D. 与企业未来生产经营有关的费用

7. 下列不属于工程造价管理体系的是（　　）。

A. 法律法规体系　　B. 合同管理体系

C. 工程计价定额体系与信息体系　　D. 工程造价管理标准体系

二、填空题

1. 生产性项目的工程造价是__________和__________之和。

2. 按研究对象不同，工程造价可以分为________、__________、__________。

3. 工程造价管理的主要内容是__________和__________。

4. 我国工程造价管理的组织有________、________、________、__________。

5. 工程造价控制的主要方法有________、________、________、__________。

6. __________是工程造价控制最有效的方法。

7. 工程造价有大额性、__________、________、________和________等特点。

8. ________、________、________和________是工程造价的四大职能。

9. 工程造价由__________、__________、__________、__________、__________、__________和固定资产投资方向调节税构成。

三、简答题

1. 建筑安装工程费如何划分？

2. 建设项目建设各阶段对应的造价是什么？

3. 什么是工程造价控制的基本原理（图示说明）？

4. 我国工程造价管理体制改革的主要任务和措施是什么？

5. 了解国内外工程造价管理现状有何意义？

四、计算题

1. 某企业拟采购一台国产非标准设备，据调查，供货方生产该台设备所用材料费为30万元，加工费为2.5万元，辅助材料费为0.8万元，供货方为生产该设备，在材料采购过程中发生增值税进项税额2万元。专用工具费费率为2.2%，废品损失费费率为8%，外购配套件费为3万元，包装费费率为1%，利润率为6%，增值税税率为17%，非标准设备设计费为5万元，试求该国产非标准设备的原价。

2. 西安市某企业2016年11月拟建一职工公寓楼，经测算，土建部分分部分项工程费为1 800万元，专业措施项目费为23万元，其他项目费为8万元。现规定冬雨季、夜间施工措施费费率为0.76%，二次搬运费费率为0.34%，测量放线、定位复测检验试验费费率为0.42%，安全文明施工措施费费率为3.8%，规费费率为4.67%，附加税税率为0.48%，增值税税率为9%，土建工程综合系数为0.925 1，试求该公寓楼的土建工程造价。

陕西省工程量清单计价程序，如表1-2所示。

表1-2　陕西省工程量清单计价程序

序号	内　容	计 算 式
1	分部分项工程费	$\sum$(综合单价 × 工程量) + 可能发生的差价
2	措施项目费	$\sum$(计费基础 × 相应费率) + $\sum$(综合单价 × 工程量) + 可能发生的差价
3	其他项目费	暂列金额 + 暂估价 + $\sum$(综合单价 × 工程量) + 可能发生的差价 + 总承包服务费
4	规费	(1 + 2 + 3) × 费率
5	税前工程造价	(1 + 2 + 3 + 4) × 综合系数
6	增值税销项税额	5 × 9%
7	附加税	(1 + 2 + 3 + 4) × 附加税税率
8	工程造价	5 + 6 + 7

第2章 建设项目决策阶段工程造价确定与控制

学习要点

• **知识点**：建设项目的分类，项目建设程序，项目决策程序，建设项目决策与工程造价的关系，建设项目决策阶段影响工程造价的因素，可行性研究的概念、阶段及作用，可行性研究的内容及程序，投资估算的概念、阶段及作用，投资估算文件的组成，投资估算的费用构成、编制依据及编制方法。

• **重点**：项目决策程序，建设项目决策与工程造价的关系，建设项目决策阶段影响工程造价的因素，可行性研究的内容及程序，投资估算文件的组成，投资估算的费用构成及编制方法。

• **难点**：建设项目决策阶段影响工程造价的因素，投资估算的费用构成及编制方法(静态投资部分的单位生产能力估算法、生产能力指数法、系数估算法、比例估算法；动态投资部分的价差预备费和建设期利息的估算以及流动资金的估算)。

案例导入

假如你是一名造价工程师，现在面临的工作情况是：某公司拟建设年产量45万t的钢材厂项目，据调查，当地已建年产30万t钢材厂的主厂房工艺设备投资约2 900万元。该项目的生产能力指数、建设资金来源及已建钢材厂的其他相关资料均已给出。你能够在该项目决策阶段顺利地估算该项目的建设投资吗？如何估算呢？

2.1 概述

2.1.1 建设项目决策

建设项目决策是指选择和决定投资方案的过程，是对拟建项目的必要性和可行性进行技术经济论证，并对不同建设方案进行技术经济比较、选择及做出判断和决定的过程，即建设项目决策就是对拟建项目的多个建设方案进行比选，从而选优的全过程。

1. 建设项目分类

为了适应科学决策和管理的需要，可从不同的角度对建设项目进行分类。

(1) 按建设性质不同分　一般来说，一个建设项目只能有一种性质，在建设项目按总体设计全部建成之前，其建设性质始终不变。

1) 新建项目。它是指根据国民经济和社会发展的近远期规划，按照规定的程序立项，从无到有、“平地起家”进行建设的建设项目。

2) 扩建项目。它是指现有企业为扩大产品的生产能力或增加经济效益而增建的生产车间、独立的生产线或分厂；事业和行政单位在原有业务系统的基础上扩大规模而新增的固定资产投资项目。

3）改建项目。它是指为了提高生产效益，改进产品质量或方向等，对原有设备、厂房等进行改造的项目。

4）迁建项目。它是指原有企事业单位根据自身生产经营和事业发展的要求，按照国家调整生产力布局的经济发展战略需要或出于环境保护等其他特殊要求，搬迁到异地而建设的项目。

5）恢复项目。它是指原有企事业和行政单位，因自然灾害或战争使原有固定资产遭受全部或部分报废，需要进行投资重建来恢复生产能力和业务工作条件、生活福利设施等的项目。这类建设项目，无论是按原有规模恢复建设，还是在恢复过程中同时进行扩建，都属于恢复项目。但对尚未建成投产或交付使用的建设项目受到破坏后，若仍按原设计重建的，原建设性质不变；如果按新设计重建，则根据新设计内容来确定其性质。

（2）按建设目的不同分

1）生产性项目。它是指直接用于物质资料生产或直接为物质资料生产服务的建设项目。包括工业建设项目，农业建设项目，基础设施建设项目（包括交通、邮电、通信等建设项目），地质普查、勘探建设项目，商业建设项目等。

2）非生产性项目。它是指用于满足人民物质、文化及福利需要的建设项目和非物质资料生产部门的建设项目，如办公用房、居住建筑、公共建筑、其他建设项目及不属于上述各类的其他非生产性项目。

（3）按投资来源不同分

1）政府投资项目。它是指为了适应和推动国民经济或区域经济的发展，满足社会的文化、生活需要，以及出于政治、国防等因素的考虑，由政府通过财政投资、发行国债或地方财政债券、利用外国政府赠款以及国家财政担保的国内外金融组织的贷款等方式独资或合资兴建的建设项目，一般实行审批制。

政府投资项目按性质不同，又可分为经营性政府投资项目，如水利、电力和铁路等项目，和非经营性政府投资项目，如学校、医院和政府机关办公楼等项目。

2）企业投资项目。它是指企业、集体单位等投资兴建的建设项目，一般区别不同情况实行核准制和备案制。

3）政府和社会资本合作项目（PPP 项目）。它是指在基础设施及公共服务领域建立的一种长期合作关系。通常模式是由社会资本承担设计、建设、运营、维护基础设施的大部分工作，并通过“使用者付费”及必要的“政府付费”获得合理投资回报；政府部门负责基础设施及公共服务价格和质量监管，以保证公共利益最大化。自 2014 年国家发文推广后，PPP 模式在我国掀起新一轮热潮。

2. 建设项目建设程序

建设项目建设程序是指建设项目从前期的决策到设计、施工、竣工验收投产的全过程中，各项工作必须遵循的先后次序和科学规律，如图 2-1 所示。这既是对建设项目投资建设的规定，也是实践经验的总结。项目建设是一个庞大的系统工程，涉及面广，需要各个环节、各个部门协调配合，才能顺利完成。

（1）项目建议书　项目建议书是项目前期工作起点，是对拟建项目的设想，主要对项目进行初步研究，弄清项目市场、技术、经济条件之后，做出初步判断，以项目建议书的形式，说明拟建项目的必要性，以满足投资立项的需要。项目建议书获得批准后，才可立项。

（2）可行性研究及项目评估　可行性研究是指根据上级批准的项目建议书，通过对项目有关的市场、技术、工程经济和风险等各方面进行研究、分析、比较和论证，考察项目建设的必要性，市场的可容性，技术的先进性和适用性，工程上的合理性，财务和经济上的可行性以及对社会和环境的影响等，从而对项目的可行性做出全面的判断，减少项目投资的盲目性。为确保可行性研究报告的科学性和可靠性，一般要经主管部门授权的工程咨询机构对其进行评估。经评估认可的项目可行性研究报告，才能作为编制项目设计（计划）任务书的依据。

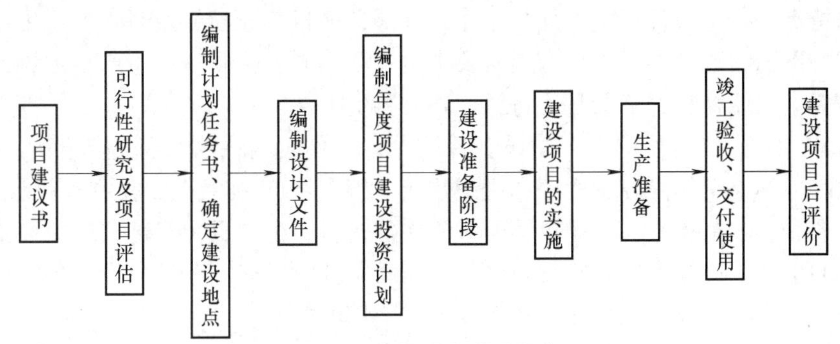

图2-1　建设项目建设程序

（3）编制计划任务书、确定建设地点　建设单位根据可行性研究报告的结论和报告中提出的内容来编制计划任务书。计划任务书是确定建设项目和建设方案的基本文件，是对可行性研究所得到的最佳方案的确认，是编制设计文件的依据，是可行性研究报告的深化和细化。

（4）编制设计文件　设计是对拟建项目的实施在技术上和经济上所进行的全面而详尽的安排，是对项目建设计划和要求的进一步形象化、具体化、明确化，是整个项目的决定性环节，是组织施工的依据，它直接关系着项目质量、造价和将来的使用效果。可行性研究报告被批准后的建设项目可通过招投标来选择设计单位，按照已批准的内容和要求编制设计文件。设计文件包括文字规划和图样设计。

（5）编制年度项目建设投资计划　建设项目要根据经过批准的总概算和工期合理安排年度投资，并且要与长远规划的要求相适应。为保证按期建成，年度计划安排的建设内容，要和当年分配的投资、材料设备相适应，配套项目同时安排，相互衔接。年度项目建设投资计划是建设项目当年完成工作量的投资额，包括用当年资金完成的工作量和动用库存的材料、设备等内部资源完成的工作量。

（6）建设准备阶段　做好建设准备是确保项目顺利进行的前提，建设准备工作主要包括以下几方面：

1）办理有关手续，如建设用地规划许可证、建设工程施工许可证等。

2）施工现场准备，如完成征地、拆迁、“三通一平⊖”等工作。

3）资源准备，包括落实资金，主要材料设备订货，确定组织管理机构及人员。

4）开工前的技术与资料准备，包括水文地质资料、规划与红线图、总平面布置图、施工图及说明，组织图样会审，协调解决图样和技术资料的有关问题。

5）组织招投标，包括建设监理、工程设计、设备采购、工程施工招投标。

（7）建设项目的实施　建设项目的实施是指根据施工图及说明和有关资料进行建筑安装

⊖ “三通一平”是指水通、电通、路通和场地平整。

工程施工。它是建设项目建设程序中建筑产品形成的主要阶段。甲方通过招投标选中施工单位后，办理施工许可证，签订承发包合同，要做到计划、设计、施工三个环节相互衔接，投资、工程内容、施工图、设备材料、施工力量五个方面的落实，以保证建设计划的全面完成。施工前要认真做好设计交底和图纸会审，明确“四控两管一协调⊖”，严格执行工程施工规范和质量检验评定标准，确保工程质量。施工单位必须按合同规定的承包内容全面完成施工任务。

（8）生产准备　对于生产性项目，在项目准备和实施阶段，建设单位要根据建设项目的生产技术特点及时做好各项生产准备工作，以保证项目建成后能及时投产使用。生产准备的内容很多，不同的建设项目对生产准备要求也各不相同，主要包括生产组织机构、管理制度、人员、技术、原材料、工器具、备品、备件物资准备等。

（9）竣工验收、交付使用　当建设项目按设计文件规定内容全部施工完成后，按照规定的竣工验收标准、工作内容、程序和组织规定，经过各单项工程的验收，符合设计要求，并具备竣工图表、竣工决算、工程总结等必要文件资料，由项目主管部门或建设单位向可行性研究报告的审批单位提出竣工验收申请报告。竣工验收是全面考核建设成果、检验设计和工程质量的重要步骤，也是项目建设转入生产或使用的标志。

（10）建设项目后评价　建设项目后评价是在建设项目投产使用后，对项目的立项决策、设计、施工、竣工投产、生产运营等全过程进行系统评价的一项技术经济活动，是项目建设投资管理的一项重要内容，也是基建投资管理的最后一个环节。通过建设项目后评价，以达到肯定成绩，总结经验，研究问题，吸取教训，提出建议，改进工作，不断提高项目决策水平和投资效果的目的。

以上十项工作内容是由项目建设的技术经济特点，固定资产投资的特殊性、连续性决定的，它们相互衔接，密不可分。虽然项目建设全过程由于建设项目类别不同而各有差异，但都必须遵循“先勘察后设计，先设计后施工，先验收后使用”的原则，坚持按项目建设程序办事，才能使项目建设取得更好的投资效益和社会效益。

3. 建设项目决策程序

在“市场和效益、科学和民主决策、风险责任”原则的指导下，建设项目决策程序一般如图 2-2 所示。

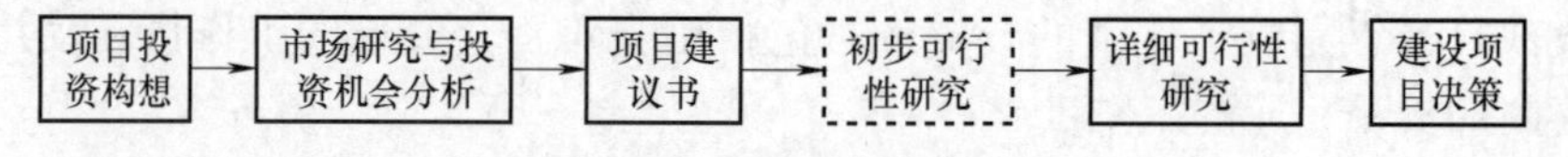

图 2-2　建设项目决策程序

注：1. 虚框表示某些项目不存在该程序。
2. 要根据国民经济和社会发展长远规划，结合行业和地区发展规划的要求，提出项目建议书。
3. 要在勘察、试验、调查研究及详细技术经济论证的基础上编制可行性研究报告。
4. 要根据咨询评估情况，对建设项目进行决策。
5. 每一程序均应在上一程序得到检验后方可进行，否则不得进行决策。

以上程序应合法合规，除此之外，也有将决策程序分为四个阶段，即信息收集（对决策项目进行分析，收集信息，寻求决策条件）→方案设计（根据决策目标条件，分析制定若干备选方案）→方案评价（分析优缺点，对方案排序）→方案选择，无论哪一种程序，

⊖ “四控两管一协调”是指投资控制、质量控制、进度控制、安全控制、信息管理、合同管理和协调建设各方的关系。

其本质是一致的，都是为了更加科学合理地做出建设项目决策。

4. 建设项目决策与工程造价的关系

建设项目决策的正确与否，直接关系到项目建设的成败，关系到工程造价的高低及投资效果的好坏。建设项目决策是投资行动的准则，正确的项目投资行动来源于正确的项目投资决策，正确的决策是正确估算和有效控制工程造价的前提。建设项目决策与工程造价的关系主要有如下几方面：

（1）**建设项目决策的正确性是工程造价合理性的前提**　建设项目决策正确，可在此基础上合理地估算工程造价，并且在实施最优投资方案过程中，有效地控制工程造价。建设项目决策失误，如项目选择的失误、建设地点的选择错误，或者建设方案的不合理等，会带来不必要的资金投入，甚至造成不可弥补的损失。因此，为达到工程造价的合理性，事先就要保证建设项目决策的正确性，避免决策失误。

（2）**建设项目决策的内容是决定工程造价的基础**　决策阶段对建设项目全过程的造价起着宏观控制的作用。决策阶段各项技术经济决策，对该项目的工程造价有重大影响，特别是建设标准的确定、建设地点的选择、工艺的评选、设备的选用等，直接关系到工程造价的高低。据有关资料统计，投资决策阶段影响工程造价的程度高达70%～90%。因此，决策阶段是决定工程造价的基础阶段。

（3）**建设项目决策的深度影响投资估算的精确度**　投资决策是一个由浅入深、不断深化的过程，不同阶段决策的深度不同，投资估算的精度也不同。例如，在市场研究与投资机会分析和项目建议书阶段，投资估算的误差率约在±30%；而在详细可行性研究阶段，误差率在±10%以内。各阶段形成的造价之间存在着前者控制后者，后者补充前者的相互作用关系。因此，只有加强建设项目决策的深度，采用科学的估算方法和可靠的数据资料，合理地计算投资估算，才能保证其他阶段的造价被控制在合理范围，避免“三超㊀”现象的发生，继而实现投资控制目标。

（4）**工程造价的数额影响建设项目决策的结果**　建设项目决策影响着工程造价的高低及拟投入资金的多少，反之亦然。建设项目决策阶段形成的投资估算是进行投资方案选择的重要依据之一，同时也是决定建设项目是否可行及主管部门进行建设项目审批的参考依据。因此，建设项目投资估算的数额，从某种程度上也影响着建设项目决策。

2.1.2　建设项目决策阶段影响工程造价的主要因素

在建设项目决策阶段，工程造价管理的主要内容之一是**编制投资估算**，见表2-1。

表2-1　决策阶段工程造价管理的内容

决策阶段	造价体系及形式	计价依据	工作内容与编制人
项目建议书	投资匡算（决策依据）	估价指标、概算指标或类似指标	投资匡算编制（建设单位或工程造价咨询企业）
可行性研究	投资估算（决策依据）	估价指标、概算指标、概算定额	投资估算编制（建设单位或工程造价咨询企业）

㊀ “三超”是指设计概算超投资估算、施工图预算超设计概算、工程结算超施工图预算。

为了编制好投资估算，需要熟悉在该阶段影响工程造价的主要因素，一般包括以下几方面：

1. 建设规模

建设规模也称项目生产规模，是指建设项目在其设定的正常生产营运年份可能达到的生产能力或者使用效益。在建设项目决策阶段应选择合理的建设规模，以达到规模经济的要求。但规模扩大所产生的效益不是无限的，生产过多或者过少都达不到合理的经济效益，一般存在一个合理化的项目规模，而制约项目规模合理化的主要因素包括市场因素、技术因素以及环境因素等几个方面。

（1）市场因素　市场因素是确定建设规模需考虑的**首要因素**，作为工程造价管理人员，需要明确：①市场需求状况是确定建设项目生产规模的前提；②原材料市场、资金市场、劳动力市场等对建设规模的选择起着不同程度的制约作用；③市场价格分析是制定营销策略和影响竞争力的主要因素；④市场风险分析是确定建设规模的重要依据。

（2）技术因素　先进适用的生产技术及技术装备是建设项目规模效益赖以存在的基础，而相应的管理技术水平则是实现规模效益的保证。若与经济规模生产相适应的先进技术及其装备的来源没有保障，或获取技术的成本过高，或管理水平跟不上，则不仅达不到预期的规模效益，还会给建设项目的生存和发展带来危机，导致建设项目投资效益低下、工程造价支出严重浪费。

（3）环境因素　项目的建设、生产和经营都离不开一定的社会经济环境，建设项目规模确定中需考虑的主要环境因素有政策因素、燃料动力供应、协作及土地条件、运输及通信条件。其中，政策因素包括产业政策、投资政策、技术经济政策，以及国家、地区及行业经济发展规划等。特别是为了取得较好的规模效益，国家对部分行业的新建项目规模做了下限规定，选择项目规模时应予以遵照执行。不同行业、不同类型项目确定建设规模，还应分别考虑以下因素：

1）对于煤炭、金属与非金属矿山、石油、天然气等矿产资源开发项目，在确定建设规模时，应充分考虑资源合理开发利用要求和资源可采储量、赋存条件等因素。

2）对于水利水电项目，在确定建设规模时，应充分考虑水的资源量、可开发利用量、地质条件、建设条件、库区生态影响、占用土地以及移民安置等因素。

3）对于铁路、公路项目，在确定建设规模时，应充分考虑建设项目影响区域内一定时期运输量的需求预测，以及该项目在综合运输系统和本系统中的作用，确定线路等级、线路长度和运输能力等因素。

4）对于技术改造项目，在确定建设规模时，应充分研究建设项目生产规模与企业现有生产规模的关系；新建生产规模属于外延型还是外延内涵复合型，以及利用现有场地、公用工程和辅助设施的可能性等因素。

（4）建设规模方案比选　在对以上三方面进行充分考核的基础上，应确定相应的产品方案、产品组合方案和项目建设规模。可通过**盈亏平衡产量分析法**、**平均成本法**、**生产能力平衡法**、**政府或行业规定**等方法确定建设项目的合理建设规模。不同行业、不同类型项目在研究确定其建设规模时还应充分考虑其自身特点。

1）盈亏平衡产量分析法是指通过分析建设项目产量与建设项目费用和收入的变化关系，找出项目的盈亏平衡点，以探求建设项目的合理建设规模的方法。当产量提高到一定程度，如果继续扩大规模，项目就出现亏损，此点称为项目的最大规模盈亏平衡点。当规模处于这两点之间时，项目盈利，所以这两点是合理建设规模的下限和上限，可作为确定合理经济规模的依据之一。

2）平均成本法是指通过分析建设项目的投资全过程成本，计算出平均成本，以确定建设项目的合理建设规模的方法。最低成本和最大利润属“对偶现象”。成本最低，利润最大；成本最大，利润最低。因此投资人应争取达到项目最低平均成本，来确定项目的合理建设规模。

3）生产能力平衡法。在技术改造项目中，可采用生产能力平衡法来确定项目的合理生产规模，包括最大工序生产能力法和最小公倍数法。最大工序生产能力法是指以现有最大生产能力的工序为标准，逐步填平补齐，使之满足最大生产能力的设备要求的方法。最小公倍数法是指以项目各工序生产能力或现有标准设备的生产能力为基础，并以各工序生产能力的最小公倍数为准，通过填平补齐，形成最佳的生产规模的方法。

4）政府或行业规定。为了实现全社会资源的合理配置，防止项目投资效率低下和资源浪费，不能实现物有所值，国家对某些行业的建设项目规定了规模界限。投资项目的规模，必须满足这些规定。

2. 建设地区及建设地点（厂址）

一般情况下，确定某个建设项目的具体地址（或厂址），需要经过建设地区选择和建设地点选择（厂址选择）两个不同层次、相互联系又相互区别的工作阶段。两者之间是一种递进关系。其中，建设地区选择是指在几个不同地区之间对拟建项目适宜配置的区域范围的选择；建设地点选择则是对项目具体坐落位置的选择。

（1）建设地区的选择　建设地区选择的合理与否，在很大程度上决定着拟建项目的命运，影响着工程造价的高低、建设工期的长短、建设质量的好坏，还影响到项目建成后的运营状况。除遵循“靠近原料、燃料提供地和产品消费地”和“工业项目适当聚集”两个原则外，建设地区的选择一般应具体考虑以下因素：

1）要符合国民经济发展战略规划、国家工业布局总体规划和地区经济发展规划的要求。

2）要根据项目的特点和需要，充分考虑原材料条件、能源条件、水源条件、各地区对项目产品需求及运输条件等。

3）要综合考虑气象、地质、水文等建厂的自然条件。

4）要充分考虑劳动力来源、生活环境、协作、施工力量、风俗文化等社会环境因素的影响。

（2）建设地点的选择　具体建设地点的选择也是一项极为复杂的技术经济综合性很强的系统工程，它不仅涉及项目建设条件、产品生产要素、生态环境和未来产品销售等重要问题，受社会、政治、经济、国防等多因素的制约，而且还直接影响到项目建设投资、建设速度和施工条件，以及未来企业的经营管理及所在地点的城乡建设规划与发展。因此，必须从国民经济和社会发展的全局出发，运用系统观点和方法分析决策。

1）选择建设地点的要求：①节约土地，少占耕地，降低土地补偿费用；②减少拆迁移民数量；③应尽量选在工程地质、水文地质条件较好的地段；④要有利于厂区合理布置和安全运行；⑤应尽量靠近交通运输条件和水电供应等条件好的地方；⑥应尽量减少对环境的污染。

2）建设地点选择时的费用分析。费用分析主要考虑项目投资费用和项目投产后生产经营费用。

3）建设地点方案的技术经济论证。对备选方案的建设条件、建设费用、经营费用、运输费用、环境影响和安全条件进行比较和技术经济论证。

3. 技术方案

技术方案是指产品生产所采用的工艺流程和生产方法。在建设规模和建设地区及地点确定后，具体的技术方案的确定，在很大程度上影响着项目建设成本以及建成后的运营成本。技术方案的选择直接影响项目的工程造价，因此，必须遵照“先进适用、安全可靠、经济合理”的原则，认真评价和选择拟采用的技术方案。技术方案选择的主要内容有：

（1）生产方法选择　生产方法是指产品生产所采用的制作方法，生产方法直接影响生产工艺流程的选择。

（2）工艺流程方案选择　工艺流程是指投入物（原料或半成品）经过有序的生产加工，成为产出物（产品或加工品）的过程。

（3）工艺方案的比选　工艺方案比选的内容包括技术的先进程度、可靠程度和技术对产品质量性能的保证程度，以及技术对原材料的适应性、工艺流程的合理性等。

4. 设备方案

在确定生产工艺流程和生产技术后，应根据工厂生产规模和工艺过程的要求，选择设备的型号和数量。设备的选择与技术密切相关，两者必须匹配。没有先进的技术，再好的设备也没用，没有先进的设备，技术的先进性无法体现。设备方案选择应满足以下要求：

1）主要设备方案应与确定的建设规模、产品方案和技术方案相适应，并满足项目投产后生产或使用的要求。

2）主要设备之间、主要设备与辅助设备之间的生产或使用性能要相互匹配。

3）设备质量应安全可靠、性能成熟，保证生产和产品质量稳定。

4）在保证设备性能前提下，力求经济合理。

5）选择的设备应符合政府部门或专门机构发布的技术标准要求。

5. 工程方案

工程方案构成项目的实体。工程方案选择是在已选定项目建设规模、技术方案和设备方案的基础上，研究论证主要建筑物、构筑物的建造方案，包括对于建筑标准的确定。工程方案选择应满足生产使用功能要求、适应已选定的厂址（或线路走向）、符合工程标准规范要求，同时又要经济合理。

1）满足生产使用功能要求是指在确定项目的工程内容、建筑面积和建筑结构时，应满足生产和使用的要求。分期建设的项目，应留有适当的发展余地。

2）适应已选定的厂址是指在已选定的厂址的范围内，合理布置建筑物、构筑物，以及地上、地下管网的位置。

3）符合工程标准规范要求是指建筑物、构筑物的基础、结构和所采用的建筑材料，应符合政府部门或者专门机构发布的技术标准规范要求，确保工程质量。

4）经济合理是指工程方案在满足使用功能、确保质量的前提下，力求降低造价、节约建设资金。

6. 环境保护措施

建设项目一般会引起项目所在地自然环境、社会环境和生态环境的变化，对环境状况、环境质量产生不同程度的影响。因此，需要在确定厂址方案和技术方案时，对建设项目所在地的环境条件进行充分的调查研究，识别和分析拟建项目影响环境的因素，并提出治理和保护环境的措施，比选和优化环境保护方案。

（1）环境保护的基本要求　建设项目应注意保护厂址及其周围地区的水土资源、海洋资源、矿产资源、森林植被、文物古迹、风景名胜等自然环境和社会环境。其环境保护措施应坚持以下原则：

1）符合国家环境保护相关法律、法规以及环境功能规划的整体要求。

2）坚持污染物排放总量控制和达标排放的要求。

3）坚持“三同时”原则，即环境治理措施应与项目的主体工程同时设计、同时施工、同时投产使用。

4）力求环境效益与经济效益相统一，工程建设与环境保护必须同步规划、同步实施、同步发展，全面规划，合理布局，统筹安排好工程建设和环境保护工作，力求环境保护治理方案技术可行和经济合理。

5）注重资源综合利用和再利用，对项目在环境治理过程中产生的“三废⊖”等，应提出回水处理和再利用方案。

（2）环境治理措施方案　对于在项目建设过程中涉及的污染源和排放的污染物等，应根据其性质的不同，采取有针对性的治理措施。

1）对于废气污染治理，可采用冷凝、活性炭吸附法、催化燃烧法、催化氧化法、酸碱中和法、等离子法等方法。

2）对于废水污染治理，可采用物理法（如重力分离、离心分离、过滤、蒸发结晶、高磁分离）、化学法（如中和、化学凝聚、氧化还原）、物理化学法（如离子交换、电渗析、反渗透、吸附萃取）、生物法（如自然氧池、生物过滤）等方法。

3）对于固体废弃物污染治理，有毒废弃物可采用防渗漏池堆存；放射性废弃物可采用封闭固化；无毒废弃物可采用露天堆存；生活垃圾可采用卫生填埋、堆肥、生物降解或者焚烧方式处理；利用无毒害固体废弃物加工制作建筑材料或者作为建材添加物，进行综合利用。

4）对于粉尘污染治理，可采用过滤除尘、湿式除尘、电除尘等方法。

5）对于噪声污染治理，可采取吸声、隔声、减振、隔振等措施。

此外，对于建设和生产运营引起的环境破坏，如粉尘、噪声、岩体滑坡、植被破坏、地面塌陷、土壤劣化等，也应提出相应治理方案。

（3）环境治理方案比选　**环境治理方案比选**是指对环境治理的各局部方案和总体方案进行技术经济比较，做出综合评价，并提出推荐方案。环境治理方案比选的主要内容是“四对比”，即技术水平对比、治理效果对比、管理及检测方式对比和环境效益对比。

2.2 建设项目可行性研究

建设项目决策过程中的主要工作内容之一是**编制可行性研究报告**，而该报告中投资估算的精度更是达到了约 ±10%。在这一阶段，往往要进行详尽经济评价、决定建设项目可行

⊖ “三废”是指废气、废水和固体废弃物。

性，并以此作为选择最佳投资方案和控制初步设计及概算的依据，重要性不言而喻。

2.2.1 建设项目可行性研究的概念、阶段及作用

1. 可行性研究的概念

可行性研究是指在建设项目决策阶段，通过对与建设项目有关的市场、资源、技术、经济及社会环境等方面进行全面的分析、论证和评价，最终确定该建设项目是否可行的一项必要的工作程序，即可行性研究是判别建设项目是否可行的一种科学方法。

一般地，可行性研究的成果是一份完整的可行性研究报告[㊀]，应分析论证项目建设的必要性、项目投资建设的可行性及项目投资建设的合理性，其中项目投资建设的合理性是其中最核心的内容，并应回答“该建设项目是否应该投资？怎样投资？投资取得的预期效果如何？”等问题。

目前，可行性研究在国内外已被广泛采用，如联合国工业发展组织编写了《工业可行性研究编制手册》，我国国家发展计划委员会（现国家发展和改革委员会）组织编写了《投资项目可行性研究指南》等，自我国在20世纪70年代末至80年代初引入该方法以来，结合我国实际，不断完善和修订了其理论方法。

2. 可行性研究的阶段

本书将可行性研究分为**初步可行性研究**和**详细可行性研究**两个阶段，而将投资机会研究作为可行性研究的前期准备阶段，各阶段的关系如图2-3所示。

（1）前期准备　该阶段的主要工作是进行投资机会研究，即投资者通过创造性的思维提出项目设想，寻求最佳投资机会。

投资机会研究主要围绕是否具有良好发展前景的潜在需求开展工作，具有范围广、较粗略等特点。在发展中国家，投资机会研究通常由政府部门或专门机构进行，一旦确定，将作为中央政府制定国民经济长远发展规划的依据。此过程中可参考国内外同类项目、同类地区和同类投资环境的成功案例。一般要求误差约±30%，研究费用约占总投资额的0.2%～1.0%，耗时1～3个月。

（2）初步可行性研究[㊁]　该阶段的主要工作是对建设项目在市场、技术、环境、选址、效益及资金等方面的可行性进行初步分析，同时提出主要的实施方案或纲要，起着承上启下的作用。

一般来讲，初步可行性研究需要收集大量的基础资料，花费较长的时间，支出较多的费用，其误差约±20%，研究费用约占总投资额的0.25%～1.5%，耗时4～6个月。

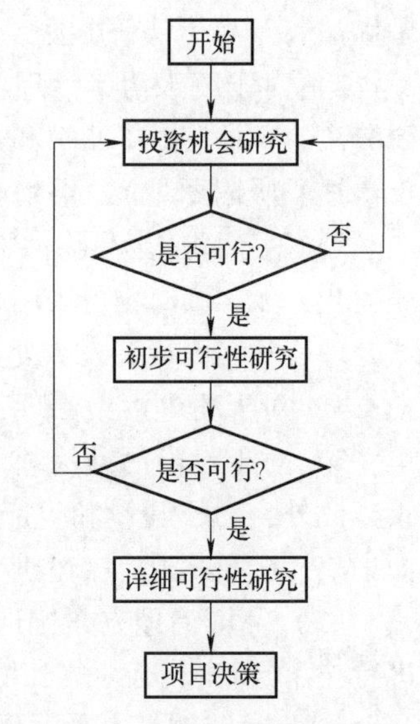

图2-3　可行性研究各阶段关系

（3）详细可行性研究　该阶段的主要工作是对前期的工作进行细化，对项目的全部组成部分和可能遇到的各种问题进行全面系统地分析论证，是关键环节。

一般来讲，该阶段误差约±10%，研究费用约占总投资额的1.0%～3.0%（小型项目）

㊀ 在我国，该报告主要由建设单位或符合资质的咨询或设计单位编制。

㊁ 初步可行性研究对于大型复杂项目必不可少，其他项目则可省略。

或0.2% ~1.0%，耗时8~10个月或更长。

3. 可行性研究的作用

可行性研究是建设项目决策阶段的纲领性工作，是进行其他各项投资准备工作的主要依据，其作用主要体现在以下几方面：

1）建设项目投资决策和编制可行性研究报告的依据。

2）作为筹集资金，向银行等金融组织、风险投资机构申请贷款的依据。

3）同有关部门进行商务谈判和签订协议的依据。

4）工程设计、施工准备等基本建设前期工作的依据。

5）环保部门审查项目对环境影响的依据。

2.2.2 建设项目可行性研究报告的程序及内容

1. 可行性研究报告的程序

可行性研究报告的编制有一个相对固定的程序，如图2-4所示。

签订委托协议 → 组建工作小组 → 数据调研 → 形成初稿 → 论证和修改 → 定稿

图2-4　可行性研究报告的编制程序

注：虚框表示可能无该程序。

1）组建工作小组主要是确定编写工作人员，成立可行性研究小组，如委托其他单位编写，则应签订委托协议，确定委托内容。

2）数据调研主要是根据分工，工作小组各成员进行数据调查、整理、估算、分析，以及有关指标的计算等。

3）形成初稿主要是在取得信息资料后，对其进行整理和筛选，并组织有关人员进行分析论证，着手编写报告。

4）论证和修改主要是工作小组成员讨论并提出修改意见，可邀请相关决策人员、专家等参加，最终定稿。如是委托编写，则要交付编制单位。

2. 可行性研究报告的内容

不同的国家及地区对可行性研究的内容有不同的规定，根据我国《投资项目可行性研究指南》的规定，可行性研究报告的内容见表2-2。

表2-2　可行性研究报告的内容⊖

序号	目　录	详细内容
1	总论	项目概况、编制依据、项目建设条件、问题与建议
2	市场预测（如需要）	市场现状、产品供需预测、价格预测、竞争力与营销策略、市场风险分析
3	资源条件评价	资源可利用量、品质情况、赋存条件及开发价值
4	建设规模与产品方案	建设规模与产品方案的比选
5	厂址选择	厂址现状及建设条件描述、厂址方案比选

⊖ 拟建项目如是技术改造项目，则详细内容需与原项目比较或阐述相互关系。

（续）

序号	目　录	详细内容
6	技术设备工程方案	技术方案选择、主要设备方案选择、工程方案选择
7	原材料燃料供应	主要原材料、燃料供应方案选择
8	总图运输与公用辅助工程	总图布置方案、厂内外运输方案、公用工程与辅助工程方案
9	节能措施	节能措施、能耗指标分析
10	节水措施	节水措施、水耗指标分析
11	环境影响评价	环境条件调查、影响环境因素分析、环境保护措施
12	劳动安全卫生与消防	危险因素和危害程度分析、安全防范措施、卫生保健措施、消防设施
13	组织机构与人力资源配置	组织机构设置及其适应性分析、人力资源配置、员工培训
14	项目实施进度	建设工期、实施进度安排
15	投资估算	投资估算范围与依据、建设投资估算、流动资金估算、总投资额及分年投资计划
16	融资方案	融资组织形式选择、资本金筹措、债务资金筹措、融资方案分析
17	财务评价	财务评价基础数据与参数选取、收入与成本费用估计、编制财务评价报表、盈利和偿债能力分析、不确定性和敏感性分析、财务评价结论
18	国民经济评价	影子价格与参数选取、效益费用范围与数值调整、编制国民经济评价报表、计算国民经济评价指标、国民经济评价结论
19	社会评价	项目对社会影响的分析、项目与所在地互适性分析、社会风险分析、社会评价结论
20	风险分析	项目主要风险、风险程度分析、防范与降低风险对策
21	研究结论与建议	推荐方案总体描述（含优缺点）、主要对比方案描述、结论与建议

2.3 投资估算的编制

编制投资估算是工程造价管理人员在建设项目决策阶段的主要工作内容，涉及项目规划、项目建议书、初步可行性研究、详细可行性研究等阶段，是项目决策的重要依据之一。投资估算的准确性不仅影响可行性研究工作的质量和经济评价结果，还直接关系到下一阶段设计概算和施工图预算的编制。因此，应全面准确地对建设项目进行投资估算。

2.3.1 投资估算的概念

投资估算是指在建设项目决策过程中，对建设项目投资数额（包括工程造价和流动资金）进行的估计。

在一般的工程实践中，投资估算是指在建设项目决策阶段，以方案设计或可行性研究文件为依据，按照规定的程序、方法和依据，对拟建项目所需总投资及其构成进行的预测和估计；是在研究确定建设项目的建设规模、建设地区及建设地点（厂址）、技术方案、设备方案、工程方案、环境保护措施等的基础上，估算建设项目从筹建、施工直至建成投产所需全部建设资金总额并测算建设期各年资金使用计划的过程。

投资估算书是编制投资估算的成果，简称投资估算。投资估算书是项目建议书或可行性研究报告的重要组成部分，是项目决策的重要依据之一。

2.3.2　投资估算的阶段及作用

1. 投资估算的阶段

在我国建设项目决策过程中的项目规划（项目投资构想和市场研究与投资机会分析）、项目建议书、初步可行性研究及详细可行性研究阶段，都分别对应着精度不同（与建设项目工程造价相比）的投资估算，如表2-3所示。

表2-3　投资估算的不同阶段及精度

阶　　段	项 目 规 划	项目建议书	初步可行性研究	详细可行性研究
精度	≥ ±30%	±30%左右	±20%左右	±10%左右

2. 投资估算的作用

投资估算在建设项目的决策、工程造价的确定与控制、资金筹集等方面都有着重要的作用，具体表现在以下几方面：

1）项目建议书阶段的投资估算，是项目主管部门审批项目建议书的依据之一，也是确定建设规模的参考依据。

2）项目可行性研究阶段的投资估算，是项目投资决策的重要依据，也是研究、分析、计算项目投资经济效果的重要条件。

3）投资估算是设计阶段造价控制的依据，是限额设计的依据，即建设项目投资的最高限额，不得随意突破，是控制和指导设计的尺度。

4）投资估算可作为项目资金筹措及制订建设贷款计划的依据，建设单位可根据批准的建设项目投资估算额，进行资金筹措和向银行申请贷款。

5）投资估算是核算建设项目固定资产投资需要额和编制固定资产投资计划的重要依据。

6）投资估算是建设项目设计招标、优选设计单位和设计方案的重要依据。

2.3.3　投资估算的内容

1. 投资估算文件的组成

根据《建设项目投资估算编审规程》（CECA/GC 1—2015）的规定，**投资估算文件**[㊀]一般由封面、签署页、编制说明、投资估算分析、总投资估算表、单项工程估算表、主要技术经济指标等内容组成，各项所包含的内容如表2-4所示。

表2-4　投资估算文件包含的详细内容

序号	目　　录	详 细 内 容
1	编制说明	工程概况；编制范围；编制方法；编制依据；主要技术经济指标；有关参数、率值的选定；特殊问题的说明（如拟采用的“四新[㊁]”）；对投资限额和投资分解的说明；对方案比选的估算和经济指标说明；资金筹措方式

㊀ 在我国，投资估算主要由符合资质的工程造价咨询企业或自身能独立完成编制的投资人本身负责编制。

㊁ “四新”是指新技术、新材料、新设备和新工艺。

（续）

序号	目　录	详细内容
2	投资估算分析	工程投资比例分析；建筑工程费、设备购置费、安装工程费、工程建设其他费用、预备费占建设项目总投资比例分析；引进设备费用占全部设备费用的比例分析等；影响投资的主要因素分析；与类似工程项目的比较，对投资总额进行分析
3	总投资估算	汇总单项工程估算、工程建设其他费用⊖、计算预备费和建设期利息等
4	单项工程估算	按建设项目划分的各个单项工程分别计算组成工程费用的建筑工程费、设备购置费及安装工程费
5	主要技术经济指标	根据项目特点，计算并分析整个建设项目、各单项工程和主要单位工程的主要技术经济指标

2. 投资估算的费用构成

投资估算的费用构成如图 2-5 所示。

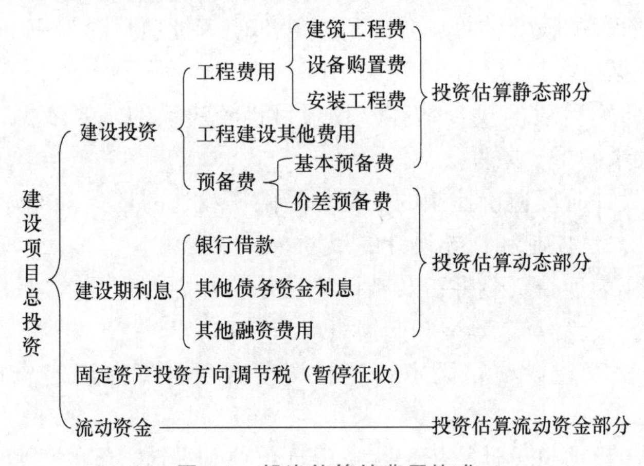

图 2-5　投资估算的费用构成

2.3.4 投资估算的具体编制

1. 投资估算的编制依据

根据《建设项目投资估算编审规程》（CECA/GC 1—2015）的规定，投资估算的编制依据是指在编制投资估算时所遵循的计量规则、市场价格、费用标准及工程计价有关参数、率值等基础资料，主要有以下几方面：

1）国家、行业和地方政府的有关法律、法规或规定，政府有关部门、金融机构等发布的价格指数、利率、汇率、税率等有关参数。

2）行业部门、项目所在地工程造价管理机构或行业协会等编制的投资估算指标、概算指标（定额）、工程建设其他费用定额（规定）、综合单价、价格指数和有关造价文件等。

3）类似项目的各种技术经济指标和参数。

4）建设项目所在地同期的人工、材料、机械市场价格，建筑、工艺及附属设备的市场

⊖ 工程建设其他费用应按预期将要发生的工程建设其他费用种类逐项详细计算其费用金额。

价格和有关费用。

5）与建设项目相关的工程地质资料、设计文件、图样或有关设计专业提供的主要工程量和主要设备清单等。

6）委托单位提供的其他技术经济资料。

2. 投资估算的编制方法

根据投资估算的费用构成的分类，投资估算主要包括**静态投资**、**动态投资**和**流动资金**三部分，影响投资估算精度的因素主要包括价格变化、现场施工条件、项目特征的变化等。现按编制的步骤顺序介绍各部分的编制方法。

（1）静态投资部分　静态投资部分估算的方法很多，各有其适用的条件和范围，且误差程度也不同。一般情况下，应根据建设项目的性质、占有的技术经济资料和数据的具体情况，选用适宜的估算方法。在项目规划和建议书阶段，投资估算的精度较低，可采取简单的匡算法，如**单位生产能力估算法**、**生产能力指数法**、**系数估算法**、**比例估算法或混合法**等，在条件允许时，也可采用指标估算法；在可行性研究阶段，投资估算精度要求高，需采用相对详细的投资估算方法，即指标估算法。

1）单位生产能力估算法。它是指根据已建成的、性质类似的建设项目的单位生产能力投资乘以建设规模，即得到拟建项目的静态投资额的方法，计算方法见式（2-1）。

$$C_2=\frac{C_1}{Q_1}Q_2 f \tag{2-1}$$

式中　C_1——已建类似项目的静态投资额；

C_2——拟建项目静态投资额；

Q_1——已建类似项目的生产能力；

Q_2——拟建项目的生产能力；

f——不同时期、不同地点的定额、单价、费用变更等的综合调整系数。

这种方法将项目的建设投资与其生产能力的关系视为简单的线性关系，估算简便迅速，但其误差较大，约为±30%。而事实上单位生产能力的投资会随生产规模的增加而减少，因此，这种方法一般只适用于与已建项目在规模和时间上相近的拟建项目，一般两者间的生产能力比值为0.2～2，且应考虑地区性、配套性及时间性。

另外，由于在实际工作中不易找到与拟建项目完全类似的项目，通常是把建设项目进行分解，分别套用类似子项目的单位生产能力投资指标计算，然后求和得建设项目总投资，或根据拟建项目的规模和建设条件，将投资进行适当调整后估算建设项目的投资额。

【例2-1】　某地2017年拟建一座污水处理能力为15万m^3/日的污水处理厂。据调查，该地区2014年建设污水处理能力10万m^3/日的污水处理厂的投资为16 000万元。拟建污水处理厂的工程条件与2014年已建项目类似。调整系数为1.5。试估算该项目的建设投资。

【解】　拟建项目的建设投资 $C_2=\frac{C_1}{Q_1}Q_2 f$ =（16 000万元/10万m^3/日）×15万m^3/日×1.5＝36 000万元

2）生产能力指数法（指数估算法）。它是指根据已建成的类似项目生产能力和投资额来粗略估算同类但生产能力不同的拟建项目静态投资额的方法，是对单位生产能力估算法的

改进，计算方法见式（2-2）。

$$C_2 = C_1\left(\frac{Q_2}{Q_1}\right)^x f \tag{2-2}$$

式中 x——生产能力指数，正常情况下，$0 \leqslant x \leqslant 1$。

其他符号含义同式（2-1）。

在不同生产水平和不同性质的项目中，x 的取值是不同的。已建类似项目规模与拟建项目规模的比值为 0.5～2 时，x 的取值近似为 1；已建类似项目规模与拟建项目规模的比值为 2～50，且拟建项目生产规模的扩大仅靠增大设备规模来达到时，x 的取值为 0.6～0.7；若是靠增加相同规格设备的数量达到时，x 的取值为 0.8～0.9。

这种方法的工程造价与规模呈非线性关系，且单位造价随规模的增大而减小，不需要详细的工程设计资料，只需知道工艺流程及规模，其误差可控制在 ±20% 以内，主要应用于设计深度不足，拟建建设项目与类似建设项目的规模不同，设计定型并系列化，行业内相关指数和系数等基础资料完备的情况。

另外，生产能力指数法的关键是确定生产能力指数，一般应结合行业特点，并应有可靠的例证。生产能力指数法与单位生产能力估算法相比精确度略高，一般拟建项目与已建类似项目生产能力比值不宜大于 50，在 10 倍内效果较好，否则误差就会增大。

【例 2-2】 某化工园区 2016 年拟建一年产 30 万 t 化工产品的项目。据调查，该地区 2014 年建设的年产 20 万 t 相同产品的已建项目的投资额为 8 000 万元。生产能力指数为 0.6，假设 2014～2016 年工程造价平均每年递增 10%。试估算该项目的建设投资。

【解】 拟建项目的建设投资 $C_2 = C_1\left(\frac{Q_2}{Q_1}\right)^x f = 8\,000 \text{ 万元} \times \left(\frac{30\text{t}}{20\text{t}}\right)^{0.6} \times (1+10\%)^2 =$ 12 346.109 2 万元

3）系数估算法（因子估算法）。我国常用的有设备系数法和主体专业系数法，世界银行项目投资估算常用朗格系数法。

① 设备系数法。它是指以拟建项目的设备购置费为基数，根据已建成的同类项目的建筑安装费和其他工程费等与设备价值的百分比，求出拟建项目建筑安装工程费和其他工程费，进而求出项目的静态投资的方法，计算方法见式（2-3）。

$$C = E(1 + f_1P_1 + f_2P_2 + f_3P_3 + \cdots) + I \tag{2-3}$$

式中 C——拟建项目的静态投资；

E——拟建项目根据当时当地价格计算的设备购置费；

P_1、P_2、P_3…——已建项目中建筑安装工程费及其他工程费等与设备购置费的比例；

f_1、f_2、f_3…——由于时间、地点因素引起的定额、价格、费用标准等变化的综合调整系数；

I——拟建项目的其他费用。

【例 2-3】 某拟建项目设备购置费为 1 000 万元，其他费用约为 2 000 万元。据调查，同一地区同类拟建项目的建筑工程费占设备购置费的 30%，安装工程费占设备购置费的 15%，调整系数 f_1、f_2 均为 1.2，试估算该项目的建设投资。

【解】　拟建项目的建设投资 $C=E(1+f_1P_1+f_2P_2)+I=1\ 000$ 万元 $\times[1+(30\%+15\%)\times 1.2]+2\ 000$ 万元 $=3\ 540$ 万元

② 主体专业系数法。它是指以拟建项目中投资比重较大，并与生产能力直接相关的工艺设备投资为基数，根据已建同类项目的有关统计资料，计算出拟建项目各专业工程与工艺设备投资的百分比，据此求出拟建项目各专业投资，然后求和得拟建项目的静态投资的方法，计算方法见式（2-4）。

$$C=E(1+f_1P_1'+f_2P_2'+f_3P_3'+\cdots)+I \tag{2-4}$$

式中　P_1'、P_2'、P_3'⋯——已建项目中各专业工程费用与工艺设备投资的比重。

其他符号含义同式（2-3）。

③ 朗格系数法。它是指以设备购置费为基数，乘以适当系数来推算建设项目的静态投资的方法。该方法的基本原理是将项目建设总成本费用中的直接成本和间接成本分别计算，再合为项目的静态投资，计算方法见式（2-5）。

$$C=E\left(1+\sum K_i\right)K_c \tag{2-5}$$

式中　K_i——管线、仪表、建筑物等项费用的估算系数；

K_c——管理费、合同费、应急费等间接项目费用的总估算系数。

其他符号含义同式（2-3）。

4）比例估算法。它是指根据已知的同类建设项目主要生产工艺设备占整个建设项目的投资比例，先逐项估算出拟建项目主要生产工艺设备投资，再按比例估算拟建项目的静态投资的方法，计算方法见式（2-6）。

$$I=\frac{1}{K}\sum_{i=1}^{n}Q_iP_i \tag{2-6}$$

式中　I——拟建项目的静态投资；

K——建设项目主要设备投资占已建项目投资的比例；

n——设备种类数；

Q_i——第 i 种设备的数量；

P_i——第 i 种设备的单价（到厂价格）。

这种方法主要应用于设计深度不足，拟建建设项目与类似建设项目的主要生产工艺设备投资比重较大，行业内相关系数等基础资料完备的情况。

5）混合法。它是指根据主体专业设计的阶段和深度，投资估算编制者所掌握的国家及地区、行业或部门相关投资估算基础资料和数据，以及其他统计和积累的、可靠的相关造价基础资料，对一个拟建建设项目采用生产能力指数法与比例估算法或系数估算法与比例估算法混合估算其相关投资额的方法。

6）指标估算法。它是指依据投资估算指标，对各单位工程费用或单项工程费用进行估算，进而估算建设项目总投资的方法，主要包括对建筑工程费⊖、设备及工器具购置费、安装工程费、工程建设其他费用和基本预备费等的估算。

① 建筑工程费的估算有单位建筑工程投资估算法、单位实物工程量投资估算法［计算

⊖　建筑工程费是指为建造永久性建筑物和构筑物所需要的费用。

方法见式（2-11）］和概算指标投资估算法［计算方法见式（2-12）］，其中，单位建筑工程投资估算法又包括单位长度、单位面积、单位容积和单位功能价格法［计算方法分别见式(2-7)～式（2-10)］。

$$建筑工程费=单位长度建筑工程费指标\times建筑工程长度 \tag{2-7}$$

$$建筑工程费=单位面积建筑工程费指标\times建筑工程面积 \tag{2-8}$$

$$建筑工程费=单位容积建筑工程费指标\times建筑工程容积 \tag{2-9}$$

$$建筑工程费=单位功能建筑工程费指标\times建筑工程功能总量 \tag{2-10}$$

$$建筑工程费=单位实物工程量建筑工程费指标\times实物工程总量 \tag{2-11}$$

$$建筑工程费=\sum 分部分项实物工程量\times概算指标 \tag{2-12}$$

前两种方法比较简单，适合有适当估算指标或类似工程造价资料时使用，当不具备上述条件时，可采用计算主体实物工程量套用相关综合定额或概算定额进行估算，这种方法需要较为详细的工程资料，工作量较大。实际工作中可根据具体条件和要求选用。

② 设备及工器具购置费的估算中，设备购置费一般根据项目主要设备表及价格、费用资料编制，工器具购置费一般按设备购置费的一定比例计取。对于价值高的设备应按单台(套）估算购置费，价值较低的设备可按类估算，国内设备和进口设备应分别估算，具体的介绍见第1章。

③ 安装工程费的估算一般以设备费为基础，并区分不同类型进行。主要包括对工艺设备安装费的估算，计算方法见式（2-13）或式（2-14)；对工艺金属结构、工艺管道的估算，计算方法见式（2-15)；对配电、自控仪表安装工程的估算，计算方法见式（2-16）和式(2-17)。

$$安装工程费=设备原价\times设备安装费费率 \tag{2-13}$$

$$安装工程费=设备吨重\times单位重量(t)安装费指标 \tag{2-14}$$

$$安装工程费=重量(体积、面积)总量\times单位重量(m^3、m^2)安装费指标 \tag{2-15}$$

$$材料费=设备原价\times材料费占设备费百分比 \tag{2-16}$$

$$材料安装费=材料费\times材料安装费费率 \tag{2-17}$$

④ 工程建设其他费用的估算一般应结合拟建项目的具体情况，有合同或协议明确的费用按合同或协议计算；无合同或协议明确的费用，根据国家和各行业部门、建设项目所在地地方政府的有关工程建设其他费用定额（规定）和计算办法估算。

⑤ 基本预备费的估算一般以建设项目的工程费用⊖和工程建设其他费用之和为基础，乘以基本预备费费率进行计算，计算方法见式（2-18)。基本预备费费率的大小，应根据建设项目的设计阶段和具体的设计深度，以及在估算中所采用的各项估算指标与设计内容的贴近度、项目所属行业主管部门的具体规定确定。

$$基本预备费=(工程费用+工程建设其他费用)\times基本预备费费率 \tag{2-18}$$

在应用指标估算法时，应根据不同地区、建设年代、条件等进行调整。因为地区、年代不同，人工、材料与设备的价格均有差异，调整方法可以以人工、主要材料消耗量或“工程量”为计算依据，也可以按不同的建设项目的“万元工料消耗定额”确定不同的系数。

⊖ 工程费用一般是指建筑安装工程费用和设备及工器具购置费。

在有关部门颁布定额或人工、材料价差系数（物价指数）时，可以据其调整。

使用指标估算法进行投资估算绝不能生搬硬套，必须对工艺流程、定额、价格及费用标准进行分析，经过实事求是地调整与换算后，才能提高其精确度。

（2）动态投资部分　动态投资部分包括价差预备费㊀和建设期利息。动态部分的估算应以基准年静态投资的资金使用计划为基础来计算，而不是以编制年的静态投资为基础计算。

1）**价差预备费**的估算。价差预备费一般根据国家规定的投资综合价格指数，按估算年份价格水平的投资额为基数，采用复利方法计算，包括人工、设备、材料、施工机具的价差费，建筑安装工程费及工程建设其他费用调整，利率、汇率㊁调整等增加的费用，计算方法见式（2-19）。

$$PF = \sum_{t=1}^{n} I_t \times [(1+f)^m (1+f)^{0.5} (1+f)^{t-1} - 1] \tag{2-19}$$

式中　PF——价差预备费；

n——建设期年份数；

I_t——建设期中第 t 年的投资计划额，包括工程费用、工程建设其他费用及基本预备费，即第 t 年的静态投资计划额；

f——年涨价率，若政府部门有规定的按规定执行，没有规定的由可行性研究人员预测；

m——建设前期年限（从编制估算到开工建设）。

【例2-4】　某建设项目建筑安装工程费为6 000万元，设备购置费为3 500万元，工程建设其他费用为2 000万元，已知基本预备费费率为6%，项目建设前期年限为1年，建设期为3年，各年投资计划额为：第一年完成投资的30%，第二年完成投资的50%，其余第三年完成。年均投资价格上涨率为5%，试求建设项目建设期间的价差预备费。

【解】　基本预备费 = (6 000 + 3 500 + 2 000)万元 × 6% = 690万元

静态投资 = (6 000 + 3 500 + 2 000 + 690)万元 = 12 190万元

建设期第一年完成投资 = 12 190万元 × 30% = 3 657万元

第一年价差预备费 $PF_1 = I_1[(1+f)(1+f)^{0.5} - 1]$ = 3 657万元 × $[(1+5\%)^{1.5} - 1]$ = 277.675 4万元

第二年完成投资 = 12 190万元 × 50% = 6 095万元

第二年价差预备费 $PF_2 = I_2[(1+f)(1+f)^{0.5}(1+f) - 1]$ = 6 095万元 × $[(1+5\%)^{2.5} - 1]$ = 790.681 9万元

第三年完成投资 = (12 190 − 3 657 − 6 095)万元 = 2 438万元

第三年价差预备费 $PF_3 = I_3[(1+f)(1+f)^{0.5}(1+f)^2 - 1]$ = 2 438万元 × $[(1+5\%)^{3.5} - 1]$ = 453.986 4万元

建设期的价差预备费 $PF = PF_1 + PF_2 + PF_3$ = (277.675 4 + 790.681 9 + 453.986 4)万元

㊀ 价差预备费是指为在建设期内利率、汇率或价格等因素的变化而预留的可能增加的费用，是站在投资人的角度对项目全过程可能增加费用的计算。

㊁ 如果是涉外项目，应计算汇率的影响，主要考虑外币对人民币升值或贬值两种情况，通过预测汇率在项目建设期内的变动程度，以估算年份的投资额为基数，相乘计算求得。

=1 522.343 7 万元

2）**建设期利息**[⊖]的估算。当贷款是分年均衡发放时，建设期利息的计算可按当年借款在年中支用考虑，即当年贷款按半年计息，上年贷款按全年计息，计算方法见式（2-20）。

$$q_j = \left(P_{j-1} + \frac{1}{2}A_j\right)i \tag{2-20}$$

式中 q_j——建设期第 j 年应计利息；

P_{j-1}——建设期第 $j-1$ 年年末累计贷款本金与利息之和；

A_j——建设期第 j 年贷款金额；

i——年利率。

国外贷款利息的计算中，还应包括国外贷款银行根据贷款协议向贷款方以年利率的方式收取的手续费、管理费、承诺费，以及国内代理机构经国家主管部门批准的以年利率的方式向贷款单位收取的转贷费、担保费、管理费等。

【例 2-5】 某建设项目，建设期为 3 年，分年均衡向我国某银行贷款，第一年贷款 500 万元，第二年贷款 800 万元，第三年贷款 200 万元，年利率为 10%，建设期内利息只计息不支付，试计算建设期利息。

【解】 建设期第一年应计利息 $q_1 = 1/2A_i \times i = 1/2 \times 500$ 万元 $\times 10\% = 25$ 万元

建设期第二年应计利息 $q_2 = (P_1 + 1/2A_2) \times i = (500 + 25 + 1/2 \times 800)$ 万元 $\times 10\% = 92.5$ 万元

建设期第三年应计利息 $q_3 = (P_2 + 1/2A_3) \times i = (525 + 892.5 + 1/2 \times 200)$ 万元 $\times 10\% = 151.75$ 万元

建设期利息 $= q_1 + q_2 + q_3 = (25 + 92.5 + 151.75)$ 万元 $= 269.25$ 万元

（3）流动资金部分 流动资金的显著特点是在生产过程中不断周转，其周转额的大小与生产规模及周转速度直接相关。其估算一般采用**分项详细估算法**和**扩大指标估算法**，后者适用于个别情况或者小型项目，简便易行，但准确度不高。

1）分项详细估算法。它是指根据项目的流动资产和流动负债，估算项目所占用流动资金的方法。其中，流动资产的构成要素一般包括存货、库存现金、应收账款和预付账款；流动负债的构成要素一般包括应付账款和预收账款。计算方法见式（2-21）~式（2-24）。

$$\text{流动资金} = \text{流动资产} - \text{流动负债} \tag{2-21}$$

$$\text{流动资产} = \text{应收账款} + \text{预付账款} + \text{存货} + \text{现金} \tag{2-22}$$

$$\text{流动负债} = \text{应付账款} + \text{预收账款} \tag{2-23}$$

$$\text{流动资金本年增加额} = \text{本年流动资金} - \text{上年流动资金} \tag{2-24}$$

进行流动资金估算时，首先计算各类流动资产和流动负债的年周转次数，然后再估算占用资金额。

① 周转次数。它是指流动资金的各个构成项目在一年内完成多少个生产过程，可用一年天数（通常按 360 天计算）除以流动资金的最低周转天数计算，则各项流动资金年平均占用额

⊖ 建设期利息是指在建设期内发生的为建设项目筹措资金的融资费用及债务资金利息。

度为流动资金的年周转额度除以流动资金的年周转次数，计算方法见式（2-25）。

$$周转次数=360/流动资金最低周转天数 \tag{2-25}$$

各类流动资产和流动负债的最低周转天数，可参照同类企业的平均周转天数并结合项目特点确定，或按部门（行业）的规定。另外，在确定最低周转天数时应考虑储存天数、在途天数，并考虑适当的保险系数。

② 应收账款。它是指企业对外赊销商品、提供劳务尚未收回的资金，计算方法见式（2-26）。

$$应收账款=年经营成本/应收账款周转次数 \tag{2-26}$$

③ 预付账款。它是指企业为购买各类材料、半成品或服务所预先支付的款项，计算方法见式（2-27）。

$$预付账款=外购商品或服务年费用金额/预付账款周转次数 \tag{2-27}$$

④ 存货。它是指企业为销售或者生产耗用而储备的各种物资，主要有原材料、辅助材料、燃料、低值易耗品、维修备件、包装物、商品、在产品、自制半成品和产成品等。为简化计算，仅考虑外购原材料、燃料、其他材料、在产品和产成品，并分项进行计算，计算方法见式（2-28）~式（2-32）。

$$存货=外购原材料、燃料+其他材料+在产品+产成品 \tag{2-28}$$

$$外购原材料、燃料=年外购原材料、燃料费用/分项周转次数 \tag{2-29}$$

$$其他材料=年其他材料费用/其他材料周转次数 \tag{2-30}$$

$$在产品=(年外购原材料、燃料+年工资及福利费+年修理费+年其他制造费用)/在产品周转次数 \tag{2-31}$$

$$产成品=(年经营成本-年其他销售费用)/产成品周转次数 \tag{2-32}$$

⑤ 现金。它是指货币资金，即企业生产运营活动中停留于货币形态的那部分资金，包括企业库存现金和银行存款，计算方法见式（2-33）和式（2-34）。

$$现金=(年工资及福利费+年其他费用)/现金周转次数 \tag{2-33}$$

$$年其他费用=制造费用+管理费用+销售费用-以上三项费用中所含的工资及福利费、折旧费、摊销费、修理费 \tag{2-34}$$

⑥ 流动负债。它是指在一年或者超过一年的一个营业周期内，需要偿还的各种债务，包括短期借款、应付票据、应付账款、预收账款、应付职工薪酬、应付股利、应交税费、其他暂收应付款和一年内到期的长期借款等。在可行性研究中，流动负债的估算可以只考虑应付账款和预收账款两项，计算方法见式（2-35）和式（2-36）。

$$应付账款=外购原材料、燃料动力费及其他材料费用/应付账款周转次数 \tag{2-35}$$

$$预收账款=预收的年营业收入金额/预收账款周转次数 \tag{2-36}$$

2）扩大指标估算法。它是指根据现有同类企业的实际资料，求得各种流动资金率指标，或依据行业或部门给定的参考值或经验确定比率，再将各类流动资金率乘以相对应的费用基数来估算流动资金的方法，计算方法见式（2-37）。一般常用的基数有营业收入、经营成本、总成本费用和建设投资等，究竟采用何种基数依行业习惯而定。

$$年流动资金额=年费用基数\times各类流动资金率 \tag{2-37}$$

在采用分项详细估算法时，应首先计算各类流动资产和流动负债的年周转次数，估算占用资金额。并应根据项目实际情况分别确定现金、应收账款、预付账款、存货、应付账款和预收账款的最低周转天数，并考虑一定的保险系数。因为最低周转天数减少，将增加周转次数，从而减少流动资金需用量，因此，必须切合实际地选用最低周转天数。对于存货中的外购原材料和燃料，要分品种和来源，考虑运输方式和运输距离，以及占用流动资金的比重大小等因素确定。

流动资金属于长期性（永久性）流动资产，流动资金的筹措可通过长期负债和资本金（一般要求占30%）的方式解决。流动资金一般要求在投产前一年开始筹措，为简化计算，可规定在投产的第一年开始按生产负荷安排流动资金需用量。其借款部分按全年计算利息，流动资金利息应计入生产期间财务费用，项目计算期末收回全部流动资金（不含利息）。

用扩大指标估算法计算流动资金，需以经营成本及其中的某些科目为基数，因此实际上流动资金估算应能够在经营成本估算之后进行。

在不同生产负荷下的流动资金，应按不同生产负荷所需的各项费用金额，根据上述公式分别估算，而不能直接按照100%生产负荷下的流动资金乘以生产负荷百分比估算。

当工程造价管理人员按步骤完成三部分的估算后，应进行汇总，并填写投资估算表，得到建设项目的总投资估算，最后按《建设项目投资估算编审规程》（CECA/GC 1—2015）的规定，形成投资估算文件。

案例分析

背景资料：

某公司2017年拟建设一年产量45万t的钢材厂，统计资料提供的当地3年内已建年产30万t钢材厂的主厂房工艺设备投资约2 900万元。该项目的生产能力指数为1，建设资金来源为自有资金和贷款，贷款本金为9 000万元，分年度按投资比例发放，贷款利率为10%（按年计息）。建设期3年，第1年投入30%，第2年投入50%，其余第3年投入。预计建设期物价年平均上涨率为3%，投资估算到开工的时间按一年考虑，基本预备费费率为10%。已建类似项目资料如下：①项目其他各系统工程及工程建设其他费用占主厂房投资的比例，如表2-5所示；②主厂房其他各专业工程投资占工艺设备投资的比例，如表2-6所示。

表2-5 项目其他各系统工程及工程建设其他费用占主厂房投资的比例

机修系统	总图运输系统	工程建设其他费用	动力系统	办公及生活福利设施
12%	20%	20%	30%	30%

表2-6 主厂房其他各专业工程投资占工艺设备投资的比例

冷却设备	仪表装置	余热处理设备	起重设备	加热装置	供电与传动	建筑安装工程
1%	2%	4%	9%	12%	18%	40%

试计算：

1. 对于该项目，已知拟建项目与类似项目的综合调整系数为1.24，试用生产能力指数法估算该项目主厂房的工艺设备投资；用系数估算法估算该项目主厂房投资和项目的工程费用与工程建设其他费用。

2. 估算该项目的建设投资。

3. 对于该项目，若单位产量占用流动资金额为32.62元/t，试用扩大指标估算法估算该项目的流动资金。确定该项目的建设总投资。

分析：

本案例的内容涉及本章建设项目投资估算部分的主要内容和基本知识点。首先回顾本章介绍的投资估算方法有单位生产能力估算法、生产能力指数法、比例估算法、系数估算法、指标估算法等。

由于该项目可行性研究深度不够，尚未提出工艺设备清单，因而得出解答的基本思路：先运用生产能力指数法估算出拟建项目主厂房的工艺设备投资，再运用系数法，估算拟建项目建设投资，即用设备系数法估算该项目与工艺设备有关的主厂房投资额；用主体专业系数法估算与主厂房有关的辅助工程、附属工程以及工程建设的其他费用；再估算基本预备费、价差预备费；最后，估算建设期贷款利息，并用流动资金的扩大指标估算法，估算出项目的流动资金投资额，得到拟建项目的建设总投资。

解答：

1.（1）用生产能力指数法估算该项目主厂房工艺设备投资：

$$\text{该项目主厂房工艺设备投资}=2\,900\text{ 万元}\times\left(\frac{45\text{t}}{30\text{t}}\right)^{1}\times1.24=5\,394\text{ 万元}$$

（2）用系数估算法估算该项目主厂房投资：

$$\begin{aligned}\text{该项目主厂房投资}&=5\,394\text{ 万元}\times(1+1\%+2\%+4\%+9\%+12\%+18\%+40\%)\\&=5\,394\text{ 万元}\times(1+0.86)=10\,032.84\text{ 万元}\end{aligned}$$

其中，建筑安装工程投资 =5 394 万元 ×0.4 =2 157.6 万元

设备购置投资 =5 394 万元 ×1.46 =7 875.24 万元

（3）该项目工程费用与工程建设其他费用 =10 032.84 万元 ×(1 +30% +12% +20% +30% +20%)

=10 032.84 万元 ×(1 +1.12) =21 269.621 万元

2.（1）基本预备费计算：

基本预备费 =21 269.621 万元 ×10% =2 126.962 1 万元

（2）价差预备费计算：

静态投资 =21 269.621 万元 +2 126.962 1 万元 =23 396.583 1 万元

建设期各年的静态投资额如下：

第 1 年：23 396.583 1 万元 ×30% =7 018.974 9 万元

第 2 年：23 396.583 1 万元 ×50% =11 698.2916 万元

第 3 年：23 396.583 1 万元 ×(1 −30% −50%) =4 679.316 6 万元

由此得：价差预备费 $=7\,018.974\,9\text{ 万元}\times[(1+3\%)^{1.5}-1]+11\,698.291\,6\text{ 万元}\times[(1+3\%)^{2.5}-1]+4\,679.316\,6\text{ 万元}\times[(1+3\%)^{3.5}-1]=(318.211\,1+897.211\,1+510.030\,5\text{ 万元}=1\,725.452\,7\text{ 万元}$

（3）建设投资计算：

预备费 =2 126.962 1 万元 +1 725.452 7 万元 =3 852.414 8 万元

该项目的建设投资 =21 269.621 万元 +3 852.414 8 万元 =25 122.035 8 万元

3.（1）流动资金 =45 万 t ×32.62 元/t =1 467.9 万元

（2）建设期贷款利息计算：

第 1 年贷款利息 $=(9\ 000\times30\%/2)$ 万元 $\times10\%=135$ 万元

第 2 年贷款利息 $=[(9\ 000\times30\%+135)+(9\ 000\times50\%/2)]$ 万元 $\times10\%$

$=(2\ 700+135+2\ 250)$ 万元 $\times10\%=508.5$ 万元

第 3 年贷款利息 $=[(2\ 700+135+4\ 500+508.5)$ 万元 $+(9\ 000\times20\%/2)]$ 万元 $\times10\%$

$=(7\ 843.5+900)$ 万元 $\times10\%=874.35$ 万元

建设期贷款利息 $=(135+508.5+874.35)$ 万元 $=1\ 517.85$ 万元

(3) 该项目总投资 = 建设投资 + 建设期贷款利息 + 流动资金

$=(25\ 122.035\ 8+1\ 517.85+1\ 467.9)$ 万元 $=28\ 107.785\ 8$ 万元

本章小结及关键概念

- **本章小结**：建设项目按照建设性质不同、建设目的不同、资金来源不同等可分别分类，其建设程序必须遵循一定的先后次序和科学规律，主要包括决策、设计、施工、竣工验收及投产等阶段。在决策阶段主要是对不同建设方案进行技术经济比较选择及做出判断和决定，需经历投资构想、市场研究、项目建议书及可行性研究等过程，其与工程造价的密切关系体现在：①建设项目决策的正确性是工程造价合理性的前提；②建设项目决策的内容是决定工程造价的基础；③建设项目决策的深度影响投资估算的精确度；④工程造价的数额影响建设项目决策的结果。在决策阶段影响工程造价的因素主要包括建设规模、建设地区及建设地点（厂址）、技术方案、设备方案、工程方案和环境保护措施等。

可行性研究是判别建设项目是否可行的一种科学方法，包含前期准备、初步可行性研究和详细可行性研究三个阶段，是建设项目决策阶段的纲领性工作，是进行其他各项投资准备工作的主要依据。可行性研究报告的编制需经历签订委托协议、组建工作小组、数据调研、形成初稿并修稿定稿等阶段，在我国，其内容应符合《投资项目可行性研究指南》的规定。

项目决策阶段工程造价管理的主要工作是编制投资估算。投资估算是指在建设项目决策过程中，对建设项目投资数额（包括工程造价和流动资金）进行的估计，由于投资估算在建设项目的决策、工程造价的确定与控制、资金筹集等方面都有着重要的作用，在项目规划、项目建议书、初步可行性研究和详细可行性研究阶段，其精度应分别达到 ±30%、±30%、±20%和 ±10%左右。编制的投资估算文件一般有封面、签署页、编制说明、投资估算分析、总投资估算表、单项工程估算表、主要技术经济指标等内容，其费用构成包括建设投资、建设期利息、固定资产投资方向调节税和流动资金，编制的方法主要有静态投资部分的单位生产能力估算法、生产能力指数法、系数估算法、比例估算法和指标估算法等，动态投资部分主要是对价差预备费和建设期利息的估算，最后用分项详细估算法和扩大指标估算法估算流动资金。

- **关键概念**：建设项目决策、建设项目建设程序、建设规模、可行性研究、投资估算。

习题

一、选择题

1. 确定建设规模需要考虑的首要因素是（　　）。

A. 建设规模方案比选　B. 市场因素　C. 环境因素　D. 技术因素

2. 下列选项中不是决策阶段影响工程造价的因素是（　　）。

A. 建设规模和厂址　B. 技术方案和工程方案

C. 试验方案和操作方案　D. 工程方案和环境保护措施

3. 下列选项中对于可行性研究阶段划分错误的是（ ）。
A. 前期准备 B. 初步可行性研究 C. 详细可行性研究 D. 后评价
4. 可行性研究报告中的核心内容是（ ）。
A. 项目投资建设的必要性 B. 项目投资建设的合理性
C. 项目投资建设的可行性 D. 项目投资建设的技术性
5. 下列选项中不属于工程费用的是（ ）。
A. 建筑工程费 B. 安装工程费 C. 工程建设其他费用 D. 设备购置费
6. 下列选项中不是影响投资估算精度的因素的是（ ）。
A. 价格变化 B. 工程结算 C. 现场施工条件 D. 项目特征的变化

二、填空题

1. 按建设性质不同可将建设项目分为________、________、________、迁建项目和恢复项目。
2. 建设项目的决策程序依次是项目构想、________、________、初步可行性研究、________、建设项目决策。
3. 建设项目可行性研究的程序是签订委托协议、组建工作小组、________、________、________、定稿。
4. 投资估算的文件由封面、签署页、________、________、________、________和________组成。
5. 建设项目总投资包括________、________、固定资产投资方向调节税（暂停征收）和________。

三、简答题

1. 简述建设项目的建设程序。
2. 建设项目决策与工程造价的关系是什么？
3. 建设项目可行性研究有何重要意义？
4. 简要说明可行性研究的程序。
5. 投资估算有哪几个阶段？各阶段的精度是多少？
6. 投资估算有何作用？
7. 投资估算的编制依据是什么？
8. 例举投资估算的编制方法。

四、计算题

1. 已知建设一座日产15t某绿色建筑材料装置的投资额为2 450万元，试估算建设一座日产40t该材料设备的投资额，已知综合调整系数为1.06，且拟建项目生产规模的扩大仅靠增大设备规模来达到。

2. 若设计中的建材生产系统的生产能力在原有基础上增加1倍，则投资额大约增加多少？已知综合调整系数为1.05，生产能力指数为0.8。

3. 某建设项目估算的静态投资为16 000万元，根据项目实施进度规划，项目建设期为3年，3年的投资分年使用比例分别为30%、50%、20%，其中各年投资中贷款比例为年投资的20%，预计建设期中3年的贷款利率分别为5%、6%、7%，试求该项目建设期内的贷款利息。

4. 某建设项目建安工程费为5 000万元，设备购置费为3 000万元，工程建设其他费用为2 000万元，已知基本预备费费率为5%，项目建设前期年限为1年，建设期为3年，各年投资计划额为第一年完成投资20%，第二年完成60%，第三年完成20%，建设期内年平均价格变动率预测为6%，试求建设项目建设期间的价差预备费。

第3章 建设项目设计阶段工程造价确定与控制

学习要点

• **知识点**：设计的概念，设计阶段的划分、内容及深度，设计阶段工程造价管理的内容，设计阶段影响工程造价的主要因素，限额设计的概念、要求、意义、内容、全过程及优缺点，设计方案的优化与选择，设计概算的概念、作用、内容、编制要求、编制依据及编制方法，施工图预算的概念、作用、内容、编制要求、编制依据、编制程序及编制方法。

• **重点**：设计阶段的划分，设计阶段工程造价管理的内容，设计阶段影响工程造价的主要因素，限额设计的内容及全过程，设计方案优化与选择的过程及定量方法，设计概算的内容、编制依据及编制方法，施工图预算的内容、编制依据、编制程序及编制方法。

• **难点**：设计阶段的内容及深度，设计方案优化与选择的方法，设计概算的费用构成及编制方法（概算定额法、概算指标法和类似工程预算法），施工图预算的费用构成及编制方法（单价法和实物法）。

案例导入

假如你是一名造价工程师，现在面临的工作情况是：某公司拟为员工建设一栋建筑面积为3 800m^2的公寓楼，据调查，公司所在地附近有已完工的某公寓楼，只有外墙保温贴面不同，其他部分均与拟建项目较为接近。该类似工程的相关资料均已给出。你能够顺利地计算出该项目的设计概算吗？如何计算呢？

3.1 概述

3.1.1 建设项目设计阶段工程造价管理的内容

1. 设计的概念

设计是指在建设项目立项以后，按照设计任务书的要求，对建设项目的各项内容进行设计并以一定载体（图纸、文件等）表现出建设项目决策阶段主旨的过程。一般以设计成果作为备料、施工组织工作和各工种在制作、建造工作中互相配合协作的共同依据，便于整个建设项目在预定的投资限额范围内，按照周密考虑的预定方案顺利进行，充分满足各方所期望的要求。

2. 设计阶段的划分

为保证建设项目设计和施工工作有机地配合和衔接，需要将建设项目设计阶段进行划分。国家规定，一般工业与民用建设项目设计按初步设计和施工图设计两个阶段进行，即“**两阶段设计**”；对于技术上复杂而又缺乏设计经验的项目，可按初步设计、扩大初步设计

(技术设计) 和施工图设计三个阶段进行，即“三阶段设计”。对于技术要求简单的民用建筑工程，经有关主管部门同意，并且合同中有不做初步设计的约定，可在方案设计审批后直接进入施工图设计。

建设项目确定设计阶段之后，即按照设计准备（方案设计）、编制各阶段的设计文件、配合施工、参加验收和进行总结等程序开始设计工作，如图3-1所示。

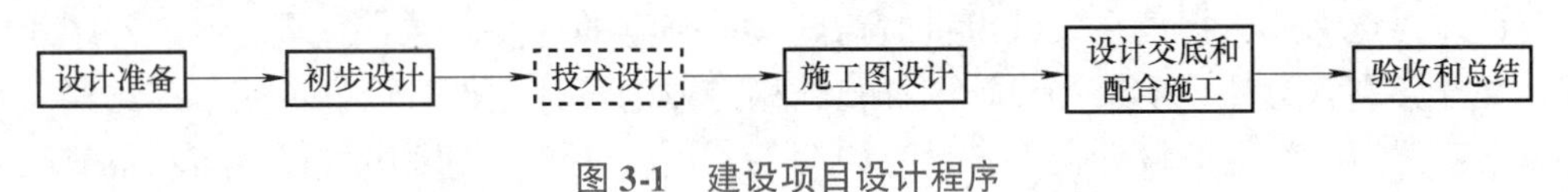

图3-1　建设项目设计程序

注：虚框表示某些项目不含该程序。

3. 设计阶段的内容及深度

根据《建筑工程设计文件编制深度规定》(2016年版) 的规定，各阶段设计文件㊀编制的内容及深度应符合相关要求。

(1) 方案设计㊁文件　其应满足编制初步设计文件的需要和方案审批或报批的需要，主要内容有㊂：

1) 设计说明书，包括各专业设计说明以及投资估算等内容；对于涉及建筑节能、环保、绿色建筑、人防等设计的专业，其设计说明应有建筑节能设计专门内容。

2) 总平面图以及相关建筑设计图样。

3) 设计委托或设计合同中规定的透视图、鸟瞰图、模型等。

各项内容编制完成后，应按照封面（写明项目名称、编制单位、编制年月)、扉页（写明编制单位法定代表人、技术总负责人、项目总负责人及各专业负责人的姓名，并经上述人员签署或授权盖章)、设计文件目录、设计说明书（含设计依据、设计要求以及主要技术经济指标、总平面设计说明、建筑设计说明、结构设计说明、建筑电气设计说明、给水排水设计说明、供暖通风与空气调节设计说明、热能动力设计说明和投资估算文件）和设计图样（含总平面设计图样、建筑设计图样和热能动力设计图样㊃）的顺序进行编排。

(2) 初步设计文件　其应满足编制施工图设计文件的需要和初步设计审批的需要，主要的内容有：

1) 设计说明书，包括设计总说明、各专业设计说明，对于涉及建筑节能、环保、绿色建筑、人防、装配式建筑等，其设计说明应有相应的专项内容。

2) 有关专业的设计图样。

3) 主要设备或材料表。

4) 工程概算书。

5) 有关专业计算书（不属于必须交付的设计文件)。

㊀ 设计文件是设计阶段的成果，我国一般由符合资质的设计单位或工程造价咨询企业编制。

㊁ 该阶段，在目前国家推进装配式建筑发展的背景下，装配式建筑所含的技术策划文件有技术策划报告、技术配置表、经济性评价、预制构件生产策划等。

㊂ 本规定仅适用于报批方案设计文件编制深度。对于投标方案设计文件的编制深度，应执行住建部颁发的相关规定。

㊃ 当建设项目为城市区域供热或区域燃气调压站时需提供热能动力设计图样。

各项内容编制完成后，应按照封面（写明项目名称、编制单位、编制年月）、扉页（写明编制单位法定代表人、技术总负责人、项目总负责人和各专业负责人的姓名，并经上述人员签署或授权盖章）、设计文件目录、设计说明书、设计图样（可单独成册）和概算书（应单独成册）的顺序进行编排。

其中，在初步设计阶段，设计总说明含工程设计依据、工程建设的规模和设计范围、总指标、设计要点综述、提请在设计审批时需解决或确定的主要问题；总平面专业和建筑专业的设计文件分别含设计说明书和设计图样；结构专业的设计文件含设计说明书、结构布置图和计算书；建筑电气专业设计文件含设计说明书、设计图样、主要电气设备表和计算书；给水排水专业设计文件含设计说明书、设计图样、设备及主要材料表和计算书；供暖通风与空气调节和热能动力的设计文件含设计说明书，除小型、简单工程外，还含设计图样、设备表和计算书。

（3）施工图设计文件　其应满足设备材料采购、非标准设备制作和施工的需要。对于将项目分别发包给几个设计单位或实施设计分包的情况，设计文件相互关联处的深度应满足各承包或分包单位设计的需要，主要内容有：

1）合同要求所涉及的所有专业的设计图样（含图样目录、说明和必要的设备、材料表）以及图样总封面，对于涉及建筑节能设计的专业，其设计说明应有建筑节能设计的专项内容；涉及装配式建筑设计的专业，其设计说明及图样应有装配式建筑专项设计内容。

2）合同要求的工程预算书（对于方案设计后直接进入施工图设计的项目，若合同未要求编制工程预算书，则施工图设计文件应包括工程概算书）。

3）各专业计算书（不属于必须交付的设计文件，但应编制并归档保存）。

总封面的内容为：项目名称、设计单位名称、项目的设计编号、设计阶段、编制单位法定代表人、技术总负责人和项目总负责人的姓名及其签字或授权盖章和设计日期（即设计文件交付日期）。

其中，在施工图设计阶段，总平面专业、建筑专业、结构专业的设计文件含图样目录、设计说明、设计图样和计算书；建筑电气专业的设计文件含图样目录、设计说明、设计图样、主要设备表和电气计算部分计算书；给水排水专业的设计文件含图样目录、施工图设计说明、设计图样、设备及主要材料表和计算书；供暖通风与空气调节专业的设计文件含图样目录、设计与施工说明、设备表、设计图样和计算书；热能动力专业的设计文件含图样目录、设计说明和施工说明、设备及主要材料表、设计图样和计算书。

4. 设计阶段工程造价管理的内容

设计阶段是分析处理建设项目技术和经济的关键环节，也是有效控制工程造价的重要阶段，其对工程造价的影响程度如图 3-2 所示。在建设项目设计阶段，工程造价管理人员需要密切配合设计人员，协助其处理好项目技术先进性与经济合理性之间的关系。在初步设计阶段，要按照可行性研究报告及投资估算进行多方案的技术经济比较，确定初步设计方案；在施工图设计阶段，要按照审批的初步设计内容、范围和概算造价进行技术经济评价与分析，确定施工图设计方案。

除此之外，要通过推行限额设计和标准化设计等，在采用多方案技术经济分析的基础上，优化设计方案，科学编制设计概算和施工图预算及相关内容，如表 3-1 所示，有效地控制工程造价。

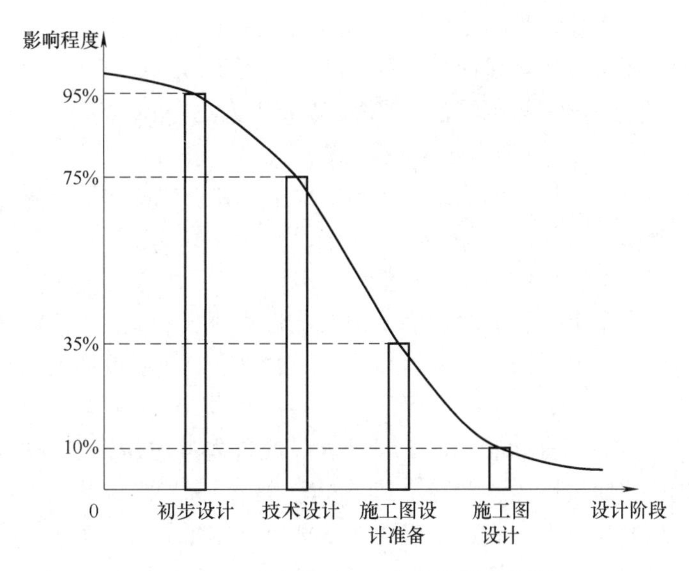

图 3-2　设计阶段对工程造价的影响程度

表 3-1　设计阶段工程造价管理的内容

设计阶段	造价体系及形式	计价依据	工作内容与编制人
初步设计	设计概算（投资控制额）	概算定额、预算定额、造价部门发布的有关价格信息	设计概算编制（设计单位或工程造价咨询企业）
施工图设计	施工图预算（平均价格）	预算定额、造价部门发布的有关价格信息	施工图预算编制（设计单位或工程造价咨询企业）

3.1.2　建设项目设计阶段影响工程造价的主要因素

国内外相关资料研究表明，设计阶段的费用仅占工程总费用的1%～2%左右，但在建设项目决策正确的前提下，该阶段对工程造价的影响程度高达75%以上。根据第2章按不同类别划分建设项目，在设计阶段需要考虑的影响工程造价的因素也有所不同，此处介绍影响工业建设项目和民用建设项目工程造价的因素及其他影响因素。

1. 影响工业建设项目工程造价的主要因素

（1）总平面设计　总平面设计主要是指总图运输设计和总平面配置，主要包括：①厂址方案、占地面积、土地利用情况；②总图运输、主要建筑物和构筑物及公用设施的配置；③外部运输、水、电、气及其他外部协作条件等。

总平面设计对整个设计方案的经济合理性有重大影响，正确合理的总平面设计可大幅度缩减项目工程量，减少建设用地，节约建设投资，加快建设进度，降低工程造价和建设项目运营后的使用成本，并为企业创造良好的生产组织、经营条件和生产环境，还可以为城市建设或工业区创造完美的建筑艺术整体。总平面设计中影响工程造价的主要因素包括：

1）占地面积。占地面积的大小一方面影响征地费用的高低，另一方面也影响管线布置成本和项目运营的运输成本。因此在满足建设项目基本使用功能的基础上，应尽可能节约用地。

2）功能分区。合理的功能分区既可以使建筑物的各项功能充分发挥，又可以使总平面布置紧凑、安全。对于工业建设项目，合理的功能分区还可以使生产工艺流程顺畅，从全生命周期造价管理考虑还可以使运输简便，降低项目建成后的运营成本。

3）现场条件。现场条件是制约设计方案的重要因素之一，对工程造价的影响主要体现在：①地质、水文、气象条件等影响基础形式的选择、基础的埋深（持力层、冻土线）；②地形地貌影响平面及室外标高的确定；③场地大小、邻近建筑物地上附着物等影响平面布置、建筑层数、基础形式及埋深。

4）运输方式。运输方式决定运输效率及成本。例如，有轨运输的运量大，运输安全，但是需要一次性投入大量资金；无轨运输无须一次性大规模投资，但运量小、安全性较差。因此，要综合考虑建设项目生产工艺流程和功能区的要求以及建设场地等具体情况，选择经济合理的运输方式。

（2）建筑设计　在进行建筑设计时，设计人员应首先考虑建设单位所要求的建筑标准，根据建筑物、构筑物的使用性质、功能及其经济实力等因素确定；其次应在考虑施工条件和施工过程的合理组织的基础上，决定工程的立体平面设计和结构方案的工艺要求。建筑设计阶段影响工程造价的主要因素包括：

1）平面形状。一般来说，建筑物平面形状越简单，单位面积造价就越低；在同样的建筑面积下，建筑平面形状不同，建筑周长系数 $K_{周}$ ㊀也不同。通常情况下建筑周长系数越小㊁，设计越经济；施工难易程度及建筑物美观和使用要求也影响工程造价。因此，建筑物平面形状的设计应在满足建筑物使用功能的前提下，降低 $K_{周}$，充分注意建筑平面形状的简洁、布局的合理，从而降低工程造价。

2）流通空间。由于门厅、走廊、过道、楼梯以及电梯井等的流通空间并非为了获利而设置，但采光、采暖、装饰、清扫等方面的费用却很高，因此在满足建筑物使用要求的前提下，应将流通空间在满足相关要求的前提下减少到最小，以控制工程造价。

3）空间组合。空间组合包括建筑物的层高、层数、室内外高差等因素。①在建筑面积不变的情况下，建筑层高的增加会引起各项费用的增加，如基础造价的增加、楼梯造价和电梯设备造价的增加及屋面造价的增加等。②建筑物层数对造价的影响，因建筑类型、结构和形式的不同而不同。层数不同，则荷载不同，对基础的要求也不同，同时也影响占地面积和单位面积造价。如果增加一个楼层不影响建筑物的结构形式，则单位建筑面积的造价可能会降低。但是当建筑物超过一定层数时，结构形式就要改变，单位造价通常会增加。③室内外高差过大，则建筑物的工程造价提高；高差过小又影响使用及卫生要求等，因此应选择合适的高差。

4）建筑物的体积与面积。建筑物尺寸的增加，一般会引起单位面积造价的降低。对于同一项目，固定费用不一定会随着建筑体积和面积的扩大而有明显的变化，一般情况下，单位面积固定费用会相应减少。

5）建筑结构㊂。建筑结构的选择既要满足力学要求，又要考虑其经济性。对于五层以

㊀ 建筑周长系数是指建筑物周长与建筑面积之比，即单位面积所占外墙长度。

㊁ 圆形、正方形、矩形、T形、L形建筑的建筑周长系数依次增大。

㊂ 建筑结构是指建筑工程中由基础、梁、板、柱、墙、屋架等构件所组成的起骨架作用的，能承受直接和间接荷载的空间受力体系。建筑结构因所用的建筑材料不同，可分为砌体结构、钢筋混凝土结构、钢结构、轻型钢结构、木结构和组合结构等。

下的建筑物一般选用砌体结构；对于大中型工业厂房一般选用钢筋混凝土结构；对于多层房屋或大跨度结构，选用钢结构明显优于钢筋混凝土结构；对于高层或者超高层结构，框架结构和剪力墙结构比较经济。由于各种建筑体系的结构各有利弊，在选用结构类型时应结合实际，因地制宜，就地取材，采用经济合理的结构形式。

6）柱网布置。对于工业建设项目，柱网布置对结构的梁板配筋及基础的大小会产生较大的影响，从而对工程造价和厂房面积的利用效率都有较大的影响。柱网布置是确定柱子的跨度和间距的依据。柱网的选择与厂房中有无吊车、吊车的类型及吨位、屋顶的承重结构以及厂房的高度等因素有关。对于单跨厂房，当柱间距不变时，跨度越大单位面积造价越低。因为除屋架外，其他结构架分摊在单位面积上的平均造价随跨度的增大而减小。对于多跨厂房，当跨度不变时，中跨数目越多越经济，这是因为柱子和基础分摊在单位面积上的造价减少。

（3）工艺设计　工艺设计中影响工程造价的主要因素包括：①建设规模、标准和产品方案；②工艺流程和主要设备的选型；③主要原材料、燃料供应情况；④生产组织及生产过程中的劳动定员情况；⑤“三废”治理及环保措施等。

（4）材料选用　建筑材料的选择是否合理，不仅直接影响到工程质量、使用寿命、耐火抗震性能，而且对施工费用、工程造价有很大的影响。建筑材料一般占人工费、材料费、施工机具使用费及措施费之和的70%左右，降低材料费用，不仅可以降低此四项费用，而且也可以降低规费和企业管理费。因此，设计阶段合理选择建筑材料，控制材料单价或工程量，是控制工程造价的有效途径。

（5）设备选用　现代建筑功能的实现越来越依赖于设备，一般楼层越多，设备系统越庞大，如建筑物内部空间的“交通工具”（电梯等）、室内环境的调节设备（空调、通风、采暖等）等，各个系统的分布占用空间都在考虑之列，既有面积、高度的限制，又有位置的优选和规范的要求。因此，设备配置是否得当，直接影响建筑产品整个寿命周期的成本。

设备选用的重点因设计形式的不同而不同，应选择能满足生产工艺和生产能力要求的最适用的设备和机械，还应充分考虑自然环境对能源节约的有利条件。

2. 影响民用建设项目工程造价的主要因素

民用建设项目设计是根据建筑物的使用功能要求，确定建筑标准、结构形式、建筑物空间与平面布置以及建筑群体的配置等。民用建筑设计包括住宅设计、公共建筑设计以及住宅小区设计。住宅建筑是民用建筑中**最大量**、**最主要**的建筑形式。

（1）住宅小区建设规划中影响工程造价的主要因素　在进行住宅小区建设规划时，要根据小区的基本功能和要求，确定各构成部分的合理层次与关系，据此安排住宅建筑、公共建筑、管网、道路及绿地的布局，确定合理人口与建筑密度、房屋间距和建筑层数，布置公共设施项目、规模及服务半径，以及水、电、热、煤气的供应等，并划分包括土地开发在内的上述各部分的投资比例。小区规划设计的核心问题是提高土地利用率。

1）占地面积。住宅小区的占地面积不仅直接决定着土地费用的高低，而且影响着小区内道路、工程管线长度和公共设备的多少，而这些费用对小区建设投资的影响通常很大。

2）建筑群体的布置形式。建筑群体的布置形式对用地的影响不容忽视，通过采取高低搭配、点条结合、前后错列以及局部东西向布置、斜向布置或拐角单元等手法节省用地。在保证小区居住功能的前提下，适当集中公共设施，提高公共建筑的层数，合理布置道路，充分利用小区内的边角用地，有利于提高建筑密度，降低小区的总造价。或者通过合理压缩建筑的间距、适当提高住宅层数或高低层搭配以及适当增加房屋长度等方式节约用地。

（2）民用住宅建筑设计中影响工程造价的主要因素

1）建筑物平面形状和周长系数。一般都建造矩形和正方形住宅，既有利于施工，又能降低造价和方便使用。在矩形住宅建筑中，又以长宽比等于 2 为佳。一般住宅单元以 3～4 个住宅单元、房屋长度 60～80m 较为经济。在满足住宅功能和质量的前提下，适当加大住宅宽度，这是由于宽度加大，墙体面积系数相应减少，有利于降低造价。

2）住宅的层高和净高。根据不同性质的工程综合测算住宅层高每降低 10cm，可降低造价 1.2%～1.5%。层高降低还可提高住宅区的建筑密度，节约土地成本及市政设施费。但是，层高设计中还需要考虑采光与通风问题，层高过低不利于采光及通风，因此，民用住宅的层高一般不宜低于 2.8m。

3）住宅的层数。民用建筑中，在一定幅度内，住宅层数的增加具有降低造价和使用费用，以及节约用地的优点。一般情况下，随着住宅层数的增加，单方造价系数在逐渐降低，即层数越多越经济。但是边际造价系数也在逐渐减小，说明随着层数的增加，单方造价系数下降幅度减缓，本书以砖混结构多层住宅为例，说明该关系，如表 3-2 所示。

表 3-2　砖混结构多层住宅层数与工程造价的关系

住宅层数/层	一	二	三	四	五	六
单方造价系数（%）	138.05	116.95	108.38	103.51	101.68	100
边际造价系数（%）	—	−21.1	−8.57	−4.87	−1.83	−1.68

4）住宅单元组成、户型和住户面积。衡量单元组成、户型设计的指标是结构面积系数[一]，系数越小设计方案越经济。结构面积系数除与房屋结构有关外，还与房屋外形及其长度和宽度有关，同时也与房间平均面积大小和户型组成有关。房间平均面积越大，内墙、隔墙在建筑面积中所占比重就越小。

5）住宅建筑结构的选择。随着我国工业化水平的提高，住宅工业化建筑体系的结构形式多种多样，考虑工程造价时应根据实际情况，因地制宜、就地取材，采用适合本地区的经济合理的结构形式。

3. 设计阶段其他影响工程造价的因素

除以上因素之外，在设计阶段影响工程造价的因素还包括以下几方面：

（1）项目利益相关者　设计单位和人员在设计过程中要综合考虑业主、承包商、建设单位、施工单位、监管机构、咨询企业、运营单位等利益相关者的要求和利益，并通过利益诉求的均衡以达到和谐的目的，避免后期出现频繁的设计变更而导致工程造价的增加。

（2）设计单位[二]和设计人员的知识水平　设计单位和设计人员的知识水平对工程造价的影响是客观存在的。为了有效地降低工程造价，设计单位和设计人员首先要能够充分利用现代设计理念，运用科学的设计方法优化设计成果；其次要善于将技术与经济相结合，运用价值工程理论优

[一] 结构面积系数是指住宅结构面积与建筑面积之比。

[二] 此处的设计单位包括设计单位和工程造价咨询企业。

化设计方案；最后，设计单位和设计人员应及时与造价咨询单位进行沟通，使得造价咨询人员能够在前期设计阶段就参与项目，并推广使用EPC⊖模式，达到技术与经济的完美结合。

（3）风险因素　设计阶段承担着重大的风险，它对后面的工程招标和施工有着重要的影响，要预测建设项目可能遇到的各类风险并提供相应的应对措施，依据“风险识别、风险评估、风险响应、风险控制”的流程为项目的后续阶段选择规避、转移、减轻或接受风险。该阶段是确定建设工程总造价的一个重要阶段，决定着项目的总体造价水平。

3.1.3　建设项目设计阶段控制工程造价的意义

设计阶段是建设项目最关键的阶段，它对工程造价影响最深。国内外大量实践经验表明：在初步设计阶段，影响工程造价的可能性为75%～95%；而至施工图设计结束阶段，影响工程造价的可能性为35%～75%；当施工开始后，通过技术措施及施工组织节约工程造价的可能性为5%～10%。由此可见，控制工程造价的关键在于施工以前的决策及设计阶段，而项目在做出决策后，控制造价的关键就在设计阶段。

1）通过设计阶段工程造价分析可以使造价构成更合理。

2）可以了解工程各组成部分的投资比例，对于投资比例较大的部分应作为投资控制的重点，这样就可以提高投资控制的效率。

3）在设计阶段进行工程造价控制，可以使控制工作更加主动。

4）在设计阶段进行工程造价控制，可以使控制工作更能实现技术与经济相结合。

由于工程设计往往是由建筑师等专业技术人员完成，在设计时往往更关注项目的使用功能，力求采用比较先进的技术方法实现项目所需功能，相对而言对经济因素的考虑会少一些。如果在设计阶段造价工程师参与全过程设计，使设计工作一开始就实现技术与经济的有机结合，在做出设计的重要决定时，都通过充分的经济论证知道其造价结果，这无论是对优化设计还是限额设计的实现都有好处。因此，技术与经济相结合的手段更能保证设计方案经济合理。

3.2　限额设计

限额设计是工程造价控制系统中的一个重要环节，是设计阶段进行技术经济分析，实施工程造价控制的一项重要措施。

3.2.1　限额设计的概念、要求及意义

1. 限额设计的概念

限额设计是指按照批准的可行性研究报告及其中的投资估算控制初步设计，按照批准的初步设计概算控制技术设计和施工图设计，按照施工图预算造价对施工图设计的各专业设计进行限额分配设计的过程。限额设计的控制对象是影响建设项目设计的静态投资或基础项目。

限额设计中，要使各专业设计在分配的投资限额内进行设计，并保证各专业满足使用功

⊖ EPC（工程总承包）是Engineering Procument Construction的简称，是指公司受业主委托，按照合同约定对工程建设项目的设计、采购、施工、试运行等实行全过程或若干阶段的承包。

能的要求，严格控制不合理变更，保证总的投资额不被突破。同时建设项目技术标准不能降低，建设规模也不能削减，即限额设计需要在投资额度不变的情况下，实现使用功能和建设规模的最大化。

2. 限额设计的要求

1）根据批准的可行性报告及其投资估算的数额来确定限额设计的目标。由总设计师提出，经设计负责人审批下达，其总额度一般按人工费、材料费及施工机具使用费之和的90%左右下达，以便各专业设计留有一定的机动调节指标，限额设计指标用完后，必须经过批准才能调整。

2）采用优化设计，保证限额目标的实现。优化设计是保证投资限额及控制造价的重要手段。优化设计必须根据实际问题的性质，选择不同的优化方法。对于一些确定性的问题，如投资额、资源消耗、时间等有关条件已经确定的，可采用线性规划、非线性规划、动态规划等理论和方法进行优化；对于一些非确定性的问题，可以采用排队论、对策论等方法进行优化；对于涉及流量大、路途最短、费用不多的问题，可以采用图形和网络理论进行优化。

3）严格按照建设程序办事。

4）重视设计的多方案优选。

5）认真控制每一个设计环节及每项专业设计。

6）建立设计单位的经济责任制度。在分解目标的基础上，科学地确定造价限额，责任落实到人。审查时，既要审技术，又要审造价，把审查作为造价动态控制的一项重要措施。

3. 限额设计的意义

1）限额设计是按上一阶段批准的投资或造价控制下一阶段的设计，而且在设计中以控制工程量为主要手段，抓住了控制工程造价的核心，从而克服了“三超”问题。

2）限额设计有利于处理好技术与经济的对立统一关系，提高设计质量。限额设计并不是一味考虑节约投资，也绝不是简单地将设计孤立，而是在“尊重科学、尊重实际、实事求是、精心设计”的原则指导下进行的。限额设计可促使设计单位加强设计与经济的对立统一，克服长期以来重设计、轻经济的思想，树立设计人员的高度责任感。

3）限额设计能扭转设计概预算本身的失控现象。限额设计可促使设计单位内部使设计和概预算形成有机的整体，克服相互脱节现象。使设计人员增强经济观念，在设计中，各自检查本专业的工程费用，切实做好工程造价控制工作，改变了设计过程不算账，设计完了见分晓的现象，由“画了算”变成“算着画”。

3.2.2 限额设计的内容及全过程

1. 限额设计的内容

根据限额设计的概念可知，**限额设计的内容主要体现在可行性研究中的投资估算、初步设计和施工图设计三个阶段中**。同时，在 BIM[⊖]技术并未全面普及，仍存在大量变更的现状

⊖ BIM（建筑信息模型）是 Building Information Modeling 的简称，是指在建设工程及设施全生命周期内，对其物理和功能特性进行数字化表达，并依此设计、施工、运营的过程和结果的总称。［来源于《建筑信息模型统一应用标准》（GB/T 51212—2016）］

下，还应考虑设计变更的限额设计内容。

（1）投资估算阶段　投资估算阶段是限额设计的关键。对政府投资项目而言，决策阶段的可行性研究报告是政府部门核准投资总额的主要依据，而批准的投资总额则是进行限额设计的重要依据。为此，应在多方案技术经济分析和评价后确定最终方案，提高投资估算的准确度，合理确定设计限额目标。

（2）初步设计阶段　初步设计阶段需要依据最终确定的可行性研究报告及其投资估算，对影响投资的因素按照专业进行分解，并将规定的投资限额下达到各专业设计人员。设计人员应用价值工程的基本原理，通过多方案技术经济比选，创造出价值较高、技术经济性较为合理的初步设计方案，并将设计概算控制在批准的投资估算内。

（3）施工图设计阶段　施工图是设计单位的最终成果文件之一，应按照批准的初步设计方案进行限额设计，施工图预算需控制在批准的设计概算范围内。

（4）设计变更　在初步设计阶段，由于设计外部条件制约及主观认识局限性，往往会造成施工图设计阶段及施工过程中的局部修改和变更，这会导致工程造价发生变化。

设计变更应尽量提前，如图 3-3 所示：变更发生得越早，损失越小；反之就越大。如在设计阶段变更，则只是修改图样，其他费用尚未发生，损失有限；如果在采购阶段变更，则不仅要修改图样，而且设备、材料还需要重新采购；如在施工阶段变更，则除上述费用外，已经施工的工程还需要拆除，势必造成重大损失。为此，必须加强设计变更管理，尽可能把设计变更控制在设计阶段初期，对于非发生不可的设计变更，应尽量事前预计，以减少变更对工程造成的损失。尤其对于影响造价权重较大的变更，应采取先计算造价，再进行变更的办法解决，使工程造价得以事前有效控制。

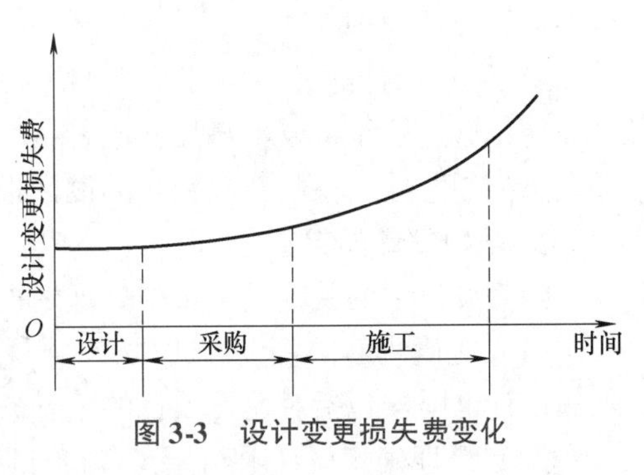

图 3-3　设计变更损失费变化

限额设计控制工程造价可以从两方面着手：①按照限额设计的过程从前往后依次进行控制，称为**纵向控制**；②对设计单位及内部各专业设计人员进行设计考核，进而保证设计质量的控制，称为**横向控制**。横向控制首先必须明确各设计单位内部对限额设计所负的责任，将项目投资按专业进行分配，并分段考核，下段指标不得突破上段指标，责任落实越明细，效果就越明显。其次要建立健全奖惩制度，设计单位在保证设计功能及安全的前提下，采用“四新”措施节约了造价的，应根据节约的额度大小给予奖励；因设计单位设计错误、漏项或改变标准及规模而导致工程投资超支的，要视其比例扣减设计费。

2. 限额设计的全过程

限额设计的程序是建设工程造价目标的动态反馈和管理过程，可分为**目标制定**、**目标分解**、**目标推进**和**成果评价**四个阶段。各阶段实施的主要过程如下：

1）用投资估算的限额控制各单项或单位工程的设计限额。

2）根据各单项或单位工程的分配限额进行初步设计。

3）用初步设计的设计概算（或修正概算）判定设计方案的造价是否符合限额要求，如果发现超过限额，就修正初步设计。

4）当初步设计符合限额要求后，就进行初步设计决策并确定各单位工程的施工图设计限额。

5）根据各单位工程的施工图预算并判定是否在概算或限额控制内，若不满足就修正限额或修正各专业施工图设计。

6）当施工图预算造价满足限额要求时，施工图设计的经济论证就通过，限额设计的目标就得以实现，从而可以进行正式的施工图设计及归档。

3.2.3 限额设计的不足与完善

1. 限额设计的不足

推行限额设计也有不足的一面，应在实际设计工作中不断加以改正。

1）当考虑建设工程全寿命周期成本时，按照限额要求设计出的方案可能不一定具有最佳的经济性，此时亦可考虑突破原有限额，重新选择设计方案。

2）限额设计的本质特征是投资控制的主动性，如果在设计完成后才发现概算或预算超过了限额，再进行变更设计使之满足原限额要求，则会使投资控制处于被动地位，同时，也会降低设计的合理性。

3）限额设计的另一特征是强调了设计限额的重要性，从而有可能降低项目的功能水平，使以后运营维护成本增加，或者在投资限额内没有达到最佳功能水平。这样就限制了设计人员的创造性，一些新颖别致的设计难以实现。

2. 限额设计的完善

限额设计中的关键是要正确处理好投资限额与项目功能水平之间对立统一关系。

（1）正确理解限额设计的含义　限额设计的本质特征虽然是投资控制的主动性，但是限额设计也同样包括对建设项目的全寿命费用的充分考虑。

（2）合理确定设计限额　在各设计阶段运用价值工程的原理进行设计，尤其在限额设计目标值确定之前的可行性研究及方案设计时，认真选择工程造价与功能的最佳匹配设计方案。当然，任何限额也不是绝对不变的，当有更好的设计方案时，其限额是可以调整及重新确定的。

（3）合理分解及使用投资限额　限额设计的投资限额通常是以可行性研究的投资估算为最高限额的，并按直接工程费的90%下达分解的，留下10%作为调节使用，因此，提高投资估算的科学性也就非常必要。同时，为了克服投资限额的不足，也可以根据项目具体情况适当增加调节使用比例，以保证设计者的创造性及设计方案的实现，也为可能的设计变更提供前提，从而更好地解决限额设计不足的一面。

3.3 设计方案的优化与选择

设计方案的优化与选择，是指通过技术比较、经济分析和效益评价，正确处理技术先进与经济合理之间的关系，力求达到技术先进与经济合理的和谐统一，它是设计过程的重要环节。

设计方案的优化与选择是同一事物的两个方面，相互依存而又相互转化。一方面，要在众多优化了的设计方案中选出最佳的设计方案；另一方面，设计方案选择后还需结合项目实际进一步地优化。如果方案不优化即进行选择，则选不出最优的方案，即使选出方案也需进行优化后重新选择；如果选择之后不进一步优化设计方案，则在项目的后续实施阶段会面临更大的问题，还需更耗时耗力地优化。因此，必须将优化与选择结合起来，才能以最小的投入获得最大的产出。

3.3.1 设计方案优化与选择的过程

一般情况下，建设项目设计方案优化与选择的过程如图3-4所示。

1）按照使用功能、技术标准、投资限额的要求，结合建设项目所在地实际情况，探讨和提出可能的设计方案。

2）从所有可能的设计方案中初步筛选出各方面都较为满意的方案作为比选方案。

3）根据设计方案的评价目的，明确评价的任务和范围。

4）确定能反映方案特征并能满足评价目的的指标体系。

5）根据设计方案计算各项指标及对比参数。

6）根据方案评价的目的，将方案的分析评价指标分为基本指标和主要指标，通过评价指标的分析计算，排出方案的优劣次序，并提出推荐方案。

7）综合分析，进行方案选择或提出技术优化建议。

8）对技术优化建议进行组合搭配，确定优化方案。

9）实施优化方案并总结备案。

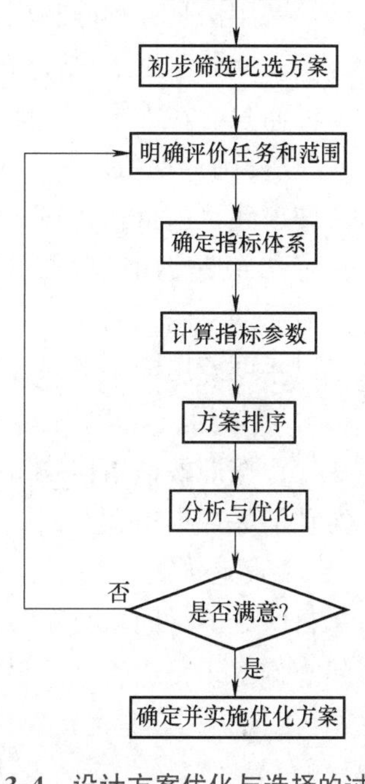

图3-4　设计方案优化与选择的过程

其中，过程5）7）8）是设计方案优化与选择的过程中最基本和最重要的内容。

3.3.2 设计方案优化与选择的要求及方法

1. 优化与选择的要求

对设计方案进行优化与选择，首先要有内容严谨、标准明确的指标体系，其次该指标体系应能充分反映建设项目满足社会需求的程度，以及为取得使用价值所需投入的社会必要劳动和社会必要消耗量，对于建立的指标体系，可按指标的重要程度设置主要指标和辅助指标，并选择主要指标进行分析比较，这样才能反映该过程的准确性和科学性。

一般地，指标体系应包含如下几方面内容：

1）使用价值指标，即建设项目满足需要程度（功能）的指标。

2）反映创造使用价值所消耗的社会劳动消耗量的指标。

3）其他指标。

2. 优化与选择的定量方法⊖

常用的优化与选择的定量方法主要有**单指标法、多指标法、多因素评分法及价值工程**

⊖ 此处的定量和定性方法只是进行粗略的划分，便于理解，实际某一种方法可能是定性和定量的结合。

法等。

(1) 单指标法 单指标法是指以单一指标为基础对建设项目设计方案进行选择与优化的方法。单指标法较常用的有综合费用法和全寿命周期费用法。

1）综合费用法。综合费用包括方案投产后的年度使用费、方案的建设投资以及由于工期提前或延误而产生的收益或亏损等。该方法的基本出发点在于将建设投资和使用费结合起来考虑，同时考虑建设周期对投资效益的影响，以综合费用最小为最佳方案。

综合费用法是一种静态指标评价方法，没有考虑资金的时间价值，只适用于建设周期较短的工程。此外，由于综合费用法只考虑费用，未能反映功能、质量、安全、环保等方面的差异，因而只有在方案的功能、建设标准等条件相同或基本相同时才能采用。

2）全寿命周期费用法。全寿命周期费用包括建设项目总投资和后期运营的使用成本两部分，即该建设项目在其确定的寿命周期内或在预定的时间内花费的各项费用之和。

全寿命周期费用法考虑了资金的时间价值，是一种动态指标评价方法。由于不同设计方案的寿命周期不同，因此，应用全寿命周期费用法计算费用时，不用净现值法，而用年度等值法，以年度费用最小者为最优方案。

(2) 多指标法 多指标法就是采用多个指标，将各个对比方案的相应指标值逐一进行分析比较，按照各种指标数值的高低对其做出评价，主要包括工程造价、工期、主要材料消耗和劳动消耗四类指标。

1）工程造价指标。它是指反映建设项目一次性投资的综合货币指标，根据分析和评价建设项目所处的时间段，可依据设计概算和施工图预算予以确定。例如，每平方米建筑造价、给水排水工程造价、采暖工程造价、通风工程造价、安装工程造价等。

2）工期指标。它是指建设工程从开工到竣工所耗费的时间，可用来评价不同方案对工期的影响。

3）主要材料消耗指标。该指标从实物形态的角度反映主要材料的消耗数量，如钢材消耗量指标、水泥消耗量指标、木材消耗量指标等。

4）劳动消耗指标。该指标所反映的劳动消耗量，包括现场施工和预制加工厂的劳动消耗。

以上四类指标，可以根据建设项目的具体特点来选择。从建设项目全面工程造价管理的角度考虑，仅利用这四类指标还不能完全满足设计方案的评价，还需要考虑建设项目全寿命周期成本，并考虑质量成本、安全成本以及环保成本等诸多因素。

在采用多指标法对不同设计方案进行优化与选择时，如果某一方案的所有指标都优于其他方案，则为最佳方案；如果各个方案的其他指标都相同，只有一个指标相互之间有差异，则该指标最优的方案就是最佳方案。但实际中很少有这种情况，在大多数情况下，不同方案之间往往是各有所长，有些指标较优，有些指标较差，而且各种指标对方案经济效果的影响也不相同。这时，可考虑采用单指标法或多因素评分法。

(3) 多因素评分法 多因素评分法是指多指标法与单指标法相结合的一种方法。对需要进行分析评价的设计方案设定若干个评价指标，按其重要程度分配权重，然后按照评价标准给各指标打分，将各项指标所得分数与其权重采用综合方法整合，得出各设计方案的评价总分，以获总分最高者为最佳方案，计算方法见式（3-1）。多因素评分法综合了定量分析评价与定性分析评价的优点，可靠性高，应用较广泛。

$$W = \sum_{i=1}^{n} q_i W_i \tag{3-1}$$

式中　W——设计方案总得分；

q_i——第 i 个指标权重；

W_i——第 i 个指标的得分；

n——指标数。

【例3-1】 设计单位为某建设项目提供了甲、乙、丙三种设计方案，现组织专家评审，商议确定工程造价（设计概算）、功能性、技术性、环境影响四个大类评价指标，各指标的权重分别为0.45、0.25、0.2、0.1，汇总后专家打分如表3-3所示。试为建设单位选择合理的设计方案。

表3-3　专家打分表　　单位：分

方案＼指标	工程造价	功能性	技术性	环境影响
甲	8	6	7	9
乙	6	7	7	8
丙	9	6	8	6

【解】 $W_{甲} = (8 \times 0.45 + 6 \times 0.25 + 7 \times 0.2 + 9 \times 0.1)$ 分 $= 7.4$ 分

$W_{乙} = (6 \times 0.45 + 7 \times 0.25 + 7 \times 0.2 + 8 \times 0.1)$ 分 $= 6.65$ 分

$W_{丙} = (9 \times 0.45 + 6 \times 0.25 + 8 \times 0.2 + 6 \times 0.1)$ 分 $= 7.75$ 分

因为 $W_{丙} > W_{甲} > W_{乙}$，所以丙方案为较合理的设计方案。

（4）价值工程法　价值工程是指通过各相关领域的协作，对所研究对象的功能与费用进行系统分析，不断创新，旨在提高研究对象价值的思想方法和管理技术。其目的是以研究对象的最低寿命周期成本可靠地实现使用者所需的功能，以获取最佳的综合效益。

价值工程的目标是提高研究对象的价值，在设计阶段运用价值工程法可以使建筑产品的功能更合理，可以有效地控制工程造价，还可以节约社会资源，实现资源的合理配置，其计算方法见式（3-2）。

$$V = \frac{F}{C} \tag{3-2}$$

式中　V——研究对象的价值；

F——研究对象的功能；

C——研究对象的成本，即寿命周期成本。

1）提高价值的途径

① 在提高功能水平的同时，降低成本，这是**最有效**且**最理想**的途径。

② 在保持成本不变的情况下，提高功能水平。

③ 在保持功能水平不变的情况下，降低成本。

④ 成本稍有增加，但功能水平大幅度提高。

⑤ 功能水平稍有下降，但成本大幅度下降。

2）价值工程的工作程序。价值工程是一项有组织的管理活动，涉及面广，研究过程复杂，必须按照一定的程序进行。价值工程可以分为四个阶段，即准备阶段、分析阶段、创新阶段、实施阶段，其工作程序如表 3-4 所示。

表 3-4 价值工程的工作程序

阶 段	步 骤	说 明
准备阶段	1. 对象选择	应明确目标、限制条件和分析范围
	2. 组成价值工程领导小组	一般由项目负责人、专业技术人员、熟悉价值工程的人员组成
	3. 制订工作计划	包括具体执行人、执行日期、工作目标等
分析阶段	4. 收集整理信息资料	此项工作应贯穿价值工程的全过程
	5. 功能系统评价	明确功能特性要求，并绘制功能系统图
	6. 功能评价	确定功能目标成本、确定功能改进区域
创新阶段	7. 方案创新	提出各种不同的实现功能的方案
	8. 方案评价	从技术、经济和社会等方面综合评价各方案达到预定目标的可行性
	9. 提案编写	将选出的方案及有关资料编写成册
实施阶段	10. 审批	由主管部门组织进行
	11. 实施检查	确定实施计划、组织实施并跟踪检查
	12. 成果鉴定	对实施后取得的技术经济效果进行成果鉴定

3）价值工程在设计阶段工程造价控制中的应用

① 对象选择。在设计阶段应用价值工程控制工程造价，应以对控制造价影响较大的项目作为价值工程的研究对象。因此，可以应用 ABC 分析法，即将设计方案的成本分解并分成 A、B、C 三类，A 类成本比重大、品种数量少，应作为实施价值工程的重点。

② 功能分析。分析研究对象具有哪些功能，各项功能之间的关系如何。

③ 功能评价。评价各项功能，确定功能评价系数，并计算实现各项功能的现实成本是多少，从而计算各项功能的价值系数。

④ 分配目标成本。根据限额设计的要求，确定研究对象的目标成本，并以功能评价系数为基础，将目标成本分摊到各项功能上，与各项功能的现实成本进行对比，确定成本改进期望值。成本改进期望值大的，应先重点改进。

⑤ 方案创新及评价。根据价值分析结果及目标成本分配结果的要求，提出各种方案，并用加权评分法选出最优方案，使设计方案更加合理。

【例 3-2】 某开发商拟开发一幢商业住宅楼，有如下三种可行设计方案：

方案 A：结构方案为大柱网框架轻墙体系，采用预应力大跨度叠合楼板，墙体材料采用多孔砖及移动式可拆装式分室隔墙，窗户采用单框双玻璃塑钢窗，面积利用系数为 93%，单方造价为 1 528. 38 元/m^2。

方案 B：结构方案同方案 A 墙体，采用内浇外砌，窗户采用单框双玻璃空腹钢窗，面积利用系数为 87%，单方造价为 1 120. 00 元/m^2。

方案 C：结构方案采用砖混结构体系，采用多孔预应力板，墙体材料采用标准黏土砖，窗户采用玻璃空腹钢窗，面积利用系数为 70. 69%，单方造价为 1 088. 60 元/m^2。

方案功能得分及重要系数如表 3-5 所示。

表3-5 方案功能得分及重要系数

方案功能	方案功能得分/分			方案功能重要系数
	A	B	C	
结构体系 F_1	10	10	8	0.25
模板类型 F_2	10	10	9	0.05
墙体材料 F_3	8	9	7	0.25
面积系数 F_4	9	8	7	0.35
窗户类型 F_5	9	7	8	0.10

试应用价值工程法选择最优设计方案。

【解】 (1) 成本系数计算如表3-6所示。

表3-6 成本系数计算

方案名称	造价/(元/m²)	成本系数
A	1 528.38	0.409 0
B	1 120.00	0.299 7
C	1 088.60	0.291 3
合计	3 736.98	1

(2) 功能因素评分与功能系数计算如表3-7所示。

表3-7 功能因素评分与功能系数计算

功能因素	重要系数	方案功能得分加权值/分		
		A	B	C
F_1	0.25	0.25×10=2.5	0.25×10=2.5	0.25×8=2.0
F_2	0.05	0.05×10=0.5	0.05×10=0.5	0.05×9=0.45
F_3	0.25	0.25×8=2.0	0.25×9=2.25	0.25×7=1.75
F_4	0.35	0.35×9=3.15	0.35×8=2.8	0.35×7=2.45
F_5	0.10	0.1×9=0.9	0.1×7=0.7	0.1×8=0.8
合计	1	9.05	8.75	7.45
功能系数		0.358 4	0.346 5	0.295 0

各方案的价值系数分别为：$V_A=0.358\ 4/0.409\ 0=0.876\ 3$

$V_B=0.346\ 5/0.299\ 7=1.156\ 2$

$V_C=0.295\ 0/0.291\ 3=1.012\ 7$

因为 $V_B>V_C>V_A$，所以方案B为最优设计方案。

4) 价值系数的分析

① $V=1$，即研究对象的功能值等于成本。这表明研究对象的成本与实现功能所必需的最低成本大致相当，研究对象的价值为最佳，一般无须优化。

② $V<1$，即研究对象的功能值小于成本。这表明研究对象的成本偏高，而功能要求不高。此时，一种可能是由于存在过剩的功能，另一种可能是功能虽无过剩，但实现功能的条件或方法不佳，以至于使实现功能的成本大于功能的实际需要，应以剔除过剩功能及降低现

实成本为改进方向，使成本与功能的比例趋于合理。

③ $V>1$，即研究对象的功能值大于成本。这表明研究对象的功能比较重要，但分配的成本较少。此时，应进行具体分析，功能与成本的分配可能已较理想，或者有不必要的功能，或者应该提高成本。

价值工程法在建设项目设计中的运用过程实际上是发现矛盾、分析矛盾和解决矛盾的过程。具体地说，就是分析功能与成本间的关系，以提高建设工程的价值系数。建设项目设计人员要**以提高价值为目标，以功能分析为核心，以经济效益为出发点**，从而真正实现对设计方案的优化与选择。

3. 优化与选择的定性方法

（1）**设计招标和设计方案竞选** 建设单位首先就拟建工程的设计任务通过报刊、信息网络或其他媒介发布公告，吸引设计单位参加设计招标或设计方案竞选，以获得众多的设计方案；然后组织技术专家人数占2/3以上的7～11人的专家评定小组，由专家评定小组采用科学的方法，按照经济、适用、美观的原则，以及技术先进、功能全面、结构合理、安全适用、满足建设节能及环境等要求，综合评定各设计方案优劣，从中选择最优的设计方案，或将各方案的可取之处重新组合，提出最佳方案。

专家评价法有利于多种设计方案的比较与选择，能集思广益，吸收众多设计方案的优点，使设计更完美。同时这种方法有利于控制建设工程造价，因为选中的项目投资概算一般能控制在投资者限定的投资范围内。

（2）**限额设计** 限额设计是在资金一定的情况下，尽可能提高建设项目水平的一种优化与选择的手段，详细介绍见本章第2节。

（3）**标准化设计** 标准化设计是指在一定时期内，采用共性条件，制定统一的标准和模式，开展的适用范围比较广泛的设计，适用于技术上成熟、经济上合理、市场容量充裕的项目设计。即在建设项目的设计中要严格遵守各项设计标准规范，如全国、省市、自治区、直辖市统一的设计规范及标准，有条件的设计单位和工程造价咨询企业，可在此基础上建立更加先进的设计规范及标准。

采用标准化设计，可以改进设计质量，加快实现建筑工业化；可以提高劳动生产率，加快项目建设进度；可以节约建筑材料，降低工程造价。标准化设计是经过多次反复实践检验和补充完善的，较好地结合了技术和经济两个方面，合理利用了资源，充分考虑了施工及运营的要求，因而可以作为设计方案优化与选择的方法。

（4）**德尔菲法**（Delphi Method） 德尔菲法是指采用背对背的通信方式征询专家小组成员的预测意见，经过几轮征询，使专家小组的预测意见趋于集中，最后做出符合市场未来发展趋势的预测结论的方法。

德尔菲法又名专家意见法或专家函询调查法，是依据系统的程序，采用匿名发表意见的方式，即团队成员之间不得互相讨论，不发生横向联系，只能与调查人员发生关系，以反复地填写问卷，集结问卷填写人的共识及搜集各方意见，可用来构造团队沟通流程，应对复杂任务难题的管理技术。

该方法通过几轮不同的专家意见征询，可以充分识别设计方案的优缺点，通过结合不同专家的意见以实现设计方案的优化与选择，但花费时间较长。

建设项目五大目标之间的整体相关性，决定了设计方案的优化与选择必须考虑工程质量、造价、工期、安全和环保五大目标之间的最佳匹配，力求达到整体目标最优，而不能孤立、片面地考虑某一目标或强调某一目标而忽略其他目标。在保证工程质量和安全、保护环境的基础上，追求全寿命周期成本最低的设计方案。

3.4　设计概算的编制

编制设计概算是工程造价管理人员在项目设计阶段的主要工作内容之一，涉及初步设计、技术设计和施工图设计等阶段，是设计文件的重要组成部分。设计概算是确定和控制建设项目全部投资的文件，是建设项目实施全过程工程造价控制管理及考核建设项目经济合理性的依据。因此，应全面准确地对建设项目进行设计概算。

3.4.1　设计概算的概念及作用

1. 设计概算的概念

根据《建设项目设计概算编审规程》（CECA/GC 2—2015）中“术语”的规定，**设计概算**是指以初步设计文件为依据，按照规定的程序、方法和依据，对建设项目总投资及其构成进行的概略计算。

在一般的工程实践中，设计概算是指在投资估算的控制下由设计单位根据初步设计或扩大初步设计的图样及说明，利用国家或地区颁发的概算指标，概算定额，综合指标预算定额，各项费用定额或取费标准（指标），建设地区自然、技术经济条件和设备，设备材料预算价格等资料，按照设计要求，对建设项目从筹建至竣工交付使用所需全部费用进行的预计。

设计概算书是编制设计概算的成果，简称设计概算。设计概算书是初步设计文件的重要组成部分，其特点是编制工作相对简略，无须达到施工图预算的准确程度。采用“两阶段设计”的建设项目，初步设计阶段必须编制设计概算；采用“三阶段设计”的建设项目，扩大初步设计阶段必须编制修正概算。

2. 设计概算的作用

设计概算是设计单位根据有关依据计算出来的建设项目的预期费用，用于衡量建设投资是否超过估算并控制下一阶段的费用支出，是工程造价在设计阶段的表现形式，不是在市场竞争中形成的价格，其主要作用是控制以后各阶段的投资。

（1）设计概算是确定和控制建设项目全部投资的文件，是编制固定资产投资计划的依据　设计概算投资应包括建设项目从立项、可行性研究、设计、施工、试运行到竣工验收等的全部建设资金。设计概算一经批准，将作为控制建设项目投资的最高限额。在项目建设过程中，年度固定资产投资计划安排、银行拨款或贷款、施工图设计及其预算、竣工决算等，未经规定程序批准，都不能突破这一限额，确保对国家固定资产投资计划的严格执行和有效控制。

（2）设计概算是控制施工图设计和施工图预算的依据　经批准的设计概算是建设工程项目投资的最高限额。设计单位必须按批准的初步设计和总概算进行施工图设计，施工图预算不得突破设计概算，设计概算批准后不得任意修改和调整；如需修改或调整[⊖]，则必须经

⊖ 确需修改或调整的情形有：①存在超出原设计范围的重大变更；②存在超出基本预备费规定范围不可抗拒的重大自然灾害引起的工程变动和费用增加；③存在超出价差预备费的国家重大政策性的调整。

原批准部门重新审批。

（3）设计概算是衡量设计方案技术经济合理性和选择最佳设计方案的依据　设计单位在初步设计阶段要选择最佳设计方案，设计概算是从经济角度衡量设计方案经济合理性的重要依据。

（4）设计概算是编制招标控制价（招标标底）和投标报价的依据　以设计概算进行招投标的工程，招标单位以设计概算作为编制招标控制价（标底）及评标定标的依据。承包单位也必须以设计概算为依据，编制投标报价，以合适的投标报价在投标竞争中取胜。

（5）设计概算是签订承发包合同和贷款合同的依据　《中华人民共和国合同法》（以下简称《合同法》）中明确规定，建设工程合同价款是以设计概、预算价为依据，且总承包合同不得超过设计总概算的投资额。银行贷款或各单项工程的拨款累计总额不能超过设计概算。

（6）设计概算是考核建设项目投资效果的依据　通过设计概算与竣工决算对比，可以分析和考核建设工程项目投资效果的好坏，同时还可以验证设计概算的准确性，有利于加强设计概算管理和建设项目的工程造价管理工作。

3.4.2 设计概算的内容

1. 设计概算文件的组成

根据《建设项目设计概算编审规程》（CECA/GC 2—2015）的规定，采用**三级编制**[㊀]形式的**设计概算文件**主要包括：①封面、签署页及目录；②编制说明；③总概算表；④工程建设其他费用表；⑤综合概算表；⑥单位工程概算表；⑦概算综合单价分析表；⑧附件：其他表。

采用**二级编制**[㊁]形式的设计概算文件主要包括：①封面、签署页及目录；②编制说明；③总概算表；④工程建设其他费用表；⑤单位工程概算表；⑥概算综合单价分析表；⑦附件：其他表。

2. 设计概算的费用构成

设计概算文件一般应采用三级编制形式，当建设项目为一个单项工程时，可采用二级编制形式。**设计概算的费用构成**如表3-8所示。

表3-8　设计概算的费用构成

建设项目分解	设计概算体系	费用构成
单位工程	单位工程概算	人工费、材料费、施工机具使用费
		企业管理费
		利润
		规费和税金
		设备及工器具购置费
单项工程	单项工程综合概算	建筑安装工程费
		设备及工器具购置费

㊀ 三级编制是指包含总概算、综合概算和单位工程概算三级的编制。

㊁ 二级编制是指包含总概算和单位工程概算二级的编制。

（续）

建设项目分解	设计概算体系	费 用 构 成
建设项目	建设项目总概算	建筑安装工程费
		设备及工器具购置费
		工程建设其他费用
		预备费
		建设期利息
		生产或经营性项目铺底流动资金

注：表中若干个单位工程概算汇总后成为单项工程概算，若干个单项工程概算和工程建设其他费用、预备费、建设期利息、铺底流动资金等概算文件汇总后成为建设项目总概算。

3. 设计概算的编制内容

设计概算的编制内容包括静态投资和动态投资两个层次。静态投资作为考核工程设计和施工图预算的依据；动态投资作为项目筹措、供应和控制资金使用的限额。设计概算的主要编制内容包括单位工程概算、单项工程综合概算及建设项目总概算。

（1）单位工程概算　单位工程概算是指以初步设计文件为依据，按照规定的程序、方法和依据，计算单位工程费用的成果文件，是编制单项工程综合概算（或项目总概算）的依据，是单项工程综合概算的组成部分。单位工程概算按建设项目性质可分为建筑工程概算和设备及安装工程概算两大类，如图3-5所示。

（2）单项工程综合概算　单项工程综合概算是指以初步设计文件为依据，在单位工程概算的基础上汇总单项工程工程费用的成果文件，由单项工程中的各单位工程概算汇总编制而成，是建设项目总概算的组成部分。单项工程综合概算的组成如图3-6所示。

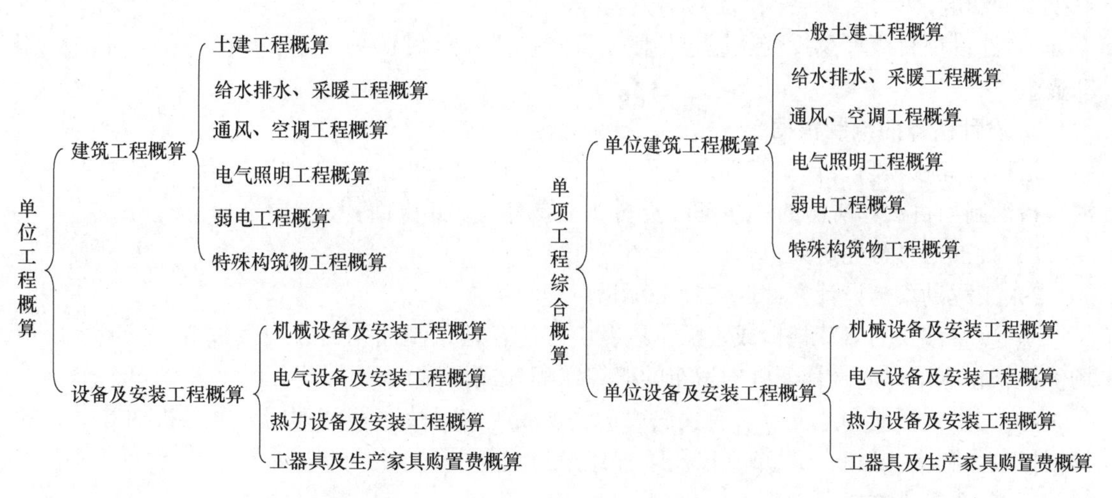

图3-5　单位工程概算的组成　　　图3-6　单项工程综合概算的组成

（3）建设项目总概算　建设项目总概算是指以初步设计文件为依据，在单项工程综合概算的基础上计算建设项目概算总投资的成果文件。建设项目总概算的组成如图3-7所示。

单项工程综合概算和建设项目总概算仅是一种归纳、汇总性文件，因此，最基本的计算文件是单位工程概算书。若建设项目为一个独立单项工程，则建设项目总概算书与单项工程综合概算书可合并编制。

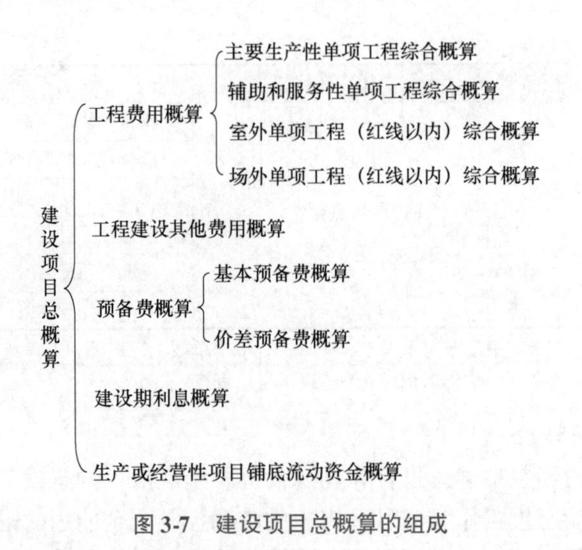

图 3-7 建设项目总概算的组成

3.4.3 设计概算的编制要求及编制依据

1. 设计概算的编制要求

1）设计概算应按编制时（期）项目所在地的价格水平编制，总投资应完整地反映编制时建设项目的实际投资。

2）设计概算应考虑建设项目施工条件等因素对投资的影响。

3）按项目合理工期预测建设期价格水平，以及资产租赁和贷款的时间价值等动态因素对投资的影响。

4）建设项目概算总投资还应包括固定资产投资方向调节税（暂停征收）和（铺底）流动资金。

2. 设计概算的编制依据

根据《建设项目设计概算编审规程》（CECA/GC 2—2015）的规定，设计概算的编制依据是指编制项目概算所需的一切基础资料，主要有以下几方面：

1）批准的可行性研究报告。

2）工程勘察与设计文件或设计工程量。

3）项目涉及的概算指标或定额，以及工程所在地编制同期的人工、材料、机械台班市场价格，相应工程造价管理机构发布的概算定额（或指标）。

4）国家、行业和地方政府有关法律、法规或规定，政府有关部门、金融机构等发布的价格指数、利率、汇率、税率，以及工程建设其他费用等。

5）资金筹措方式。

6）正常的施工组织设计或拟定的施工组织设计和施工方案。

7）项目涉及的设备材料供应方式及价格。

8）项目的管理（含监理）、施工条件。

9）项目所在地区有关的气候、水文、地质地貌等自然条件。

10）项目所在地区有关的经济、人文等社会条件。

11）项目的技术复杂程度，以及新技术、专利使用情况等。

12）有关文件、合同、协议等。

13）委托单位提供的其他技术经济资料。

14）其他相关资料。

3.4.4　设计概算的编制方法

1. 单位工程概算的编制方法

根据图3-5，单位工程概算包括建筑工程概算和设备及安装工程概算。其中，建筑工程概算的编制方法有概算定额法、概算指标法、类似工程预算法等；设备及安装工程概算的编制方法有预算单价法、扩大单价法、设备价值百分比法和综合吨位指标法等，计算完成后，应分别填写建筑工程概算表和设备及安装工程概算表。

（1）概算定额法　概算定额法又称扩大单价法或扩大结构定额法，是指套用概算定额编制建设项目概算的方法。概算定额法的适用于初步设计达到一定深度，建筑结构尺寸比较明确，能按照初步设计的平面图、立面图、剖面图计算出楼地面、墙身、门窗和屋面等扩大分项工程（或扩大结构构件）项目的工程量的建设项目。

采用概算定额法编制设计概算的步骤如下：

1）搜集基础资料、熟悉设计图样和了解有关施工条件和施工方法。

2）按照概算定额分部分项顺序，列出单位工程中分项工程或扩大分项工程项目名称并计算工程量。

3）确定各分部分项工程项目的概算定额单价。

4）计算单位工程人工费、材料费和施工机具使用费。

5）计算企业管理费、利润、规费和税金。

6）计算单位工程概算造价，计算方法见式（3-3）。

单位工程概算造价 = 人工费 + 材料费 + 施工机具使用费 + 企业管理费 + 利润 + 规费 + 税金　（3-3）

7）编写概算编制说明。

【例3-3】　某公司拟建一栋建筑面积为8 000m^{2}的办公楼，试按给出的扩大单价（仅含人工费、材料费、施工机具使用费）和土建工程量（见表3-9），编制该办公楼土建工程设计概算造价和单位平方米造价。各项费率如下：以定额人工费为基数的企业管理费费率为20%，利润率为15%，“五险一金[⊖]”费率为28%，按标准缴纳的工程排污费为40万元，增值税税率为11%（不同地区费率和取费基础有所不同）。

表3-9　扩大单价和土建工程量

序号	分部分项工程名称	单　位	工程量	扩大单价/元	其中：人工费/元
1	基础工程	10m^3	180	3 000	350
2	混凝土及钢筋混凝土工程	10m^3	170	13 200	600
3	砌筑工程	10m^3	290	5 000	920
4	楼地面工程	100m^2	75	32 000	3 600

⊖　此处的“五险一金”是指养老保险费、医疗保险费、失业保险费、工伤保险费、生育保险费及住房公积金。

（续）

序号	分部分项工程名称	单　位	工程量	扩大单价/元	其中：人工费/元
5	防水卷材屋面	$100m^2$	45	14 000	1 500
6	门窗工程	$100m^2$	40	55 100	9 800
7	脚手架	$100m^2$	180	1 100	220
8	模板	$100m^2$	200	10 000	240

【解】 该办公楼土建工程概算造价见表3-10。

表3-10　某办公楼土建工程概算造价

序号	分部分项工程名称	单位	工程量	单价/元	合计/元	其中：人工费/元
1	基础工程	$10m^3$	180	3 000	540 000	63 000
2	混凝土及钢筋混凝土工程	$10m^3$	170	13 200	2 244 000	102 000
3	砌筑工程	$10m^3$	290	5 000	1 450 000	266 800
4	楼地面工程	$100m^2$	75	32 000	2 400 000	270 000
5	防水卷材屋面	$100m^2$	45	14 000	630 000	67 500
6	门窗工程	$100m^2$	40	55 100	2 204 000	392 000
7	脚手架	$100m^2$	180	1 100	198 000	39 600
8	模板	$100m^2$	200	10 000	2 000 000	48 000
A	人工费、材料费、施工机具使用费合计	1+2+3+4+5+6+7+8			11 666 000	
B	其中：人工费合计	1+2+3+4+5+6+7+8			1 248 900	
C	企业管理费	B×20%			249 780	
D	利润	B×15%			187 335	
E	规费	B×28%+400 000元			749 692	
F	增值税销项税额	(A+C+D+E)×9%			1 156 752.63	
G	概算造价	A+C+D+E+F			1 400 955.63	
H	单方概算造价	$G/8\ 000m^2$			1 751.19	

（2）概算指标法　概算指标法是指用拟建建设项目的建筑面积（或体积）乘以技术条件相同或基本相同的概算指标得出人工费、材料费和施工机具使用费，然后按规定计算出企业管理费、利润、规费和税金等，得出单位工程概算的方法。

概算指标法的适用范围为：①由于设计无详图而只有概念性设计时，或初步设计深度不够，不能准确地计算出工程量，但设计采用的技术比较成熟；②设计方案急需工程造价概算而又有类似工程概算指标可以利用；③图样设计间隔很久后再来实施，概算造价不适用于当前情况而又急需确定造价的情形下，可按当前概算指标来修正原有概算造价；④通用设计图样设计可组织编制通用图设计概算指标来确定造价。

1）直接套用。在使用概算指标法时，如果拟建工程在建设地点、结构特征、地质及自然条件、建筑面积等方面与概算指标相同或相近，就可直接套用概算指标编制概算。

【例3-4】 某单位拟建一幢混合结构五层住宅楼，其一般土建工程初步设计的要求和结构特征，与该省建筑工程概算指标中的某一指标的建筑、结构特征相符合，因此选用该项指标编制概算，其概算指标一般土建工程每平方米工程造价为960元。根据初步设计图样计算建筑面积为5 000m^2，试计算拟建项目一般土建工程的工程造价。

【解】 拟建项目一般土建工程工程造价 = 960 元/m^2 × 5 000m^2 = 480 万元

2）间接套用。在实际工作中，经常会遇到拟建对象的结构特征与概算指标中规定的结构特征有局部不同的情况，因此，必须对概算指标进行调整后方可套用。

① 调整概算指标中的每平方米（立方米）造价。这种调整方法是将原概算指标中的单位造价进行调整，扣除每平方米（立方米）原概算指标中与拟建工程结构不同部分的造价，增加每平方米（立方米）拟建工程与概算指标结构不同部分的造价，使其成为与拟建工程结构相同的工料单价，计算方法见式（3-4）。

$$\text{结构变化修正概算指标(元/m}^2\text{、元/m}^3\text{)} = J + Q_1P_1 - Q_2P_2 \quad (3\text{-}4)$$

式中　J——原概算指标；

Q_1——概算指标中换入结构的工程量；

Q_2——概算指标中换出结构的工程量；

P_1——换入结构的工料单价；

P_2——换出结构的工料单价。

则拟建工程造价为：

人、材、机费用(人工费、材料费、施工机具使用费,后同) = 修正后的概算指标 × 拟建工程建筑面积(体积)

求出人、材、机费用后，再按照规定的取费方法计算其他费用，最终得到单位工程概算造价。

② 调整概算指标中的工、料、机（人工、材料、机械台班，后同）数量。这种方法是将原概算指标中每100m^2（1 000m^3）建筑面积（体积）中的工、料、机数量进行调整，扣除原概算指标中与拟建工程结构不同部分的工、料、机消耗量，增加拟建工程与概算指标结构不同部分的工、料、机消耗量，使其成为与拟建工程结构相同的每100m^2（1 000m^3）建筑面积（体积）工、料、机数量。计算方法见式（3-5）。

$$\text{结构变化修正概算指标的工、料、机数量} = \mathrm{L} + \mathrm{M_1N_1} - \mathrm{M_2N_2} \quad (3\text{-}5)$$

式中　L——原概算指标的工、料、机数量；

$\mathrm{M_1}$——换入结构构件工程量；

$\mathrm{M_2}$——换入结构构件工程量；

$\mathrm{N_1}$——换入结构构件相应定额工、料、机消耗量；

$\mathrm{N_2}$——换出结构构件相应定额工、料、机消耗量。

以上两种方法，前者是直接修正概算指标单价，后者是修正概算指标工、料、机数量。修正之后，方可按上述方法分别套用。

【例3-5】 某校拟建一建筑面积为4 000m^2的公寓楼，按概算指标和地区材料预算价格等计算出一般土建工程单位造价为920元/m^2（其中人、材、机费用为700元/m^2），采暖工程为68元/m^2，给水排水工程为50元/m^2，照明工程为130元/m^2。拟建公寓楼设计资料与概算指标相比较，其结构构件有部分变更。

设计资料表明，外墙为1.5砖外墙，而概算指标中外墙为1砖墙。根据当地土建工程预算价格，外墙带形毛石基础的预算单价为413.26元/m^3，1砖外墙的预算单价为651.22元/m^3，

1.5 砖外墙的预算单价为 664.26 元/m^3；概算指标中每 100m^2 中含外墙带形毛石基础为 3.2m^3，1 砖外墙为 15.63m^3。新建工程设计资料表明，每 100m^2 中含外墙带形毛石基础为 4.4m^3，1.5 砖外墙为 24.7m^3。请计算调整后的概算指标和拟建公寓的概算造价。

【解】　(1) 调整后的概算指标见表 3-11。

表 3-11　调整后的概算指标

序号	结构名称	数量/m^3	单价/(元/m^3)	单位面积价格/(元/m^2)
	土建工程人、材、机费用			700.00
	换出部分			
1	外墙带形毛石基础	0.032	413.26	13.22
2	1 砖外墙	0.156 3	651.22	101.79
	换出部分合计			115.01
	换入部分			
3	外墙带形毛石基础	0.044	413.26	18.18
4	1.5 砖外墙	0.247 0	664.26	164.07
	换入部分合计			182.25
因结构变化调整的概算指标 = (700.00 − 115.01 + 182.25)元/m^2 = 767.24 元/m^2				

(2) 拟建公寓的概算造价为

$$(920 - 700 + 767.24 + 68 + 50 + 130)\text{元}/m^2 \times 4\,000m^2 = 494.096\,0\text{ 万元}$$

(3) 类似工程预算法　类似工程预算法是指利用技术条件与设计对象相类似的已完建设项目或在建建设项目的工程造价资料来编制拟建项目设计概算的方法。类似工程预算法的适用范围为当拟建项目初步设计与已完建设项目或在建建设项目的设计相类似而又没有可用的概算指标的项目。

采用类似工程预算法编制设计概算的步骤如下：

1) 根据设计对象的各种特征参数，选择最合适的类似工程概算。

2) 根据本地区现行的各种价格和费用标准计算类似工程概算的人工费、材料费、施工机具使用费、企业管理费等修正系数。

3) 根据类似工程概算修正系数和以上四项费用占预算成本的比重，计算预算成本总修正系数，并计算出修正后的类似工程平方米预算成本。

4) 根据类似工程修正后的平方米概算成本和编制概算地区的利税率计算修正后的类似工程平方米造价。

5) 根据拟建工程的建筑面积和修正后的类似工程平方米造价，计算拟建工程概算造价。

6) 编制概算编写说明。

类似工程预算法对条件有所要求，也就是可比性，即拟建工程项目的建筑面积、结构构造特征要与已建工程基本一致，如层数相同、面积相似、结构相似、工程地点相似等，采用此方法时必须对建筑结构差异和价差进行调整。

1) 建筑结构差异的调整。结构差异调整方法与概算指标法的调整方法相同。

2) 价差调整。类似工程造价的价差调整可以采用两种方法。

① 当类似工程造价资料有具体的人工、材料、机械台班的用量时，可按类似工程预算造价资料中的主要材料、工日、机械台班数量乘以拟建工程所在地的主要材料预算价格、人

工单价、机械台班单价，计算出人、材、机费用，再计算措施费、规费、企业管理费、利润和税金，即可得出所需的造价指标。

② 类似工程造价资料只有人工费、材料费、施工机具使用费和企业管理费等费用或费率时，调整方法见式（3-6）和式（3-7）。

$$D = AK \tag{3-6}$$

$$K = aK_1 + bK_2 + cK_3 + dK_4 + \cdots \tag{3-7}$$

式中 D——拟建工程成本单价；

A——类似工程成本单价；

K——成本单价综合调整系数；

a、b、c、d…——类似工程概算的人工费、材料费、施工机具使用费、企业管理费等占预算成本的比重，如 a = 类似工程人工费/类似工程概算成本 × 100%，b、c、d…类同；

K_1、K_2、K_3、K_4…——拟建项目地区与类似工程概算造价在人工费、材料费、施工机具使用费、企业管理费等之间的差异系数，如 K_1 = 拟建工程概算的人工费（或工资标准）/类似工程概算人工费（或地区工资标准），K_2、K_3、K_4…类同。

以上综合调价系数是以类似项目中各成本构成项目占总成本的百分比为权重，按照加权的方式计算的成本单价的调价系数。根据类似工程概算提供的资料，也可按照同样的计算思路计算出人、材、机费用综合调整系数，通过系数调整类似工程的工料单价，再计算其他剩余费用构成内容，也可得出所需的造价指标。

【例3-6】 某地拟建一建筑面积为4 400m^2的办公楼，拟建办公楼的差异系数分别为人工费 K_1 = 1.03，材料费 K_2 = 1.06，施工机具使用费 K_3 = 0.92，企业管理费 K_4 = 1.02，其他费用 K_5 = 0.9。现有类似工程的建筑面积为4 150m^2，概算造价为460万元，各种费用占概算造价的比重为人工费8%、材料费60%、施工机具使用费5%、企业管理费2%、其他费用25%。试用类似工程预算法编制概算。

【解】 综合调整系数 $K = 8\% \times 1.03 + 60\% \times 1.06 + 5\% \times 0.92 + 2\% \times 1.02 + 25\% \times 0.9 = 1.0098$

价差修正后的类似工程概算造价 = 460万元 × 1.009 8 = 464.508 0万元

价差修正后的类似工程概算单方造价 = 4 645 080元/4 150m^2 = 1 119.29元/m^2

拟建办公楼概算造价 = 1 119.29元/m^2 × 4 400m^2 = 492.487 6万元

按上述（1）、（2）、（3）计算后需填写的建筑工程概算表见表3-12。

表3-12 建筑工程概算表

单位工程概算编号： 工程名称（单位工程） 共 页 第 页

序号	定额编号	项目名称	单位	数量	单价/元				合价/元			
					定额基价	人工费	材料费	施工机具使用费	金额	人工费	材料费	施工机具使用费
一		土石方工程										
1	××	××										

（续）

序号	定额编号	项目名称	单位	数量	单价/元				合价/元			
					定额基价	人工费	材料费	施工机具使用费	金额	人工费	材料费	施工机具使用费
2	××	××										
⋮												
		小计										
		工程综合取费										
		单位工程概算费用合计										

编制人：　　　　　　　　　　　　　　　　审核人：

（4）预算单价法　当初步设计较深，有详细的设备清单时，可直接按安装工程预算定额单价编制安装工程概算，概算编制程序与安装工程施工图预算程序基本相同，具体编制步骤与建筑工程概算类似。该法的优点是计算比较具体，精确性较高。

（5）扩大单价法　当初步设计深度不够，设备清单不完备，只有主体设备或仅有成套设备重量时，可采用主体设备、成套设备的综合扩大安装单价来编制概算，具体编制步骤与建筑工程概算类似。

（6）设备价值百分比法　设备价值百分比法又称安装设备百分比法，当初步设计深度不够，只有设备出厂价而无详细规格、重量时，安装费可按占设备费的百分比计算。其百分比值（即安装费费率）由相关管理部门制定或由设计单位根据已完类似项目确定。该法常用于价格波动不大的定型产品和通用设备产品，计算方法见式（3-8）。

$$设备安装费 = 设备原价 \times 安装费费率 \tag{3-8}$$

（7）综合吨位指标法　当初步设计提供的设备清单有规格和设备重量时，可采用综合吨位指标编制概算，其综合吨位指标由相关主管部门或由设计单位根据已完类似项目的资料确定。该法常用于设备价格波动较大的非标准设备和引进设备的安装工程概算，计算方法见式（3-9）。

$$设备安装费 = 设备吨重 \times 每吨设备安装费指标 \tag{3-9}$$

设备及安装工程概算表见表3-13。

表3-13　设备及安装工程概算表

单位工程概算编号：　　　　　　工程名称（单位工程）　　　　　　共　页　第　页

序号	定额编号	项目名称	单位	数量	单价/元					合价/元				
					设备费	主材费	定额基价	其中		设备费	主材费	定额基价	其中	
								人工费	施工机具使用费				人工费	施工机具使用费
一		设备安装												
1	××	××												
2	××	××												

（续）

序号	定额编号	项目名称	单位	数量	单价/元					合价/元				
					设备费	主材费	定额基价	其中		设备费	主材费	定额基价	其中	
								人工费	施工机具使用费				人工费	施工机具使用费
⋮														
		小计												
		工程综合取费												
		单位工程概算费用合计												

编制人： 审核人：

2. 单项工程综合概算的编制方法

单项工程综合概算的编制方法主要是填写综合概算表，然后形成单项工程综合概算文件。单项工程综合概算文件一般包括编制说明（不编制总概算时列入）和综合概算表（含其所附的单位工程概算表和建筑材料表）两大部分。当建设项目只有一个单项工程时，此时综合概算文件（实为总概算）除包括上述两大部分外，还应包括工程建设其他费用、建设期利息、预备费的概算。

（1）编制说明　编制说明应列在综合概算表的前面，其内容包括：

1）工程概况。简述建设项目的性质、特点、生产规模、建设周期、建设地点、主要工程量、工艺设备等情况。引进项目要说明引进内容以及与国内配套工程等主要情况。

2）编制依据。包括国家和有关部门的规定、设计文件、现行概算定额或概算指标、设备材料的预算价格和费用指标等。

3）编制方法。说明设计概算是采用概算定额法，还是采用概算指标法或其他方法。

4）主要设备、材料的数量。

5）主要技术经济指标。主要包括项目概算总投资（有引进的给出所需外汇额度）及主要分项投资、主要技术经济指标（主要单位投资指标）等。

6）工程费用计算表。主要包括建筑工程费用计算表、工艺安装工程费用计算表、配套工程费用计算表、其他涉及工程的工程费用计算表。

7）引进设备材料有关费率取定及依据。主要是关于国外运输费、国外运输保险费、关税、增值税、国内运杂费、其他有关税费等。

8）引进设备材料从属费用计算表。

9）其他必要的说明。

（2）综合概算表　综合概算表是指根据单项工程所辖范围内的各单位工程概算等基础资料，按照规定编制的表格文件，如表3-14所示。

表 3-14 综合概算表

建设工程名称： 综合概算价值 元

项目名称： 按 年的材料价格和定额

顺序号	工程项目和费用名称	建筑工程	设备购置	安装工程	工器具及生产家具购置	其他	总价	技术经济指标			占投资额的百分比
								单位	数量	单位造价	
1	2	3	4	5	6	7	8	9	10	11	12

编制单位： 项目负责人：

年 月 日编制

【例 3-7】 某地区钢厂炼钢车间工程项目综合概算编制举例。

【解】 钢厂炼钢车间综合概算表如表 3-15 所示。

表 3-15 钢厂炼钢车间综合概算表

建设工程名称：某地区钢厂 综合概算价值 15 351 130 元

项目名称：炼钢车间工程项目 按 2016 年的材料价格和定额

<table>
<tr><th rowspan="2">序号</th><th rowspan="2">工程或费用名称</th><th colspan="5">概算价值/元</th><th colspan="3">技术经济指标</th></tr>
<tr><th>建筑工程费</th><th>安装工程费</th><th>设备和工器具及生产家具购置费</th><th>其他费用</th><th>合计</th><th>单位</th><th>数量</th><th>单位价值/(元/m²)</th></tr>
<tr><td>1</td><td>2</td><td>3</td><td>4</td><td>5</td><td>6</td><td>7</td><td>8</td><td>9</td><td>10</td></tr>
<tr><td>一</td><td>建筑工程</td><td>8 398 631</td><td></td><td></td><td></td><td>8 398 631</td><td rowspan="5">m²</td><td rowspan="5">5 089</td><td rowspan="5">1 650. 35</td></tr>
<tr><td>(1)</td><td>一般土建</td><td>5 643 922</td><td></td><td></td><td></td><td>5 643 922</td></tr>
<tr><td>(2)</td><td>工业炉筑炉</td><td>2 623 802</td><td></td><td></td><td></td><td>2 623 802</td></tr>
<tr><td>(3)</td><td>工艺管道</td><td>61 762</td><td></td><td></td><td></td><td>61 762</td></tr>
<tr><td>(4)</td><td>照明</td><td>69 145</td><td></td><td></td><td></td><td>69 145</td></tr>
<tr><td>二</td><td>设备及安装工程</td><td></td><td>3 011 690</td><td>3 883 053</td><td></td><td>6 894 743</td><td rowspan="4">m²</td><td rowspan="4">5089</td><td rowspan="4">1 354. 83</td></tr>
<tr><td>(1)</td><td>机械设备及安装</td><td></td><td>2 509 174</td><td>3 843 731</td><td></td><td>6 352 905</td></tr>
<tr><td>(2)</td><td>电力设备及安装</td><td></td><td>500 341</td><td>34 690</td><td></td><td>535 031</td></tr>
<tr><td>(3)</td><td>自控系统设备及安装</td><td></td><td>2 175</td><td>4 632</td><td></td><td>6 807</td></tr>
<tr><td>三</td><td>工器具及生产家具购置费</td><td></td><td></td><td>57 756</td><td></td><td>57 756</td><td>m²</td><td>5 089</td><td>11. 35</td></tr>
<tr><td colspan="2">合　　计</td><td>8 398 631</td><td>3 011 690</td><td>3 940 809</td><td></td><td>15 351 130</td><td></td><td></td><td>3 016. 53</td></tr>
<tr><td colspan="2">占综合概算造价比例</td><td>54. 7%</td><td>19. 6%</td><td>25. 7%</td><td></td><td>100%</td><td></td><td></td><td></td></tr>
</table>

编制单位：××× 项目负责人：×××

2016 年×月×日编制

3. 建设项目总概算的编制方法

建设项目总概算的编制方法主要是填写总概算表，然后形成设计总概算文件。设计总概算文件应包括编制说明、总概算表、各单项工程综合概算书、工程建设其他费用概算表、主要建筑安装材料汇总表。独立装订成册的总概算文件宜加封面、签署页（扉页）和目录。

1）封面、签署页及目录。封面、签署页格式如表 3-16 所示。

表 3-16　封面、签署页

建设项目设计概算文件

建设单位________________________
建设项目名称________________________
设计单位（或工程造价咨询企业）________________________
编制单位________________________
编制人（资格证号）________________________
审查人（资格证号）________________________
项目负责人________________________
总工程师________________________
单位负责人________________________

2）编制说明。编制说明应包括下列内容：

① 工程概况。简述建设项目的性质、特点、生产规模、建设周期、建设地点等主要情况。

② 资金来源及投资方式。

③ 编制依据及编制原则。

④ 编制方法。说明设计概算是采用概算定额法，还是采用概算指标法等。

⑤ 投资分析。主要分析各项目投资的比重、各专业投资的比重等经济指标。

⑥ 其他需要说明的问题。

3）总概算表。总概算表应反映静态投资和动态投资两个部分，如表 3-17 所示。

表 3-17　总概算表

建设单位：　　　　　　　　　　　　工程名称：
总概算价值　　元　　　　　　　　　其中回收金额：
（打√处填入相应数额）

序号	工程或费用名称	概算价值						技术经济指标		
		建筑工程费	安装工程费	设备购置费	工具器具及生产用具购置费	其他费用	合计	单位	数量	指标
1	2	3	4	5	6	7	8	9	10	11
	第一部分　工程费用									
1	一、主要生产和辅助生产项目									
2	×××厂房	√	√	√	√		√	m²	√	√
	×××厂房	√	√	√	√		√	m²	√	√
3	…									
4	机修车间	√	√	√	√		√	m²	√	√
5	电修车间	√	√	√	√		√	m²	√	√
6	工具车间	√	√	√	√		√	m²	√	√
7	木工车间	√	√	√	√		√	m²	√	√
8	模型车间	√	√	√	√		√	m²	√	√
	仓库	√					√	m²	√	√
	…									
	小计	√	√	√	√		√	m²	√	√

（续）

序号	工程或费用名称	概算价值						技术经济指标		
		建筑工程费	安装工程费	设备购置费	工具器具及生产用具购置费	其他费用	合计	单位	数量	指标
9	二、共用设施项目									
10	变电所	√	√	√			√	kV/A	√	√
11	锅炉房	√	√	√			√	t(蒸汽)	√	√
12	压缩空气站	√	√	√			√	m^3/h	√	√
13	室外管道	√	√	√			√	m	√	√
14	输电线路		√				√	km	√	√
15	水泵室	√	√	√		√	√	m^2	√	√
16	铁路专用线	√				√	√	km	√	√
17	公路	√					√	m^2	√	√
18	车库	√					√	m^2	√	√
19	运输设备			√			√	台	√	√
	人防工程	√	√	√			√	m^2	√	√
	…									
	小计	√	√	√			√			
20	三、生活福利、文化教育及服务项目						√			
21	职工住宅	√				√	√	m^2	√	√
22	俱乐部	√					√	m^2	√	√
23	医院	√		√	√	√	√	m^2	√	√
24	食堂及办公门卫	√	√		√	√	√	m^2	√	√
25	学校托儿所	√					√	m^2	√	√
	浴室厕所	√					√	m^2	√	√
	…									
	小计	√	√	√	√		√	m^2	√	√
	第一部分　工程费用合计	√	√	√	√		√			
26	第二部分　其他工程和费用					√				
	项目					√	√			
27	土地征用费					√	√			
28	建设单位管理费					√	√			
29	研究试验费					√	√			
30	生产工人培训费					√	√			
31	办公和生活用具购置费					√	√			
32	联合试车费					√	√			
33	勘察设计费						√			
34	施工机构转移费					√				
35	…									
	第二部分　其他工程和费用	√	√	√	√	√	√			
	合计					√	√			
	第一、二部分工程和费用	√	√	√	√	√	√			
	预备费	√	√	√	√		√			
	总概算价值									
	（其中回收金额）									
	投资比例									

4）工程建设其他费用概算表。工程建设其他费用概算按国家或地区部委所规定的项目和标准确定，并按统一表格编制。

5）单项工程综合概算表和建筑安装单位工程概算表。

6）工程量计算表及工、料数量汇总表。

7）分年度投资汇总表与分年度资金流量汇总表。

8）材料汇总表与工日数量表。

3.5　施工图预算的编制

编制施工图预算是工程造价管理人员在项目设计阶段的主要工作内容之一，主要在施工图设计阶段进行，是设计文件的重要组成部分。建设项目施工图预算是施工图设计阶段合理确定和有效控制工程造价的重要依据。因此，应全面准确地对建设项目进行施工图预算。

3.5.1　施工图预算的概念及作用

1. 施工图预算的概念

在一般的工程实践中，**施工图预算**是指以施工图设计文件（包括施工图、基础定额、市场价格及各项取费标准等资料）为依据，按照规定的程序、方法和依据，在建设项目施工前对建设项目的工程费用进行的预测与计算。

施工图预算价格既可以是按照政府统一规定的预算单价、取费标准、计价程序计算得到的属于计划或预期性质的施工图预算价格，也可以是通过招投标法定程序后施工企业根据自身的实力即企业定额、资源市场单价以及市场供求及竞争状况计算得到的反映市场性质的施工图预算价格。

施工图预算书是编制施工图预算的成果，简称施工图预算，它是在施工图设计阶段对工程建设所需资金做出较精确计算的设计文件。

2. 施工图预算的作用

施工图预算是建设项目建设程序中一个重要的技术经济文件，对投资方、施工单位、工程造价咨询企业、建设项目项目管理、监理等中介服务企业及工程造价管理部门都有着十分重要的作用。

（1）对投资方

1）施工图预算是设计阶段控制工程造价的重要环节，是控制施工图设计不突破设计概算的重要措施。

2）施工图预算是控制造价及资金合理使用的依据。

3）施工图预算是确定建设项目招标控制价的依据。

4）施工图预算可以作为确定合同价款、拨付工程进度款及办理工程结算的基础。

（2）对施工单位

1）施工图预算是施工单位投标报价的基础。在激烈的建筑市场竞争中，施工单位需要根据施工图预算，结合企业的投标策略，确定投标报价。

2）施工图预算是建设项目预算包干的依据和签订施工合同的主要内容。

3）施工图预算是施工单位安排调配施工力量、组织材料供应的依据。

4）施工图预算是施工单位控制工程成本的依据。

5）施工图预算是进行“两算”对比的依据。施工企业可以通过施工图预算和施工预算的对比分析，找出差距，采取必要的措施。

（3）对工程造价咨询企业　客观、准确地为委托方做出施工图预算，不仅体现出其水平、素质和信誉，而且强化了投资方对工程造价的控制，有利于节省投资，提高建设项目的投资效益。

（4）对建设项目项目管理、监理等中介服务企业　客观准确的施工图预算是为业主方提供投资控制的依据。

（5）对工程造价管理部门

1）施工图预算是其监督、检查执行定额标准，合理确定工程造价，测算造价指数以及审定工程招标控制价的重要依据。

2）如在履行合同的过程中发生经济纠纷，施工图预算还是有关仲裁、管理、司法机关按照法律程序处理、解决问题的依据。

3.5.2 施工图预算的内容

1. 施工图预算文件的组成

根据《建设项目施工图预算编审规程》（CECA/GC 5—2010）的规定，当建设项目有多个单项工程时，应采用三级预算编制[1]形式，其预算文件主要包括：①封面、签署页及目录；②编制说明；③总预算表；④综合预算表；⑤单位工程预算表；⑥附件。

当建设项目只有一个单项工程时，应采用二级预算编制[2]形式，其文件主要包括：①封面、签署页及目录；②编制说明；③总预算表；④单位工程预算表；⑤附件。

2. 施工图预算的费用构成

施工图预算总投资包括建筑工程费、设备及工器具购置费、安装工程费、工程建设其他费用、预备费、建设期贷款利息、固定资产投资方向调节税（暂停征收）及铺底流动资金。

3. 施工图预算的编制内容

按照预算文件的不同，施工图预算的编制内容有所不同，主要包括单位工程预算、单项工程综合预算及建设项目总预算。

（1）单位工程预算　单位工程预算是指依据单位工程施工图设计文件、现行预算定额以及人工、材料和施工机械台班价格等，按照规定的计价方法编制的工程造价文件。

单位工程预算包括单位建筑工程预算和单位设备及安装工程预算。单位建筑工程预算是建筑工程各专业单位工程施工图预算的总称，按其工程性质分为一般土建工程预算，给水排水工程预算，采暖通风工程预算，煤气工程预算，电气照明工程预算，弱电工程预算，特殊构筑物（如烟窗、水塔等）工程预算等。安装工程预算是安装工程各专业单位工程预算的总称，安装工程预算按其工程性质分为机械设备安装工程预算、电气设备安装工程预算、工业管道工程预算和热力设备安装工程预算等。

（2）单项工程综合预算　单项工程综合预算是指反映施工图设计阶段一个单项工程

---

[1] 三级预算编制是指包含建设项目施工图总预算、单项工程综合预算及单位工程施工图预算三级的编制。

[2] 二级预算编制是指包含建设项目施工图总预算和单位工程施工图预算二级的编制。

(设计单元)造价的文件，是总预算的组成部分，由构成该单项工程的各个单位工程施工图预算组成。

单项工程综合预算编制的费用项目是各单位工程的建筑安装工程费、设备及工器具购置费和工程建设其他费用的总和。

(3)建设项目总预算 建设项目总预算是指反映施工图设计阶段建设项目投资总额的造价文件，是施工图预算文件的主要组成部分。

建设项目总预算由组成该建设项目的各个单项工程综合预算和相关费用组成。

3.5.3 施工图预算的编制要求、编制依据及编制程序

1. 施工图预算的编制要求

1)施工图总预算应控制在已批准的设计总概算投资范围以内。

2)施工图预算的编制应保证编制依据的合法性、全面性和有效性，以及预算编制成果文件的准确性和完整性。

3)施工图预算应考虑施工现场实际情况，并结合拟建建设项目合理的施工组织设计进行编制。

2. 施工图预算的编制依据

根据《建设项目施工图预算编审规程》(CECA/GC 5—2010)的规定，施工图预算的编制依据是指编制项目施工图预算所需的一切基础资料，主要有以下几方面：

1)国家、行业、地方政府发布的计价依据、有关法律法规或规定。

2)建设项目有关文件、合同、协议等。

3)批准的设计概算。

4)批准的施工图、设计图样及相关标准图集和规范。

5)相应预算定额和地区单位估价表。

6)合理的施工组织设计和施工方案等文件。

7)项目有关的设备、材料供应合同、价格及相关说明书。

8)项目所在地区有关的气候、水文、地质地貌等自然条件。

9)项目的技术复杂程度，以及新技术、专利使用情况等。

10)项目所在地区有关的经济、人文等社会条件。

3. 施工图预算的编制程序

施工图预算编制的程序主要包括三大内容：单位工程预算编制、单项工程综合预算编制、建设项目总预算编制。单位工程施工图预算是施工图预算的关键。施工图预算的编制应在设计交底及图样会审的基础上，按如图3-8所示的程序进行。

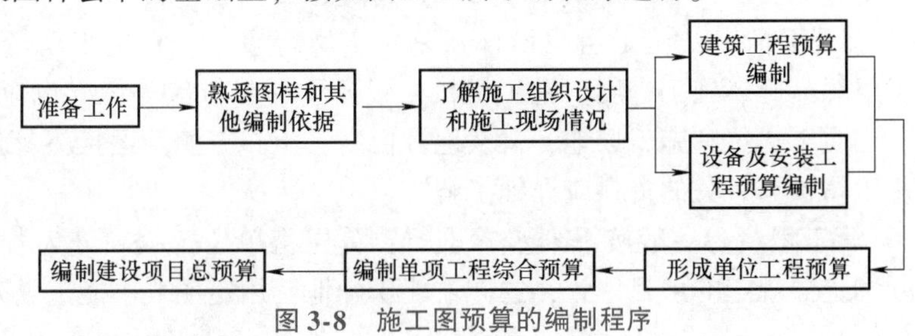

图3-8 施工图预算的编制程序

3.5.4 施工图预算的编制方法

1. 单位工程预算的编制方法

单位工程预算的主要编制方法有**定额计价法**和**工程量清单计价法**，其中定额计价法分为单价法和实物法。

(1) 单价法 **单价法**又称工料单价法或预算单价法，是指分部分项工程的单价为工料单价，将分部分项工程量乘以对应分部分项工程单价后的合计作为单位人、材、机费用，人、材、机费用汇总后，再根据规定的计算方法计取企业管理费、利润、规费和税金，将上述费用汇总后得到该单位工程的施工图预算造价的方法，计算方法见式（3-10），单价法中的单价一般采用地区统一单位估价表中的各分项工程工料单价（定额基价）。

$$\text{建筑安装工程预算造价} = \sum(\text{分项工程量} \times \text{分项工程工料单价}) + \text{企业管理费} + \text{利润} + \text{规费} + \text{税金} \tag{3-10}$$

单价法编制施工图预算的基本步骤如图 3-9 所示。

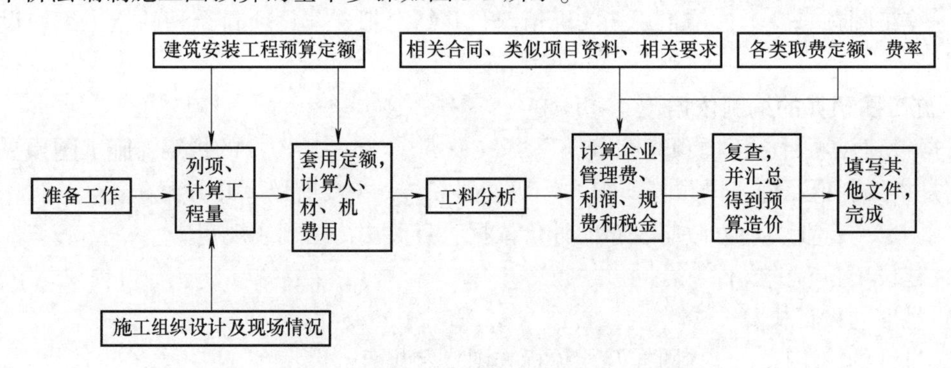

图 3-9 单价法编制施工图预算的基本步骤

1）准备工作。此步骤主要包括以下工作：

① 熟悉现行预算定额或基础定额。熟练地掌握预算定额或基础定额及其有关规定，熟悉预算定额或基础定额的全部内容和项目划分，定额子目的工程内容、施工方法、材料规格、质量要求、计量单位、工程量计算方法，项目之间的相互关系以及调整预算定额的规定条件和方法，以便正确地应用定额。

② 熟悉施工图。在熟悉施工图时，应将建筑施工图、结构施工图、其他工种施工图、相关的大样图、所采用的标准图集、构造做法等相互结合起来，并对构造要求、构件联结、装饰要求等有一个全面认识，对设计图样形成主要概念。同时，在识图时，发现图样上不合理或存在问题的地方，要通知设计单位及时修改，避免返工。

③ 了解和掌握现场情况及施工组织设计或施工方案等资料。对施工现场的施工条件、施工方法、技术组织措施、施工进度、施工机械及设备、材料供应等情况也应了解。同时，对现场的地貌、土质、水位、施工场地、自然地坪标高、土石方挖填运状况及施工方式、总平面布置等与施工图预算有关的资料应详细了解。

2）列项、计算工程量。一般按下列步骤进行：首先将单位工程划分为若干分项工程，划分的项目必须和定额规定的项目一致，这样才能正确地套用定额。不能重复列项计算，也不能漏项少算。工程量应严格按照图样尺寸和现行定额规定的工程量计算规则进行计算，分项子目的工程量应遵循一定的顺序逐项计算，避免漏算和重算。

① 根据工程内容和定额项目，列出需计算工程量的分部分项工程。

② 根据一定的计算顺序和计算规则，列出分部分项工程量的计算式。

③ 根据施工图上的设计尺寸及有关数据，代入计算式进行数值计算。

④ 对计算结果的计量单位进行调整，使之与定额中相应的分部分项工程的计量单位保持一致。

3）套用预算定额，并计算人、材、机费用。当分部分项工程量计算完毕经检验无误后，就按定额分项工程的排列顺序，套用定额单价，计算出定额人、材、机费用，计算方法见式（3-11）。

$$i\text{分项工程人、材、机费用}=i\text{分项工程量}\times\text{相应预算单价} \tag{3-11}$$

① 定额的套用。套用定额时，应根据施工图及说明的做法，仔细核对工程内容、项目特征、施工方法及材料规格，选择相应的定额项目，尽量避免漏项、重项、错项、高项、低项及定额档次划分混淆不清等情况发生。

② 定额的换算。当分项工程的内容、材料规格、施工方法、强度等级及配合比等条件与定额项目不相符时，应根据定额的说明要求，在规定的允许范围内加以调整及换算。通常容易涉及换算的内容主要有配合比换算、混凝土强度等级换算、厚度换算、其他有关的材料换算，计算方法见式（3-12）~式（3-14）。

系数换算：

$$\text{换算后定额基价}=\text{原定额基价}\times\text{换算系数} \tag{3-12}$$

$$\begin{aligned}\text{换算后定额基价}=&\text{原定额人工费}\times\text{人工换算系数}+\text{原定额材料费}\times\text{材料换算系数}+\\&\text{原定额施工机具使用费}\times\text{机械换算系数}\end{aligned} \tag{3-13}$$

材料换算：

$$\begin{aligned}\text{换算后定额基价}=&\text{原定额基价}-\text{换出材料消耗量}\times\text{换出材料单价}+\\&\text{换入材料消耗量}\times\text{换入材料单价}\end{aligned} \tag{3-14}$$

③ 补充定额的编制。当某些分项工程在定额中缺项时，可以编制补充定额。编制时，建设单位、施工单位及监理部门应进行协商并同意，报当地工程造价管理部门审批后，经同意才能列入使用。

4）工料分析。为了直观地反映出工料的用量，必须对单位工程预算进行工料分析，编制工料分析表。工料分析表是编制单位工程劳动力、材料、构（配）件和施工机械等需要量计划的依据，也是编制施工进度计划、安排生产、统计完成工作量的依据。施工图预算工料分析的内容主要有分部分项工程工料分析表（见表3-18）、单位工程工料分析表及有关文字说明。

表3-18　分部分项工程工料分析表

项目名称：　　　　　　　　　　　　　　　　　　　　编号：

序号	定额编号	分部（项）工程名称	单位	工程量	人工（工日）	主要材料			其他材料费
						材料1	材料2	…	

编制人：　　　　　　　　　　　　　　　　审核人：

工料分析一般应先按施工图预算填写各分部分项工程定额编号、分部分项工程名称及各分部分项工程量，然后逐项查出定额中各分项工程所用材料的消耗量标准，最后根据公式计算不同品种、规格的材料用量，从而反映出单位工程全部分项工程的人工和材料的预算用量，计算方法见式（3-15）和式（3-16）。

$$人工消耗量=某工种定额用工量\times某分项工程量 \quad (3\text{-}15)$$

$$材料消耗量=某种材料定额用量\times某分项工程量 \quad (3\text{-}16)$$

5）汇总各分部工程人、材、机费用，计算单位工程人、材、机费用，并计算其他费用，计算方法见式（3-17）和式（3-18）。

$$j\,分部工程人、材、机费用 = \sum i\,分项工程人、材、机费用 \quad (3\text{-}17)$$

$$单位工程人、材、机费用 = \sum j\,分部工程人、材、机费用 \quad (3\text{-}18)$$

6）编制说明及复核。对编制依据、施工方法、施工措施、材料价格、费用标准等主要情况加以说明，使有关人员在使用本预算时了解其编制前提，当实际前提发生变化时，也好对预算值做相应调整，最后再对预算的“项”“量”“价”“费”做全面复核。

7）装订及签章。把预算按照其组成内容的一定顺序装订成册，再填写封面内容，并签字完备，加盖参加编制的工程造价人员的资格证章，经有关负责人审定后签字，再加盖公章。至此，施工图预算书才有效编制完成。

单价法的优点是计算简单、工作量较小、编制速度较快、便于工程造价管理部门集中统一管理。其缺点是由于采用事先编制好的统一的单位估价表，其价格水平只能反映定额编制年份的价格水平，所以在市场价格波动较大的情况下，计算结果会偏离实际价格水平。

（2）实物法　**实物法**是指根据预算定额或基础定额的分部分项工程量计算规则及施工图计算出分部分项工程量，然后套用相应人工、材料、机械台班的定额用量，再分别乘以工程所在地当时的人工、材料、机械台班的实际单价，求出单位工程的人工费、材料费和施工机具使用费，并汇总求和，按规定计取其他各项费用（企业管理费、利润、规费及税金），最后汇总得出单位工程施工图预算造价的方法，计算方法见式（3-19）和式（3-20）。

$$\begin{aligned}单位工程施工图预算人、材、机费用 = &\sum(分项工程量\times人工定额用量\times当时当地人\\&工单价)+\sum(分项工程量\times材料定额用量\times\\&当时当地材料单价)+\sum(分项工程量\times施工\\&机械台班定额用量\times当时当地施工机械台班单价)\end{aligned} \quad (3\text{-}19)$$

$$建筑安装工程预算=人、材、机费用+企业管理费+利润+规费+税金 \quad (3\text{-}20)$$

实物法编制施工图预算的基本步骤如图 3-10 所示。

1）准备工作。针对实物法的特点，在此步骤中需要全面搜集各种人工、材料、机械台班当时当地的实际价格，包括不同品种、不同规格的材料价格，不同工种、不同等级的人工工资单价，不同种类、不同型号的机械台班单价等。对获得的各种实际价格要求全面、系统、真实、可靠。本步骤的其他内容可参考单价法的相应步骤。

2）列项、计算工程量。本步骤与单价法相同。

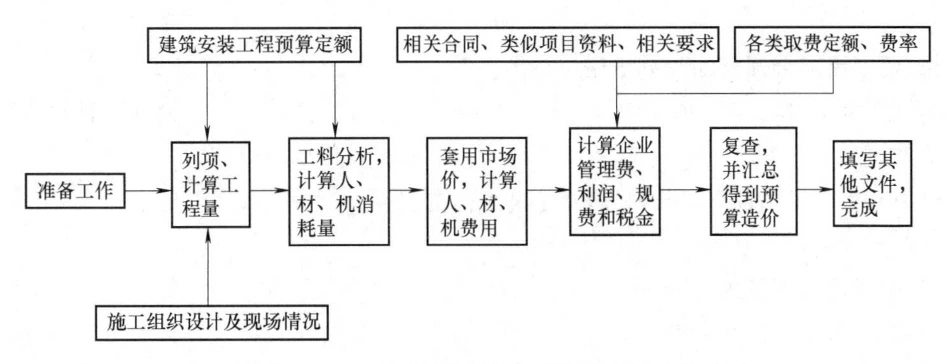

图3-10 实物法编制施工图预算的基本步骤

3）工料分析，计算各分项工程所需的人工、材料、机械消耗量。根据预算人工定额所需的各类人工工日的数量，乘以各分项工程的工程量，算出各分项工程所需的各类人工工日的数量。同样，通过相同的方法，可以获得各分项工程所需各类材料和机械台班的消耗量。

4）计算并汇总人、材、机费用。对人工单价、设备、材料的预算价格和机械台班单价，可由工程造价主管部门定期发布价格、造价信息，为基层提供服务。企业也可以根据自己的情况，自行确定人工单价、材料价格和机械台班单价。

用当时当地的各类实际工、料、机单价乘以相应的工、料、机消耗量，即得单位工程人工费、材料费和施工机具使用费。根据前述公式汇总计算，即得单位工程预算人、材、机费用。

5）计算其他各项费用，汇总造价。本步骤内容与单价法相同。

6）复核。要求认真检查人工、材料、机械台班的消耗量计算是否正确，有没有漏算或多算，套取的定额是否正确。此外，还要检查采用的实际价格是否合理等。其他步骤，可参考单价法的相应步骤。

7）编制说明、填写封面。

实物法与单价法首尾部分的步骤基本相同，所不同的主要是中间两个步骤：①采用实物法计算工程量后，套用相应人工、材料、机械台班预算定额消耗量，求出各分项工程人工、材料、机械台班消耗数量并汇总成单位工程所需各类人工工日、材料和机械台班的消耗量；②实物法采用的是当时当地的各类人工工日、材料和机械台班的实际单价分别乘以相应的人工工日、材料和机械台班总的消耗量，汇总后得出单位工程的人工费、材料费和施工机具使用费。

在市场经济条件下，人工、材料和机械台班单价是随市场而变化的，它们是影响工程造价最活跃、最主要的因素。实物法的优点是采用的是建设项目所在地当时人工、材料、机械台班的价格，较好地反映了实际价格水平，工程造价的准确性高。其缺点是计算过程较单价法烦琐。

（3）工程量清单计价法　工程量清单计价法是指根据招标人按照国家统一的工程量计算规则提供工程数量，采用综合单价的形式计算工程造价的方法。我国现行的工程量清单计价规范是《建设工程工程量清单计价规范》（GB 50500—2013）。

工程量清单计价法的详细步骤及定额计价法的实例见计量计价类教材，此处不再赘述。

2. 单项工程综合预算的编制方法

单项工程综合预算由组成该单项工程的各个单位工程预算造价汇总而成，计算方法见式(3-21)，计算完成后填写单项工程综合预算表，最后形成单项工程综合预算书。

$$单项工程施工图预算 = \sum 单位建筑工程费用 + \sum 单位设备及安装工程费用 \tag{3-21}$$

3. 建设项目总预算的编制方法

建设项目总预算由组成该建设项目的各个单项工程综合预算以及经计算的工程建设其他费用、预备费、建设期贷款利息、固定资产投资方向调节税（暂停征收）、铺底流动资金汇总而成，采用三级预算编制形式和二级预算编制形式的计算方法分别见式（3-22）和式(3-23)，计算完成后填写建设项目总预算表，最后形成建设项目预算文件。

$$建设项目总预算 = \sum 单项工程预算 + 工程建设其他费用 + 预备费 + 建设期利息 + 铺底流动资金 \tag{3-22}$$

$$建设项目总预算 = \sum 单位建筑工程费用 + \sum 单位设备及安装工程费用 + 工程建设其他费用 + 预备费 + 建设期利息 + 铺底流动资金 \tag{3-23}$$

案例分析

背景资料：

某公司拟为员工建设一栋建筑面积为3 800m²的公寓楼，其结构形式与该公司所在地已建成的某公寓楼工程相同，只有外墙保温贴面不同，其他部分均较为接近。据调查，该类似工程外墙为珍珠岩板保温、水泥砂浆抹面，每平方米建筑面积消耗量分别为0.064m³、0.745m²，珍珠岩板为265.22元/m³、水泥砂浆为10.65元/m²；拟建公寓楼外墙为加气混凝土保温、外贴釉面砖，每平方米建筑面积消耗量分别为0.12m³、0.85m²，加气混凝土现行价格为292.48元/m³，外贴釉面砖现行价格为74.80元/m²。类似工程单方造价为1 200.00元，其中，人工费、材料费、施工机具使用费、企业管理费、规费和税金等费用占单方造价的比例分别为12%、60%、7%、6%、4%和11%，拟建公寓楼与类似工程预算造价在这几方面的差异系数分别为2.65、1.05、1.95、1.05、0.85和1.01，拟建公寓楼除人、材、机费用以外的综合取费为15%。

试计算：

1. 拟建公寓楼的土建单位工程概算造价。

2. 若类似工程预算中，每平方米建筑面积主要资源消耗为：人工消耗5.06工日，钢筋24.8kg，水泥203kg，原木0.15m³，铝合金门窗0.28m²，其他材料费为主材费的42%，施工机具使用费占人、材、机费用的8%，拟建公寓楼主要资源的现行市场价分别为人工150元/工日，钢筋4.70元/kg，水泥0.50元/kg，原木1 800元/m³，铝合金门窗平均350元/m²。试应用概算指标法，确定拟建工程的土建单位工程概算造价。

3. 若类似工程预算中，各专业单位工程预算造价占单项工程造价比例，见表3-19。试用第2问的结果计算该公寓楼项目的单项工程造价，编制单项工程综合概算表。

表3-19　各专业单位工程预算造价占单项工程造价比例

专业名称	土建工程	电气照明工程	给水排水工程	采暖通风工程
所占比例（%）	80	8	7	5

分析：

本案例的内容涉及本章设计概算的编制方法的主要内容和基本知识点。首先回顾本章介绍的设计概算的编制方法有概算定额法、概算指标法、类似工程预算法、预算单价法和扩大单价法等。

通过分析该案例的背景资料可知，应采用类似工程预算法和概算指标法编制拟建公寓楼的设计概算。

解答：

1. （1）综合调整系数 $K = 12\% \times 2.65 + 60\% \times 1.05 + 7\% \times 1.95 + 6\% \times 1.05 + 4\% \times 0.85 + 11\% \times 1.01 = 1.2926$

（2）结构差异额 $= (0.12 \times 292.48 + 0.85 \times 74.80)$ 元/m^2 $- (0.064 \times 265.22 + 0.745 \times 10.65)$ 元/m^2 $= 98.68$ 元/m^2 $- 24.91$ 元/m^2 $= 73.77$ 元/m^2

（3）拟建公寓楼概算指标 $= 1200$ 元/m^2 $\times 1.2926 = 1551.12$ 元/m^2

修正概算指标 $= 1551.12$ 元/m^2 $+ 73.77$ 元/m^2 $\times (1 + 15\%) = 1635.96$ 元/m^2

（4）拟建工程概算造价 = 拟建工程建筑面积 × 修正概算指标

$= 3800m^2 \times 1635.96$ 元/m^2 $= 621.6648$ 万元

2. （1）计算拟建公寓楼项目一般土建工程单位平方米建筑面积的人工费、材料费和施工机具使用费。

人工费 $= 5.06$ 工日 $\times 150$ 元/工日 $= 759.00$ 元

材料费 $= (24.8 \times 4.70 + 203 \times 0.50 + 0.15 \times 1800 + 0.28 \times 350)$ 元 $\times (1 + 42\%) = 832.21$ 元

施工机具使用费 = 概算人、材、机费用 × 8%

概算人、材、机费用 = 759.00 元 + 832.21 元 + 概算人、材、机费用 × 8%

一般土建工程概算人、材、机费用 $= \dfrac{(759.00 + 832.21)\text{ 元}}{1 - 8\%} = 1729.58$ 元

（2）计算拟建工程一般土建工程概算指标、修正概算指标和概算造价。

概算指标 $= 1729.58$ 元/m^2 $\times (1 + 15\%) = 1989.02$ 元/m^2

修正概算指标 $= 1989.02$ 元/m^2 $+ 73.77$ 元/m^2 $\times (1 + 15\%) = 2073.86$ 元/m^2

拟建工程一般土建工程概算造价 $= 3800m^2 \times 2073.86$ 元/m^2 $= 788.0668$ 万元

3. （1）单项工程概算造价 = 788.066 8 万元/80% = 985.083 5 万元

（2）电气照明单位工程概算造价 = 985.083 5 万元 × 8% = 78.806 7 万元

给水排水单位工程概算造价 = 985.083 5 万元 × 7% = 68.955 8 万元

暖气单位工程概算造价 = 985.083 5 万元 × 5% = 49.254 2 万元

（3）编制该公寓楼单项工程综合概算表，见表3-20。

表 3-20 公寓楼单项工程综合概算表

建设项目名称：某公司公寓楼　　　　综合概算价值 9 850 835 元

序号	项目名称	概算价值/万元				技术经济指标			占比（%）
		建安工程费	设备购置费	工程建设其他费用	合计	单位	数量	单方造价/(元/m^2)	
一	建筑工程	985.083 5			985.083 5	m^2	3 800	2 592.33	
1	土建工程	788.066 8			788.066 8	m^2	3 800	2 073.86	80
2	电气照明工程	78.806 7			78.806 7	m^2	3 800	207.39	8
3	给排水工程	68.955 8			68.955 8	m^2	3 800	181.46	7
4	采暖通风工程	49.254 2			49.254 2	m^2	3 800	129.62	5
二	设备及安装工程								
1	设备购置								
2	设备安装								
	合计	985.083 5			985.083 5	m^2	3 800	2 592.33	100

编制单位：×××　　　　项目负责人：×××

2016 年×月×日编制

本章小结及关键概念

● **本章小结**：设计是指在建设项目立项以后，按照设计任务书的要求，对建设项目的各项内容进行设计并以一定载体（图样、文件等）表现出建设项目决策阶段主旨的过程，可分为“两阶段设计”和“三阶段设计”，各阶段设计的内容和深度应符合《建筑工程设计文件编制深度规定》的要求。设计阶段工程造价管理的主要内容是编制设计概算和施工图预算，其影响因素可分为影响民用建设项目工程造价的主要因素（包括总平面设计、建筑设计、工艺设计、材料选用及设备选用）、影响民用建设项目工程造价的主要因素（包括占地面积和建筑群体的布置形式等）及其他因素（包括项目利益相关者、人员的知识水平和风险）。

限额设计是设计阶段进行技术经济分析，实施工程造价控制的一项重要措施，需在投资估算、初步设计、施工图设计及设计变更阶段进行限额设计，要从“横向控制”和“纵向控制”两方面着手。实施限额设计应正确理解限额设计的含义、合理确定和正确理解设计限额、合理分解及使用投资限额。

设计方案的优化与选择是设计过程的重要环节，是指通过技术比较、经济分析和效益评价，正确处理技术先进与经济合理之间的关系。在这一过程中，最基本和最重要的内容是根据设计方案计算各项指标及对比参数；根据方案评价的目的，将方案的分析评价指标分为基本指标和主要指标，通过评价指标的分析计算，排出方案的优劣次序，并提出推荐方案；综合分析，进行方案选择或提出技术优化建议。主要采用定量和定性相结合的方法进行选择与优化。

设计概算是指在投资估算的控制下由设计单位根据初步设计或扩大初步设计的图样及说明，利用国家或地区颁发的概算指标、概算定额、综合指标预算定额、各项费用定额或取费标准（指标）、建设地区自然技术经济条件和设备、设备材料预算价格等资料，按照设计要求，对建设项目从筹建至竣工交付使用所需全部费用进行的预计。设计概算是设计文件的重要组成部分，是确定和控制建设项目全部投资的文件，是建设项目实施全过程工程造价控制管理及考核建设项目经济合理性的依据。设计概算的编制主要采用“三级编制形式”和“二级编制形式”，按相关的编制要求和依据形成的设计概算文件略有差别，其编制内容包括单位工程概算、单项工程综合概算和建设项目总概算，采用概算定额法、概算指标法、类似工程预算法等进行，其中建设项目总概算包括建筑安装工程费、设备及工器具购置费、工程建设其他费用、预备费、建设期利息和生产或经营性项目铺底流动资金。

施工图预算是指以施工图设计文件（包括施工图、基础定额、市场价格及各项取费标准等资料）为依据，按照规定的程序、方法和依据，在建设项目施工前对建设项目的工程费用进行的预测与计算。施工图预算也是设计文件的重要组成部分，是施工图设计阶段合理确定和有效控制工程造价的重要依据。施工图预算的编制主要采用“三级预算编制形式”和“二级预算编制形式”，施工图预算总投资包括建筑工程费、设备及工器具购置费、安装工程费、工程建设其他费用、预备费、建设期贷款利息、固定资产投资方向调节税（暂停征收）及铺底流动资金，按相关的编制要求、程序和依据形成的施工图预算文件略有差别，其编制内容包括单位工程预算、单项工程综合预算及建设项目总预算，采用单价法和实物法进行。

- **关键概念：**设计、限额设计、设计概算、施工图预算、单价法、实物法。

习题

一、选择题

1. 下列不是施工图设计文件的主要内容的是（　　）。

A. 设计图样　　B. 工程预算书　　C. 主要设备及材料表　D. 各专业预算书

2. 民用建筑中最大量、最主要的建筑形式是（　　）。

A. 住宅建筑　　B. 公共建筑　　C. 工业建筑　　D. 别墅建筑

3. 采用三级编制形式编制的设计概算文件与采用二级编制形式不同的一项是（　　）。

A. 工程建设其他费用表　B. 综合概算表　　C. 总概算表　　D. 单位工程概算表

4. 下列不属于建筑工程概算的编制方法的是（　　）。

A. 扩大单价法　　B. 概算定额法　　C. 概算指标法　　D. 类似工程预算法

5. 施工图预算编制的关键是（　　）。

A. 单项工程综合预算　B. 工程结算　　C. 建设项目总预算　　D. 单位工程预算

6. 下列是价值工程法的核心的是（　　）。

A. 经济效益　　B. 功能分析　　C. 成本分析　　D. 价值的提高

二、填空题

1. “三阶段设计”包括__________、__________和__________。

2. __________、__________、__________、__________和设备选用是影响工业建设项目工程造价的主要因素。

3. 限额设计的控制对象是________________和________________。

4. 限额设计控制工程造价可以从__________和__________两方面着手。

5. “两算”对比是指__________和__________的对比分析。

三、简答题

1. 设计阶段工程造价管理的内容是什么？
2. 设计阶段控制工程造价有何重要意义？
3. 什么是限额设计的全过程？
4. 设计方案优化与选择的过程是什么？其中最基本和最重要的内容又是什么？

5. 简述设计方案优化与选择的方法。
6. 设计概算与施工图预算各有何作用？
7. 设计概算与施工图预算分别由哪些费用构成？
8. 设计概算与施工图预算的编制方法有哪些？
9. 设计概算与施工图预算的编制依据有哪些？
10. 简述施工图预算的编制程序。

四、计算题

1. 某办公楼项目的建设有四个备选设计方案，经专家打分，得到方案 A、B、C、D 的功能加权得分分别为 8.900 分、9.275 分、9.125 分、9.275 分，经造价管理人员测算，方案 A、B、C、D 的单方造价分别为 1 420 元、1 250 元、1 190 元、1 360 元，试为投资方选择最佳设计方案。

2. 某办公大楼为六层钢筋混凝土框架结构，建筑面积为 3 277.5m^2（$43.7\times12.5\times6$），层高为 3.3m。基础采用柱基础，基础埋深为 1.6m，室外地坪标高为 −0.300m，基础垫层采用 C15 混凝土，其余均用 C25 混凝土，基础砌体由 M5 水泥砂浆砌筑 MU10 机砖，柱基的截面尺寸为 2 200mm × 2 500mm，基础圈梁的截面尺寸为 240mm × 300mm。主体采用钢筋混凝土框架结构，框架柱的截面尺寸为 500mm × 500mm，框架梁的截面尺寸为 300mm × 500mm，楼板采用预制空心板，墙体均采用混凝土砌块，墙厚为 200mm。地面、楼面及楼梯均铺设花岗岩，所有房间内墙均为混合砂浆抹面，所有房间为抹灰顶棚，外墙为水泥砂浆墙面，屋面为 SBS 卷材防水膨胀珍珠岩保温屋面，卫生间采用 SBS 防水地面，外门和窗均采用铝合金门窗，内门采用木门。请根据当地概算指标，计算该办公楼的概算造价。

3. 拟建一座四层砖混办公楼。初步设计底层建筑面积为 1 800m^2，二至四层每层建筑面积均为 1 600m^2，查得类似工程概算直接工程费为 410 元/m^2，但屋面防水用二毡三油一砂，而现拟建办公楼用 SBS 改性防水沥青卷材。查定额单价知：SBS 防水直接工程费为 34 元/m^2，屋面防水二毡三油一砂直接工程费为 26 元/m^2，请按现行取费规定概算含税造价（测得综合涨价系数为 1.06）。

第 4 章

建设项目招标投标阶段工程造价确定与控制

学习要点

- 知识点：建设项目招标的概念、范围、方式、程序及招标控制价的编制，建设项目投标的概念、程序、投标策略、报价技巧，建设工程施工合同的类型及选择。
- 重点：招标文件及招标控制价的编制，投标报价的编制，合同价款的确定。
- 难点：招标控制价的编制，投标报价的编制。

案例导入

假如你是一名造价工程师，现在面临的工作情况是：某公司（招标人）拟建一高新技术产业楼，由于受自然地域环境限制，现邀请甲、乙、丙三家符合条件的投标人参加该项目的投标，评标拟遵循最低综合报价的原则，其他相关资料均已给出。你能够在招投标阶段为该公司选择合适的中标人并计算合同价吗？如何计算呢？

4.1 概述

4.1.1 建设项目招投标的概念和意义

1. 建设项目招投标的概念

建设项目实行招投标制度是指将工程项目建设任务的委托纳入市场机制，通过竞争择优选定项目的工程承包单位、勘察设计单位、施工单位、监理单位、设备制造供应单位等，达到保证工程质量、缩短建设周期、控制工程造价、提高投资效益的目的，由发包人与承包人通过招投标签订承包合同的经营制度。

建设项目招标是指招标人（即发包单位）在发包建设项目之前，通过公共媒介告示或直接邀请潜在的投标人（即拟承包的投标单位），由投标人根据招标文件的要求提出项目实施方案及报价进行投标，经开标、评标、决标等环节，从众多的投标人中择优选定承包人的一种经济活动。

建设项目投标是指具有合法资格和能力的投标人根据招标文件的要求，提出工程项目实施方案和报价，在规定的期限内提交标书，并参加开标，努力争取中标并与招标人签订承包合同的一种经济活动。

招投标实质上是一种市场竞争交易行为。它是商品经济发展到一定阶段的产物，在市场经济条件下，它是一种普遍的、常见的择优选择方式。

2. 建设项目招投标的意义

实行建设项目招投标制度是我国建筑市场走向规范化、完善化的重要举措之一。对建设单位择优选择承包单位、全面降低工程造价，对促进施工企业提高技术、管理水平，合理控制和降低工程造价都具有重要的作用。

1）推行招投标制度使市场定价的价格机制基本形成，使工程价格更趋合理。

2）推行招投标制度能够不断降低社会平均劳动消耗水平，使工程价格得到合理降低。

3）推行招投标制度便于供求双方更好地相互选择，使工程价格更趋合理，进而更好地控制工程造价。

4）推行招投标制度有利于规范价格行为，使公开、公平、公正的原则得以贯彻。

5）推行招投标制度能够适当地减少交易费用，节省人力、物力、财力，进而使工程造价有所降低。

3. 建设项目招投标的基本原则

建设项目招投标的基本原则有公开原则、公平原则、公正原则和诚实信用原则。

公平、公开和公正三个原则互相补充、互相涵盖。公开原则是公平、公正原则的前提和保障，是实现公平、公正原则的必要措施。公平、公正原则也正是公开原则所追寻的目标。

诚实信用原则要求建设工程招投标各方当事人的行为必须真实合法，信守契约。招投标活动的当事人必须承担因欺骗、违约行为给对方造成损失和损害的赔偿责任。

4.1.2 建设项目招标的范围及方式

1. 建设项目招标的范围

《中华人民共和国招标投标法》（以下简称《招标投标法》）规定，凡在中华人民共和国境内进行下列工程建设项目，包括项目的勘察、设计、施工、监理以及工程建设有关的重要设备、材料等的采购，必须进行招标：

1）大型基础设施、公用事业等关系社会公共利益、公共安全的项目。

2）全部或者部分使用国有资金投资或国家融资的项目。

3）使用国际组织或者外国政府贷款、援助资金的项目。

上述规定范围内的各类工程建设项目，包括项目的勘察、设计、施工、监理，以及与工程有关的重要设备、材料等的采购，达到下列标准之一的，必须进行招标：

1）施工单项合同估算价在200万元人民币以上的。

2）重要设备、材料等货物的采购，单项合同估算价在100万元人民币以上的。

3）勘察、设计、监理等服务的采购，单项合同估算价在50万元人民币以上的。

4）单项合同估算价低于1）2）3）项规定的标准，但项目总投资额在3 000万元人民币以上的。

2. 可以不进行招标的范围

《招标投标法》规定，涉及国家安全、国家秘密、抢险救灾或者属于利用扶贫资金实行以工代赈、需要使用农民工等特殊情况，不适宜进行招标的项目，按照国家有关规定可以不进行招标。

《中华人民共和国招标投标法实施条例》（以下简称《招标投标法实施条例》）还规定，除《招标投标法》规定可以不进行招标的特殊情况外，有下列情形之一的，可以不进行招标：

1）需要采用不可替代的专利或者专有技术。

2）采购人依法能够自行建设、生产或者提供。

3）已通过招标方式选定的特许经营项目投资人依法能够进行建设、生产或者提供。

4）需要向原中标人采购工程、货物或者服务，否则将影响施工或者功能配套要求。

5）国家规定的其他特殊情况。

3. 建设项目招标的方式

《招标投标法》规定，**建设工程项目的招标方式分为公开招标和邀请招标两种**。

（1）公开招标　**公开招标**又称无限竞争性招标，招标人在公共媒体上发布招标公告，提出招标项目和要求，符合条件的一切法人或者组织都可以参加投标竞争，都有同等竞争的机会。按规定应该进行招标的建设工程项目，一般应采用公开招标方式。

公开招标的优点是招标人有较大的选择范围，可在众多的投标人中选择报价合理、工期较短、技术可靠、资信良好的中标人。其缺点是公开招标的资格审查和评标的工作量比较大，耗时长、费用高，且有可能因资格预审把关不严格导致鱼目混珠的情况发生。

如果采用公开招标方式，招标人就不得以不合理的条件限制或排斥潜在的投标人。例如不得限制本地区以外或本系统以外的法人或组织参加投标等。

（2）邀请招标　**邀请招标**又称有限竞争性招标，招标人事先经过考察和筛选，将投标邀请书发给某些特定的法人或者组织，邀请其参加投标。

邀请招标的优点是经过筛选的投标单位在施工经验、技术力量、经济和信誉上都比较可靠，因而一般能保证施工质量和进度要求。此外，参加投标的承包商数量少，招标时间相对缩短，招标费用也较少。其缺点是由于参加的投标单位较少，竞争性较差，使得招标单位对投标单位的选择余地减少，如果招标单位在选择邀请单位前所掌握的信息资料不足，则将会失去选择最适合承担该项目的承包商的机会。

《招标投标法实施条例》规定，国有资产占控股或者主导地位的依法必须进行招标的项目，应当公开招标，但有下列情形之一的，可以邀请招标：

1）技术复杂，有特殊要求或者受自然环境限制，只有少量潜在投标人可供选择。

2）采用公开招标方式的费用占项目合同金额的比例过大。

（3）公开招标与邀请招标在招标程序上的区别

1）招标信息的发布方式不同。公开招标是利用招标公告发布招标信息，而邀请招标则是采用向三家以上具有实施能力的投标人发出投标邀请书，请他们参与投标竞争。

2）对投标人资格预审的时间不同。进行公开招标时，由于投标响应者较多，为了保证投标人具有相应的实施能力，以及缩短评估时间，突出投标的竞争性，通常设置资格预审程序。而邀请招标由于竞争范围小，且招标人对邀请对象的能力有所了解，不需要再进行资格预审，但评标阶段还要对各投标人的资格和能力进行审查和比较。

3）邀请的对象不同。公开招标是向不特定的法人或者其他组织邀请招标，而邀请招标邀请的是特定的法人或其他组织。

4.1.3　建设项目招投标阶段工程造价管理的内容

1. 发包人选择合理的招标方式

《招标投标法》允许的招标方式有公开招标和邀请招标。邀请招标适用于国家投资的特殊项目和非国有经济投资的项目；公开招标适用于国家投资或国家投资占多数的项目，是能够体现公开、公平、公正原则的最佳招标方式。**选择合理的招标方式是合理确定工程合同价款的基础，对工程造价的控制与管理有重要的影响**。

2. 发包人选择合理的发包模式

常见的承包模式包括总分包模式、平行承包模式、联合体承包模式和合作承包模式。不同的承包模式适用的工程项目类型不同，对工程造价的控制作用也不同。

总分包模式的总包合同价可以较早确定，业主可以承担较少的风险，对总承包商而言，责任重，风险大，获得高额利润的潜力也比较大。平行承包模式的总合同价不易短期确定，从而影响工程造价控制的实施。工程招标任务量大，需控制多项合同价格，从而增加了工程造价控制的难度。但对于大型复杂工程，如果分别招标，可参与竞争的投标人增多，业主就能够获得具有竞争性的报价。联合体承包对业主而言，合同结构简单，有利于工程造价的控制，对联合体而言，可以集中各成员单位在资金、技术和管理等方面的优势，增强抗风险能力。合作承包模式与联合体承包相比，业主的风险较大，合作各方之间信任度不够。

3. 发包人编制招标文件，确定合理的工程计量方法和投标报价方法，确定招标工程标底

建设工程项目的发包数量、合同类型和招标方式一经批准确定后，即应编制为招标服务的有关文件。工程计量方法和报价方法的不同，会产生不同的合同价格，因而在招标前，应选择有利于降低工程造价和便于合同管理的工程计量方法和报价方法。编制标底是建设工程项目招标前的另一项重要工作，标底的编制应当实事求是，综合考虑和体现发包人和承包人的利益。

4. 承包人编制投标文件，合理确定投标报价

拟投标招标工程的承包人在通过资格审查后，根据获取的招标文件，编制投标文件，并对其做出实质性的响应。在核实工程量的基础上根据企业定额进行工程报价，然后在广泛了解潜在竞争者及工程情况和企业情况的基础上，运用投标技巧和正确的策略来确定最后报价。

5. 规范开标、评标和定标

合理、规范、有效地开标、评标和定标，有效监督招标过程，防止不良招投标行为的产生，有助于保证工程造价的合理性，是招投标阶段工程造价控制的另一个重要内容。发包人应当按照相关规定确定中标单位，并对相关的进度、质量和价款等内容进行质询和谈判，明确相关事项，以确保承包人和发包人等各方的利益不受损害。

6. 通过评标定标，选择中标单位，签订承包合同

评标委员会依据评标规则，对投标人评分并排名，向业主推荐中标人，并以中标人的报价作为承包价。合同的形式应在招标文件中确定，并在投标函中做出响应。不同的合同格式适用于不同类型的工程，正确选用合适的合同类型是保证合同顺利执行的基础。

4.1.4 建设项目招投标阶段对工程造价的影响

建设项目实行招投标制度是我国建筑市场走向规范化、完善化的重要举措之一。**推行招投标制度，对降低工程造价，进而使工程造价得到合理的控制具有非常重要的影响**，主要表现在以下几个方面：

1. 推行招投标制度基本形成了市场定价的价格机制，使工程价格更趋于合理

推行招投标制度最显著的作用是使投标人之间产生激烈竞争，这种市场竞争最直接、最集中地表现为价格竞争。通过竞争确定工程价格，使其趋于合理或下降，有利于节约投资、提高投资效益。

2. 推行招投标制度便于供求双方更好地相互选择，使工程价格更符合价值基础

建设工程采用招投标方式为供求双方在较大范围内进行相互选择创造了条件，为需求者（如建设单位、业主）与供给者（如勘察设计单位、施工单位）在最佳点上的结合提供了可能。建设单位、业主能够选择报价较低、工期较短、具有良好业绩和管理水平的勘察设计单位和施工单位作为承包人，为合理控制工程造价奠定了基础。

3. 推行招投标制度能够不断降低社会平均劳动消耗水平，使工程价格得到有效控制

在建筑市场中，不同投标者的个别劳动消耗水平是有差异的。通过招投标使个别劳动消耗水平最低或接近最低的投标者获胜，这样便实现了生产力资源较优的配置，也实现了投标者之间的优胜劣汰，这样将逐步进而全面地降低社会平均劳动消耗水平，使工程价格更趋合理。

4. 推行招投标制度能够减少交易费用，节省人力、物力、财力，进而降低工程造价

我国目前的招投标行为已进入制度化操作阶段。招投标中，投标人在同一时间、地点报价竞争，在专家支持系统的评估下，以群体决策方式确定中标者，必然减少交易过程的费用，这本身就意味着招标人收益的增加，必然对工程造价产生积极的影响。

5. 推行招投标制度有利于规范价格行为，使公开、公平、公正的原则得以贯彻

我国招投标活动有特定的机构进行管理，有严格的程序来遵循，有高素质的专家提供支持。工程技术人员的群体评估与决策，能够避免盲目过度的竞争和徇私舞弊现象的发生，对建筑领域中的腐败现象起到强有力的遏制作用，使价格的形成过程变得透明且规范。

4.2　招标程序与招标控制价的编制

4.2.1　招标程序

建设工程公开招标的程序如图4-1所示。对于邀请招标，其程序基本上与公开招标相同，其不同之处只在于没有资格预审，而增加了发出投标邀请函的步骤。

1. 建设工程项目报建

建设工程项目按照国家有关投资的规定进行备案，并具备《工程建设项目报建管理办法》（建建字第482号）规定条件的，须向建设行政主管部门报建备案。

2. 审查建设单位资质

建设单位办理招标应具备如下条件：

1）建设单位是法人或依法成立的其他组织。

2）建设单位有与招标工程相适应的经济、技术管理人员。

3）建设单位有组织编制招标文件的能力。

4）建设单位有审查投标单位资质的能力。

5）建设单位有组织开标、评标、定标的能力。

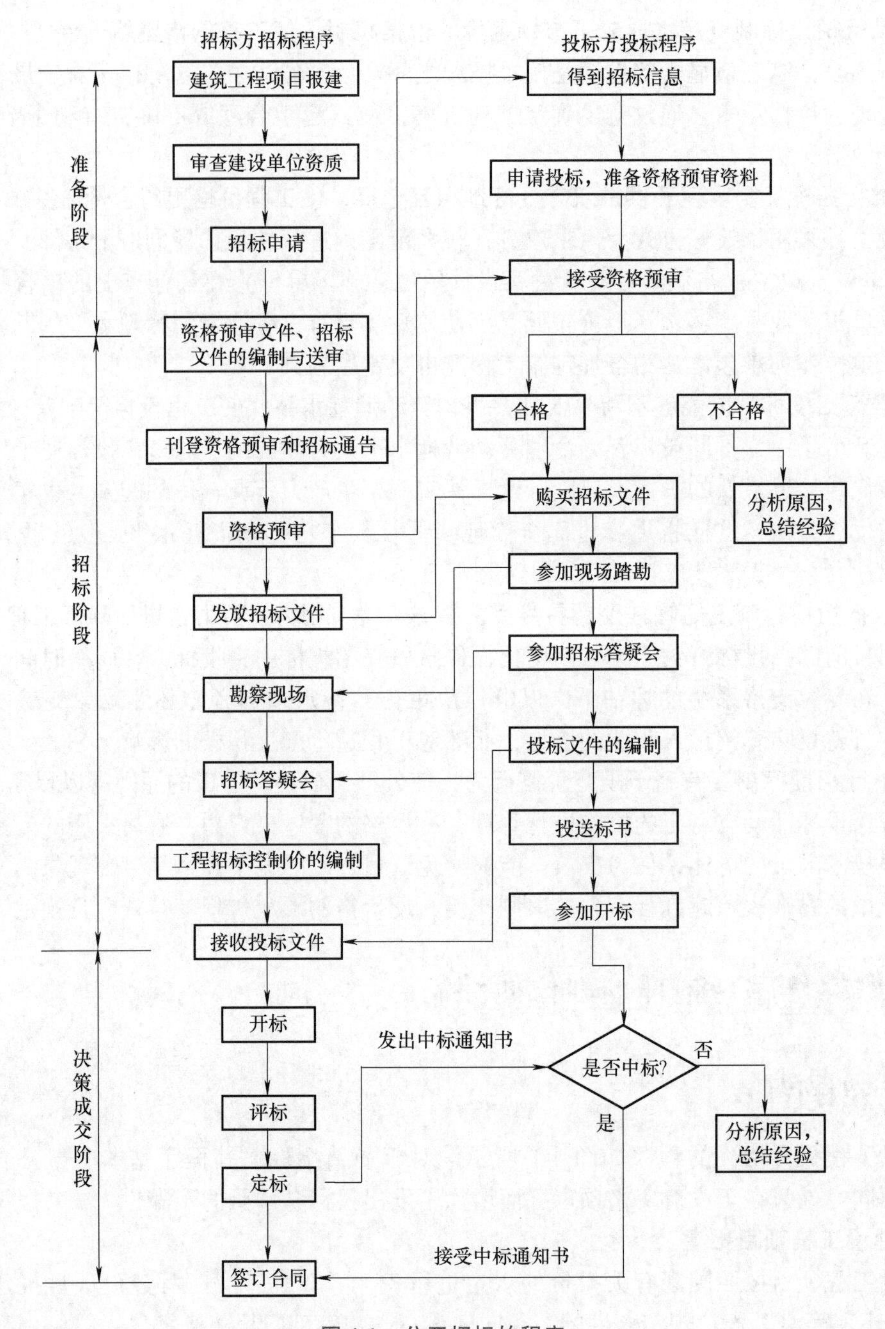

图 4-1　公开招标的程序

如建设单位不具备上述 2）~5）项的条件，则需要委托具有相应资质的中介机构代理招标，与其签订委托协议，并报招标管理机构备案。

3. 确定招标范围

工程建设招标，可分为工程建设总承包招标、其中某个阶段的招标和某个阶段中的某一专项的招标，如工程建设总承包招标、设计招标、工程施工招标、设备材料采购招标等。

（1）工程建设总承包招标　工程建设总承包招标是建设项目立项之后，对建设全过程的实施进行的招标，即通常所说的“交钥匙”工程招标。这种招标承包方式要求承包公司必须有丰富的经验、雄厚的实力和综合承包管理能力。

（2）设计招标　工程建设实行设计招标，旨在优化设计方案，择优选择设计单位。因此，对于工业、交通项目和重要的民用建筑，实行设计方案招标或可行性研究方案招标。

（3）工程施工招标　施工招标有施工全部工程招标、单项工程招标、专业招标等形式。工程承包可采用全部包工包料、部分包工包料或包工不包料。

招标承包的工程，承包人不得将整个工程分包出去，部分工程分包出去也必须征得工程师（监理单位或业主代表）**的书面同意。分包出去的工程其责任由总包负责**。

实行施工招标的建设项目必须具备下列条件：

1）计划落实。项目列入国家或省市工程建设计划。

2）设计落实。项目应具备相应设计深度的图样及概算。

3）投资来源及物质来源落实。项目总投资及年度投资资金有保证，项目设备供应及施工材料订货与到货落到实处。

4）征地拆迁及“五通一平”落实。项目施工现场应做到路通、水通、电通、通信通、风（气）通、场地平，并具备工作条件。

5）项目建设批准手续落实。有政府主管部门签发的建筑规划等许可证。

（4）设备材料采购招标　大中型建设项目设备招标，视项目设备的不同情况，可以由建设单位直接向设备制造供应商招标，也可以委托有关设备成套管理机构或工程承包单位招标。招标的方式可以采用单项设备招标，也可以按分项工程或整个项目所需设备一次性招标。

4. 选择招标方式并提出招标申请

招标人应按照《招标投标法》和其他有关规定选择公开招标或邀请招标的招标方式。

5. 资格预审文件、招标文件的编制

（1）资格预审文件的编制　采用资格预审的工程项目，招标人按要求编制资格预审文件。资格预审文件应包括以下主要内容：①资格预审申请人须知；②资格预审申请书格式；③资格预审评审标准或方法。

（2）招标文件的编制　招标文件应包括招标项目的技术要求，对投标人资格审查的标准、投标报价要求、工程量清单和评标标准等所有实质性要求和条件及拟签合同的主要条款。它既是投标单位编制投标文件的依据，也是招标单位与将来中标单位签订工程承包合同的基础。招标文件提出的各项要求，对整个招标工作乃至发承包双方都有约束力。招标文件编制应遵循以下规定：

1）说明评标原则和评标办法。

2）投标价格中，一般结构不太复杂或工期在12个月以内的工程，可以采用固定价格，考虑一定的风险系数。结构比较复杂或大型工程，工期在12个月以上的，应采用可调价格。价格的调整方法及调整范围应当在招标文件中明确。

3）在招标文件中应明确投标价格计算依据，主要有以下方面：①工程计价类别；②执行的概预算定额、费用定额或工程量清单计价规范；③执行的人工、材料、机械设备政策性调整文件；④材料、设备计价方法及采购、运输、保管的责任等。

4）质量标准必须达到国家施工验收规范和标准。对于要求质量达到优良标准的，应计取补偿费用，补偿费用的计算方法应按国家或地方有关文件规定执行，并在招标文件中明确。

5）招标文件中的建设工期应当参照国家或地方颁布的工期定额来确定。如果要求的工期比工期定额缩短20%以上（含20%），则应计算赶工措施费，赶工措施费如何计算应当在招标文件中明确。

6）由于施工单位原因造成不能按合同工期竣工时，计取的赶工措施费需扣除，同时还应赔偿由于误工给建设单位带来的损失，其损失费用的计算方法或规定应当在招标文件中明确。

7）如果建设单位要求按合同工期提前竣工交付使用，则应考虑计取提前工期奖，提前工期奖的计算方法应在招标文件中明确。

8）招标文件中应明确投标准备时间，即从开始发放招标文件之日起至投标截止时间的期限，最短不得少于20天。招标文件中还应载明投标有效期。

9）在招标文件中应明确投标保证金数额及支付方式。一般投标保证金数额不超过投标总价的2%，最高不得超过80万元人民币。投标保证金可采用现金、支票、银行汇票。也可是银行出具的银行保函。

10）中标单位应按规定向招标单位提交履约担保，履约担保可采用银行保函或履约担保书。履约担保比率为：银行出具的银行保函为合同价款的5%；履约担保书为合同价款的10%。

11）投标有效期的确定应视工程情况而定，结构不太复杂的中小型工程的投标有效期可定为28天以内；结构复杂的大型工程投标有效期可定为56天以内。

12）材料或设备采购、运输、保管的责任应在招标文件中明确。

13）关于工程量清单，招标单位应按国家颁布的《建设工程工程量清单计价规范》（GB 50500—2013）（以下简称《计价规范》）执行，根据施工图计算工程量，提供给投标单位作为投标报价的基础。结算拨付工程款时以实际工程量为依据。

14）合同协议条款的编写。招标单位在编制招标文件时，应根据《建设工程施工合同（示范文本）》（GF—2013—0201）的内容和工程的具体情况确定招标文件合同协议条款。

6. 发布招标公告或投标邀请书

实行公开招标的工程项目，招标人应向所有潜在投标人发出招标公告。招标公告的作用是让所有的潜在投标人获得招标信息，具有公平的投标竞争机会。招标公告必须在有关部门指定的报刊或信息网等媒介上公开发布。

实行邀请招标的工程项目，不需要公开发布招标公告，但招标人应向三个以上具备承担招标项目的能力、资信良好的特定投标人发出投标邀请书。

7. 投标人资格预审

资格预审是指招标人在招标开始之前或开始初期，由招标人对申请参加投标的潜在投标人的资质条件、业绩、信誉、技术、资金等多方面情况进行资格审查。国家对投标人的资格条件是有规定的，应该依照规定进行。资格预审的程序如图4-2所示。

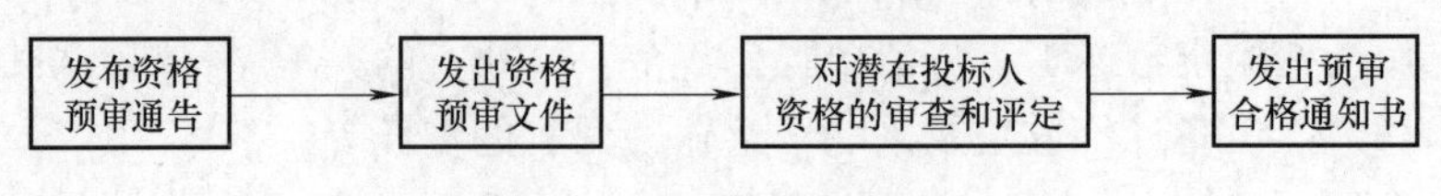

图4-2 资格预审的程序

8. 招标文件发放

（1）招标文件的发售　招标人对于发出的招标文件可以酌收工本费，但不得以此牟利。对于其中的设计文件，招标人可以采用酌收押金的方式；在确定中标人后，对于将设计文件予以退还的，招标人应当同时将其押金退还。

（2）招标文件的澄清或修改　投标人收到招标文件、图样和有关资料后，若有疑问或不清楚的问题需要解答或解释，应在收到招标文件后，在规定的时间内以书面形式向招标人提出，招标人应以书面形式或在招标答疑会上予以解答，并报建设行政主管部门备案。

9. 踏勘现场、招标答疑会

（1）踏勘现场　招标人在投标须知规定的时间组织投标人自费进行现场考察。

投标人在踏勘现场中如有疑问，应在招标答疑会前以书面形式向招标人提出，便于得到招标人的解答。投标人踏勘现场的疑问问题，招标人可以以书面形式答复，也可以在招标答疑会上答复。

（2）招标答疑会　在招标文件中规定的时间和地点，由招标人主持召开的招标答疑会，也称投标预备会或标前会议。答疑会结束后，由招标人整理会议记录和解答内容，以书面形式向投标人发放，并向建设行政主管部门备案。

10. 招标控制价的编制

招标控制价应由具有编制能力的招标人或受其委托具有相应资质的工程造价咨询人、工程招标代理人编制。

招标控制价应根据下列依据进行编制：

1）《计价规范》。

2）国家或省级、行业建设主管部门颁发的计价定额和计价办法。

3）建设工程设计文件及相关资料。

4）招标文件中的工程量清单及有关要求。

5）与建设项目相关的标准、规范、技术资料。

6）工程造价管理机构发布的工程造价信息；工程造价信息没有发布的，参照市场价。

7）其他的相关资料。

招标控制价应在招标时公布，不应上调或下浮，招标人应将招标控制价及有关资料报送工程所在地的工程造价管理机构备查。

投标人经复核认为招标人公布的招标控制价未按照《计价规范》的规定进行编制的，应在开标前规定时限向招投标监督机构或（和）工程造价管理机构投诉。

招投标监督机构应会同工程造价管理机构对投诉进行处理，发现确有错误的，应责成招标人修改。

11. 投标文件的编制

（1）编制投标文件的准备工作

1）投标人领取招标文件、图样和有关技术资料后，应仔细阅读研究上述文件。如有不清、不理解或疑问问题，可以在收到招标文件后以书面形式向招标人提出。

2）为编制好投标文件和投标报价，应收集现行定额标准、取费标准及各类标准图集，收集掌握政策性调价，以及人工、机械、材料和设备价格情况。

3）根据建设项目的地理环境和现场情况，结合工程施工要求和技术规范，合理配备施工管理人员和机械设备，安排施工进度计划，编制施工组织设计或施工方案。

4）了解招标情况，包括招标人的资信情况、支付能力，对实施的工程需求的迫切情况。同时，要收集竞争对手的资料，掌握竞争对手的情况，使自己的投标有的放矢，提高中标的可能性。

（2）投标文件的具体编制　投标人应当按照招标文件的要求编制投标文件，对招标文件提出的实质性要求和条件做出响应。投标文件由投标书及其附件组成，一般包括投标函、信誉资料、投标保证金证明、施工组织设计或者施工方案、投标报价以及招标文件要求提供的其他材料等内容。

1）施工组织设计（技术标）。施工组织设计主要包括项目组织机构、施工方案、场地平面布置、总进度计划和分部分项工程进度计划、主要施工工艺、施工技术组织措施，主要施工机械配置、劳动力配置、主要材料安排、大宗材料设备和机械的运输方式、施工用水用电的标准、临时建筑物和构筑物的设置等基本内容。

施工组织设计是招标人评标时考虑的主要因素之一。施工组织设计不仅关系到工期，而且与工程成本和报价也有密切关系。好的施工组织设计，能紧紧抓住工程特点，施工方法有针对性，同时又能降低成本，既采用先进的施工方法，安排合理的工期，又要充分有效地利用机械设备和劳动力，尽可能减少临时设施和资金占用。如果同时能向招标人提出合理化建议，在不影响使用功能的前提下为招标人节约工程造价，那么会大大提高投标人中标的可能性。要在施工组织设计中进行风险管理规划以防范风险。

2）投标函（商务标）。**投标函**是指投标人向招标人表达愿意参加本次招标工程竞标的文本。投标函应注明投标报价的总金额，提供投标文件的份数，投标的工期，特别是要注明对招标文件实质性要求的总承诺。最后由法定代表人签章和加盖投标人公章。

3）投标报价（经济标）。**投标报价**是指投标人按照招标文件要求，采用工程量清单计价方法或定额计价方法进行编制，然后根据投标策略调整后确定的工程投标价格。如果中标，这个价格就是签订合同确定工程造价的基础。

投标文件编制应注意以下几点：①在编制投标文件时，应按招标文件的要求填写，投标报价应按招标文件中要求的各种因素和依据计算，并按招标文件要求办理提交投标担保；②投标文件编制完成后应仔细整理、核对，并提供足够份数的投标文件副本；③投标文件需经投标人的法定代表人签署并加盖单位公章和法定代表人印鉴，按招标文件中规定的要求密封、标志。

12. 投标文件的递交和接收

（1）投标文件的递交　在投标截止时间前按规定时间、地点递交至招标人。招标人在收到投标文件后，应当向投标人出具标明签收和签收时间的凭证，并妥善保存投标文件。在开标前，任何单位和个人均不得开启投标文件。**提交投标文件的投标人少于3个的，招标人应当依法重新招标**。在招标文件要求提交投标文件截止时间后送达的投标文件，招标人应当拒收。

投标截止时间之前，投标人可以对所递交的投标文件进行修改或撤回，但所递交的修改或撤回通知必须按招标文件的规定进行编制、密封和标志，补充修改的内容为投标文件的组成部分。

（2）投标文件的接收　在投标截止时间前，招标单位做好投标文件的接收工作，在接收中应注意核对投标文件是否按招标文件的规定进行密封和标志，并做好接收时间的记录等。在开标前，应妥善保管好投标文件、修改和撤回通知等投标资料；由招标单位管理的投标文件需经招标管理机构密封或送招标管理机构统一保管。

13. 开标

（1）开标的时间和地点　开标应在招标文件确定的投标截止时间的同一时间公开进行，开标地点应是在招标文件中规定的地点，开标时投标人的法定代表人或授权代理人应参加开标会议。

（2）开标会议　公开招标和邀请招标均应举行开标会议，体现招标的公平、公正和公开原则。开标会议由招标人或招标代理人组织并主持，可以邀请公证部门对开标过程进行公证。招标人应对开标会议做好签到记录，以证明投标人出席开标会议。

开标会议开始后，应首先当众宣读无效标和弃权标的规定，然后核对投标人提交的各种证件，并宣布核查结果，并请投标人的代表检查投标文件的密封情况，予以确认。

启封投标文件后，按报送投标文件时间的先后逆顺序进行唱标，当众宣读有效投标的投标人名称、投标报价、工期、质量、主要材料用量，以及招标人认为有必要的内容。但提交合格“撤回通知”和逾期送达的投标文件不予启封。

招标人应对唱标内容做好记录，并请投标人法定代表人或授权代理人签字确认。

14. 评标

评标是招投标过程中的核心环节，评标由招标人组建的评标委员会按照招标文件中明确的评标定标办法进行。

（1）评标委员会的组建　**评标委员会由招标人或其委托的代理机构熟悉相关业务的代表，以及有关技术、经济等方面的专家组成，成员人数为5人以上的单数，其中技术、经济等方面的专家不得少于成员总数的2/3**。

（2）评标原则　评标活动遵循公平、公正、科学、择优的原则，招标人应当采取必要的措施，保证评标在严格保密的情况下进行。

（3）投标文件的评审

1）投标文件的符合性鉴定。评标委员会应对投标文件进行符合性鉴定，核查投标文件是否按照招标文件的规定和要求编制、签署；投标文件是否实质上响应招标文件的要求。所谓实质上响应招标文件的要求，就是其投标文件应当与招标文件的所有条款、条件和规定相符，无显著差异或保留。无显著差异或保留是指对工程的发包范围、质量标准、工期、计价标准、合同条件及权利义务产生实质性影响。如果投标文件实质上不响应招标文件的要求或不符合招标文件的要求，将被确认为无效标。

2）商务标评审。评标委员会将对确定为实质上响应招标文件要求的投标进行投标报价评审，审查其投标报价是否按招标文件要求的计价依据进行报价，是否合理，是否低于工程成本，并对按工程量清单报价的单价和合价进行校核，看其是否有计算或累计上的错误。

3）技术标评审。对投标人的技术评估应从以下方面进行：投标人的施工方案、施工现场布置、施工进度计划安排是否合理及投标人的施工能力和主要人员的施工经验、设备状况等。

4）综合评审。评标应按招标文件规定的评标方法，对投标人的报价、工期、质量、主要材料用量、施工方案或组织设计、以往业绩、社会信誉、优惠条件等方面进行综合评审。

(4) 评标报告　评标委员会按照招标文件中规定的评标定标方法完成评标后，编写评标报告，向招标人推选中标候选人或确定中标人。评标报告中应阐明评标委员会对各个投标人的投标文件的评审和比较意见。评标报告中应说明：①评标定标办法；②对投标人的资格审查情况；③投标文件的符合性鉴定情况；④投标报价审核情况；⑤对商务标和技术标的评审、分析、论证及评估情况；⑥投标文件问题的澄清；⑦中标候选人推荐或结果情况。

15. 定标、发中标通知书

经过评标后，就可确定出中标候选人。评标委员会推荐的中标候选人应当限定在1～3人，并按评标结果排列顺序。招标人也可以授权评标委员会直接确定中标人。

招标人应当在投标有效期截止时限30日前确定中标人。依法必须进行施工招标的工程，招标人应当自确定中标人之日起15日内，向工程所在地的县级以上地方人民政府建设行政主管部门提交施工招投标情况的书面报告。建设行政主管部门自收到书面报告之日起5日内未通知招标人在招投标活动中有违法行为的，招标人可以向中标人发出中标通知书，并将中标结果通知所有未中标的投标人。中标通知书对招标人和中标人，均具有法律效力。中标通知书发出后，招标人改变中标结果的，或者中标人放弃中标项目的，应依法承担法律责任。

16. 签订合同

招标人和中标人应当自中标通知书发出之日起30日内，按照双方约定的时间和地点，根据《合同法》的规定，依据招标文件、投标文件双方签订施工合同，招标人和中标人不得再行订立背离合同实质性内容的其他协议。招标文件要求中标人提交履约保证书的，中标人应当提交。

中标人拒绝在规定的时间内提交履约担保和签订合同，招标人报请招标管理机构批准后取消其中标资格，并按规定没收其保证金，并考虑与另一参加投标的投标人签订合同。

4.2.2　招标控制价编制的规定及方法

1. 招标控制价的概念

招标控制价是指招标人根据国家或省级、行业建设主管部门颁发的有关计价依据和办法，按设计施工图计算的，对招标工程限定的最高工程造价，也可称其为拦标价、预算控制价或最高报价等。

2. 招标控制价的编制依据

1)《计价规范》与专业工程计量规范。

2) 国家或省级、行业建设主管部门颁发的计价定额和计价办法。

3) 建设工程设计文件及相关资料。

4) 拟定的招标文件及招标工程量清单。

5) 与建设项目相关的标准、规范、技术资料。

6) 施工现场情况、工程特点及常规施工方案。

7) 工程造价管理机构发布的工程造价信息，工程造价信息没有发布的，参照市场价。

8) 其他相关资料。

3. 招标控制价的编制方法

按照国家有关部门的规定，编制招标控制价时，分部分项工程单价可以采用工料单价法或综合单价法。我国目前建设工程招标控制价的编制，主要采用定额计价法和工程量清单计价法来编制。

（1）以定额计价法编制招标控制价　定额计价法编制招标控制价采用的是分部分项工程量的工料单价法，其单价仅包括人工费、材料费、施工机具使用费。工料单价法又可以分为单位估价法和实物量法两种。

1）单位估价法即单价法。单位估价法是根据施工图等资料，按照定额规定的分部分项工程子目，逐项计算出工程量，再套用定额单价（或单位估价表）确定直接费，然后按有关规定和费用定额计算确定措施项目费、间接费、利润和税金，再加上材料调价系数和适当的不可预见费，汇总后作为招标控制价。

2）实物量法即实物法。实物量法是先根据计算规则计算出各分项工程的实物工程量，分别套取实物消耗量定额中的单位人工、材料、机械消耗指标，并按类相加，求出单位工程所需的各种人工、材料、施工机械台班的总消耗量，然后分别乘以当时当地的人工、材料、施工机械台班市场单价，得到单位工程人工费、材料费、施工机具使用费，再汇总求得单位工程直接工程费。最后再按规定计算措施项目费、间接费、利润和税金费用。

（2）以工程量清单计价法编制招标控制价　我国工程量清单计价法采用的是综合单价。用综合单价编制招标控制价，要根据统一的项目划分，按照统一的工程量计算规则计算工程量，形成工程量清单。接着，估算分项工程综合单价，该单价是根据具体项目特征和工程内容分别估算的。综合单价确定以后，填入工程量清单中，再与各分部分项工程量相乘得到合价。最后再按规定计算措施项目费、规费和税金费用。

这种方法与定额计价法的显著区别在于：风险、管理费、利润等是直接分摊到分项工程单价中的，从而组成分项工程综合单价，某分项工程综合单价乘以工程量即为该分项工程合价，所有分项工程合价汇总后即为该工程的分部分项工程费。

4. 招标控制价的编制内容

招标控制价的编制内容主要包括分部分项工程费、措施项目费、其他项目费、规费和税金，各部分都有其不同的计价要求。

（1）分部分项工程费的编制要求

1）分部分项工程费应根据招标文件中的分部分项工程量清单及相关要求，按照《计价规范》的相关规定确定综合单价。

2）工程量依据招标文件中提供的分部分项工程量清单确定。

3）招标文件提供了暂估单价的材料，应按暂估的单价计入综合单价。

4）为使招标控制价与投标报价所包含的内容一致，综合单价中应包括招标文件中要求投标人所承担的风险内容及其范围（幅度）产生的风险费用。

（2）措施项目费的编制要求

1）措施项目费中的安全文明施工费应当按照国家或省级、行业建设主管部门的规定标准计价，该部分不得作为竞争性费用。

2）措施项目应按照招标文件中提供的措施项目清单确定，措施项目采用分部分项工程综合单价形式进行计价的工程量，应按措施项目清单中的工程量，并按与分部分项工程工程量清单单价相同的方式确定综合单价；以“项”为单位的计价方式计价的，依据有关规定按综合价格计算，包括除规费、税金以外的全部费用。

（3）其他项目费的编制要求

1）暂列金额。暂列金额可根据工程的复杂程度、设计深度、工程环境条件（包括地质、水文、气候条件等）进行估算，一般可以分部分项工程费的5%～10%为参考。

2）暂估价。暂估价中的材料单价应按照工程造价管理机构发布的工程造价信息中的材料单价计算，工程造价信息未发布的材料单价，其单价参考市场价格估算；暂估价中的专业工程暂估价应分不同专业，按有关计价规定估算。

3）计日工。计日工在编制招标控制价时，对计日工中的人工单价和施工机械台班单价应按省级、行业建设主管部门或其授权的工程造价管理机构发布的单价计算；材料应按工程造价管理机构发布的工程造价信息中的材料单价计算，工程造价信息未发布材料单价的材料，其价格应按市场调查确定的单价计算。

4）总承包服务费。总承包服务费应按省级或行业建设主管部门的规定计算，在计算时可参考以下标准：①招标人仅要求对分包的专业工程进行总承包管理和协调时，按分包的专业工程估算造价的1.5%计算；②招标人要求对分包的专业工程进行总承包管理和协调，并同时要求提供配合服务时，根据招标文件中列出的配合服务内容和提出的要求，按分包的专业工程估算造价的3%～5%计算；③招标人自行供应材料的，按招标人供应材料价值的1%计算。

（4）规费和税金的编制要求　规费和税金必须按照国家或省级、行业建设主管部门的规定计算。

5. 招标控制价编制的相关规定

1）国有资金投资的工程建设项目应实行工程量清单招标，招标人应编制招标控制价，并应当拒绝高于招标控制价的投标报价，即投标人的投标报价若超过公布的招标控制价，则其投标作为废标处理。

2）招标控制价应由具有编制能力的招标人或受其委托、具有相应资质的工程造价咨询人员编制。

3）招标控制价超过批准的概算时，招标人应将其报原概算审批部门审核。这是由于我国对国有资金投资项目的投资控制实行的是设计概算审批制度，国有资金投资的工程原则上不能超过批准的设计概算。

4）招标控制价应在招标文件中公布，对所编制的招标控制价不得进行上浮或下调。在公布招标控制价时，应公布招标控制价各组成部分的详细内容，不得只公布招标控制价总价。

5）招标人应将招标控制价及有关资料报送工程所在地工程造价管理机构备查。

6. 招标控制价的应用

招标控制价最基本的应用形式，是招标控制价与各投标单位投标价格的对比。对比分为工程项目总价对比、单项工程总价对比、单位工程总价对比、分部分项工程综合单价对比、措施项目列项与计价对比、其他项目列项与计价对比。

在《计价规范》下的工程量清单报价，为招标控制价在商务标测评中建立了一个基准的平台，即**招标控制价的计价基础与各投标人报价的计价基础完全一致，方便了招标控制价与投标报价的对比**。

（1）工程项目总价对比　对各投标人工程项目总报价与招标控制价进行对比，如果投标人的最终投标报价高于招标控制价，则在初步评审阶段就直接视为废标。**招标控制价可作为判断投标价是否明显高于最高限价或低于成本价的参考依据**。

（2）单项工程总价对比　因为各个单项工程在工程项目内的重要程度不同，业主若要了解各投标人单项工程的报价水平，就要进行单项工程总价对比。以招标控制价为基准，判别各投标人对不同单项工程的投入，用以检验投标人资源配置的合理性。

（3）单位工程总价对比　单位工程总价是按专业划分的最小单位的完全工程造价。对比招标控制价，可得知投标人拟按专业划分的资源配置状况，用以检验其合理性。

（4）分部分项工程综合单价对比　分部分项工程综合单价，是工程量清单报价的基础数据。在以上总价对比、分析的基础上，对照招标控制价的分部分项工程综合单价，查阅偏离招标控制价的分部分项工程综合单价分析表，可以了解到投标人是否正确理解了工程量清单的工程特征及综合工程内容，是否按工程量清单的工程特征和综合工程内容进行了正确的计价，以及投标价偏离招标控制价的原因，以此判断投标价的正确与错误。

（5）措施项目列项与计价对比　以招标控制价为基准，对比分析投标人的措施项目列项与计价，不仅可以了解到工程报价的高低，以及报价高低的原因，还可以了解到投标单位的工作作风、施工习惯，乃至企业的整体素质，有助于招标人合理地确定中标单位。

措施项目在招标测评中，不能以项目多少、价格高低论优劣。在总报价合理的前提下，施工措施项目计价合理、内容齐全，是实现工程总体目标的有力保证。

（6）其他项目列项与计价对比　其他项目分招标人和投标人两部分内容。仅就投标人部分与招标控制价对比，用以判别项目列项的合理性及报价水平。

【例4-1】　某地方政府拟投资一建设项目，法人单位委托招标代理机构采用公开招标方式代理招标，并委托有资质的工程造价咨询企业编制了招标控制价。招投标过程中发生了如下事件：

事件一：招标代理机构设定招标文件出售的起止时间为2个工作日，并要求投标保证金100万元。

事件二：开标后，招标代理机构组建了评标委员会，由技术专家2人，经济专家3人，招标人代表1人，该项目主管部门主要负责人2人组成。

事件三：招标人向中标人发出中标通知书后，向其提出降价要求，双方经多次谈判，签订了书面合同，合同价比中标价降低3%；招标人在与中标人签订合同后的5个工作日内，退还了未中标的其他投标人的投标保证金。

请问：（1）事件一中招标代理机构的行为有什么不妥之处？说明理由。

（2）事件二中招标代理机构的行为有什么不妥之处？说明理由。

（3）事件三中招标人的行为有什么不妥之处？说明理由。

【解】　（1）事件一中存在的不妥之处及其理由：

1）“招标文件出售的起止时间为2个工作日”不妥，因为招标文件自出售之日起至停止出售之日不得少于5天。

2）“要求投标保证金为100万元”不妥，因为投标保证金不得超过投标总价的2%，但最高不得超过80万元人民币。

（2）事件二中存在的不妥之处及其理由：

1）“开标后组建评标委员会”不妥，因为评标委员会应于开标前组建。

2）“招标代理机构组建了评标委员会”不妥，因为评标委员会应由招标人负责组建。

3）“该项目主管部门主要负责人2人”不妥，因为项目主管部门的人员不得担任评委。

（3）事件三中存在的不妥之处及其理由：

1）“向其提出降价要求”不妥，因为确定中标人后，不得就报价、工期等实质性内容进行变更。

2）“双方经多次谈判，签订了书面合同，合同价比中标价降低3%”不妥，因为中标通知书发出后的30日内，招标人与中标人依据招标文件和中标人的投标文件签订合同，不得再行订立背离合同实质内容的其他协议。

4.3 投标策略与投标报价的编制

4.3.1 投标文件的内容

《招标投标法》规定，投标人应当按照招标文件的要求编制投标文件。投标文件应当对招标文件提出的实质性要求和条件做出响应。招标项目属于建设施工项目的，投标文件的内容应当包括拟派出的项目负责人与主要技术人员的简历、业绩，以及拟用于完成招标项目的机械设备等。

投标文件应包括下列内容：

1）投标函及投标函附录。

2）法定代表人身份证明或附有法定代表人身份证明的授权委托书。

3）联合体协议书。

4）投标保证金。

5）已标价工程量清单。

6）施工组织设计。

7）项目管理机构。

8）拟分包项目情况表。

9）资格审查资料。

10）投标人须知前附表规定的其他材料。但是，投标人须知前附表规定不接受联合体投标的，或投标人没有组成联合体的，投标文件不包括联合体协议书。

《建筑工程施工发包与承包计价管理办法》中规定，**投标报价不得低于工程成本，不得高于最高投标限价**。投标报价应当依据工程量清单、工程计价有关规定、企业定额和市场价格信息等编制。

4.3.2 投标策略与报价技巧

1. 投标策略

投标策略是投标人经营决策的组成部分，指导投标全过程。影响投标报价策略的因素十分复杂，加之投标报价策略与投标人的经济效益紧密相关，所以必须做到及时、迅速、果断。投标时，根据经营状况和经营目标，既要考虑自身的优势和劣势，也要考虑竞争的激烈程度，还要分析投标项目的整体特点，按照工程的类别、特点、施工条件等确定投标策略。投标报价策略从投标的全过程分析主要表现在以下三个方面：

（1）生存型策略　投标报价以克服生存危机为目标而争取中标，可以不考虑各种影响因素。由于当今社会、经济环境的变化和投标人自身经营管理不善，都可能造成投标人的生存危机。投标人处在以下几种情况下，应采取生存型报价策略：

1）企业经营状况不景气，投标项目减少。

2）政府调整基建投资方向，使某些投标人擅长的工程项目减少，这种危机常常是危害到营业范围单一的专业工程投标人。

3）如果投标人经营管理不善，会存在投标邀请越来越少的危机。这时投标人应以生存为重，采取不盈利甚至赔本也要参与投标的态度，只要能暂时维持生存渡过难关，就会有东山再起的希望。

（2）竞争型策略　投标报价以竞争为手段，以开拓市场、低盈利为目标，在精确计算成本的基础上，充分估计各竞争对手的报价目标，以有竞争力的报价达到中标的目的。投标人处在以下几种情况下，应采取竞争型报价策略：

1）经营状况不景气，近期接收到的投标邀请较少。

2）竞争对手有威胁性，试图打入新的地区，开拓新的工程施工类型。

3）投标项目风险小，施工工艺简单、工程量大、社会效益好的项目。

4）附近有本企业其他正在施工的项目。

这种策略是大多数企业采用的，也叫保本低利策略。

（3）盈利型策略　这种策略是投标报价充分发挥自身优势，以实现最佳盈利为目标，对效益较小的项目热情不高，对盈利大的项目充满自信。下面几种情况可以采用盈利型报价策略：如投标人在该地区已经打开局面、施工能力饱和、信誉度高、竞争对手少、具有技术优势并对招标人有较强的名牌效应、投标人目标主要是扩大影响，或者施工条件差、难度高、资金支付条件不好、工期质量等要求苛刻，为联合伙伴陪标的项目等。

按一定的策略得到初步报价后，应当对这个报价进行多方面分析。分析的目的是探讨这个报价的合理性、竞争性、盈利性及风险性。一般来说，投标人对投标报价的计算方法大同小异，造价工程师的基础价格资料也是相似的。因此，从理论上分析，各投标人的投标报价与招标人的招标控制价都应当相差不远。为什么在实际投标中却出现许多差异呢？除了那些明显的计算失误，误解招标文件内容，有意放弃竞争而报高价者外，出现投标报价差异的主要原因大致是：

（1）追求利润的高低不一　有的投标人急于中标以维持生存局面，不得不降低利润率，甚至不计取利润；也有的投标人机遇较好，并不急切求得中标，从而追求较高的利润。

（2）各自拥有不同的优势　有的投标人拥有闲置的机具和材料；有的投标人拥有雄厚的资金；有的投标人拥有众多的优秀管理人才等。

（3）投标选择的施工方案不同　对于大中型项目和一些特殊的工程项目，施工方案的选择对成本影响较大。科学合理的施工方案，包括工程进度的合理安排、机械化程度的正确选择、工程管理的优化等，都可以明显降低施工成本，因而降低报价。

（4）管理费用的差别　集团企业和中小企业、老企业和新企业、项目所在地企业和外地企业之间的管理费用的差别是比较大的。在清单计价模式下显示投标人个别成本，这种差别显得更加明显。

这些差异正是实行工程量清单计价后体现低报价原因的重要因素，但在工程量清单计价下的低价必须讲求“合理”二字，并不是越低越好，不能低于投标人的个别成本，不能由于低价中标而造成亏损。投标人必须在保证质量、工期的前提下，保证预期的利润及考虑一定风险的基础上确定最低成本价。低价虽然重要，但不是报价的唯一因素。除了低报价之外，投标人可以采取策略或投标技巧战胜对手。通过提出能够让招标人降低投资的合理化建议或对招标人有利的一些优惠条件等，都可以弥补报高价的不足。

2. 报价技巧

报价技巧也称投标技巧，是指在投标报价中采用一定的手法或技巧使招标人可以接受，而中标后又能获得更多的利润。

报价方法是依据投标策略选择的，一个成功的投标策略必须运用与之相适应的报价方法才能取得理想的效果。投标策略对投标报价起指导作用，投标报价是投标策略的具体体现。按照确定的投标策略，恰当地运用投标报价技巧编制报价，是实现投标策略的目标并获得成功的关键。常用的工程投标报价技巧主要有：

（1）灵活报价法　**灵活报价法**是指根据招标工程的不同特点采用不同报价。投标报价时，既要考虑自身的优势和劣势，也要分析招标项目的特点，按照工程的不同特点、类别、施工条件等来选择报价策略。

（2）不平衡报价法　**不平衡报价法**也叫前重后轻法，是指一个工程总报价基本确定后，通过调整内部各个项目的报价，达到在不提高总报价的同时，又能在结算时得到更理想的经济效益的目标。常见的不平衡报价法见表4-1。

表4-1　常见的不平衡报价法

序　号	信息类型	变动趋势	不平衡结果
1	资金收入的时间	早	单价高
		晚	单价低
2	清单工程量不准确	增加	单价高
		减少	单价低
3	报价图样不明确	增加工程量	单价高
		减少工程量	单价低
4	暂定项目	肯定要施工的	单价高
		不一定要施工的	单价低
5	单价和包干混合制的项目	固定包干价格项目	价格高
		单价项目	单价低
6	单价组成分析表	人工费和机械费	单价高
		材料费	单价低
7	议标时业主要求压低单价	工程量大的项目	单价小幅度降低
		工程量小的项目	单价大幅度降低
8	报单价的项目	没有工程量	单价高
		有假定的工程量	单价适中

(3) 零星用工单价的报价　如果零星用工单价计入总报价，则需具体分析是否报高价，以免抬高总报价。总之，要分析业主在开工后可能使用的零星用工数量，再来确定报价方针。

(4) 可供选择的项目的报价　有些工程的分项工程，业主可能要求按某一方案报价，而后再提供几种可供选择方案的比较报价。投标时，对于将来有可能被选择使用的方案应适当提高其报价；对于难以选择的方案可将价格有意抬高得更多一些，以阻挠业主选用。但是，所谓“可供选择项目”并非由承包商任意选择，而是业主才有权进行选择。因此，我们虽然适当提高了可供选择项目的报价，并不意味着肯定可以取得较好的利润，只是提供了一种可能性，一旦业主今后选用，承包商即可得到额外加价的利益。

(5) 暂定工程量的报价　暂定工程量有以下三种：

1）业主规定了暂定工程量的分项内容和暂定总价款，并规定所有投标人都必须在总报价中加入这笔固定金额，但由于分项工程量不很准确，允许将来按投标人所报单价和实际完成的工程量付款。

2）业主列出了暂定工程量的项目和数量，但并没有限制这些工程量的估价总价款，要求投标人不仅列出单价，也应按暂定项目的数量计算总价，当将来结算付款时可按实际完成的工程量和所报单价支付。

3）只有暂定工程的一笔固定总金额，将来这笔金额做什么用，由业主确定。

第一种情况，由于暂定总价款是固定的，对各投标人的总报价水平竞争力没有任何影响，因此，投标时应当对暂定工程量的单价适当提高。

第二种情况，投标人必须慎重考虑。如果单价定得高了，同其他工程量计价一样，将会增大总报价，影响投标报价的竞争力；如果单价定得低了，将来这类工程量增大，将会影响收益。一般来说，这类工程量可以采用正常价格。

第三种情况，对投标竞争没有实际意义，只要按招标文件要求将规定的暂定款列入总报价即可。

(6) 多方案报价法　对于一些招标文件，如果发现工程范围不很明确，条款不清楚或很不公正，又或技术规范要求过于苛刻，则要在充分估计投标风险的基础上，按多方案报价法处理。即按原招标文件报一个价，然后再提出，如某条款做某些变动，报价可降低多少，由此可报出一个较低的价。这样可以降低总价，吸引业主。

(7) 增加建议方案　有时招标文件中规定，可以提一个建议方案，即可以修改原设计方案，提出投标人的方案。投标人这时应抓住机会，组织一批有经验的设计和施工工程师，对原招标文件的设计和施工方案仔细研究，提出更为合理的方案以吸引业主，促成自己的方案中标。这种新建议方案可以降低总造价或缩短工期，或者使工程运用更为合理。但要注意对原招标方案也要报价。建议方案不要写得太具体，要保留方案的技术关键，防止业主将此方案交给其他承包商。同时，建议方案一定要比较成熟，有很好的操作性。

(8) 分包商报价的采用　由于现代工程的综合性和复杂性，总承包商不可能将全部工程内容完全独家包揽，特别是有些专业性较强的工程内容，需分包给其他专业工程公司施工。对于分包的工程，总承包商通常应在投标前先取得分包商的报价，并增加一定的管理费，而后作为自己投标总价的一个组成部分，并列入报价单中。在对分包商的询价中，总承包商一般在投标前寻找2~3家分包商分别报价，而后选择其中一家信誉较好、实力较强和报价合理的分包商签订协议，同意该分包商作为本分包工程的唯一合作者，并将分包商的姓名列到投标文件中，但要求该分包商相应地提交投标保函。这种把分包商的利益同投标人捆在一起的做法，不但可以防止分包商事后反悔和涨价，还可能迫使分包时报出较合理的价格，以便共同争取得标。

(9) 无利润算标　缺乏竞争优势的承包商，在不得已的情况下，只好在算标中根本不考虑利润去夺标。这种办法一般是处于以下情况时采用：

1) 有可能在得标后，将大部分工程分包给索价较低的一些分包商。

2) 对于分期建设的项目，先以低价获得首期工程，而后赢得机会创造第二期工程中的竞争优势，并在以后的实施中赚得利润。

3) 较长时期内，承包商没有在建的工程项目，如果再不得标，就难以维持生存。因此，虽然本工程无利可图，只要能有一定的管理费维持公司的日常运转，就可设法渡过暂时的困难。

(10) 联合体报价　联合体报价比较常用，即两三家公司，其主营业务类似或相近，单独投标会出现经验、业绩不足或工作负荷过大而造成高报价，失去竞争优势。而以捆绑形式联合投标，可以做到优势互补、规避劣势、利益共享、风险共担，相对提高了竞争力和中标概率。这种方式目前在国内许多大项目中使用。

(11) 许诺优惠条件　投标报价附带优惠条件是行之有效的一种手段。招标者评标时，除主要考虑报价和技术方案外，还要分析别的条件，如工期、支付条件等。所以在投标时可主动提出垫资、提前竣工、低息贷款、赠给施工设备、免费转让新技术或某种技术专利、免费技术协作，代为培训人员等优惠条件。

(12) 突然降价法　投标报价是一件保密的工作，但是对手往往通过各种渠道、手段来刺探情况，因此在报价时可以采取迷惑对手的方法，即先按一般情况报价或表现出自己对该工程兴趣不大，投标截止时间快到时，再突然降价。

【例4-2】 某承包商参与某高层商用办公楼土建工程的招标。为了既不影响中标，又能在中标后取得较好的收益，决定对报价进行调整，现假设各分部工程每月完成的工作量相同且能按月度及时收到工程款（不考虑工程款结算所需要的时间），具体见表4-2。

表4-2　报价调整前后和工程工期情况表

报价工期 / 分部工程	桩基维护工程	主体结构工程	装饰工程	总　价
调整前（投标估价）/万元	1 500	7 000	8 000	16 500
调整后（正式报价）/万元	1 650	7 500	7 350	16 500
工期/月	5	10	8	

现假设桩基维护工程、主体结构工程、装饰工程的工期分别为5个月、10个月、8个月，贷款月利率为1%，并假设各分部工程每月完成的工程量相同且能按月度及时收到工程款（不考虑工程款结算所需要的时间），现值系数见表4-3。

表4-3　现值系数

n/月	5	8	10	15
$(P/A,1\%,n)$	4.853 4	7.651 7	9.471 3	13.865 1
$(P/F,1\%,n)$	0.951 5	0.923 5	0.905 3	0.861 3

请问：(1) 该承包商所运用的不平衡报价法是否恰当？为什么？

(2) 采用不平衡报价法后，该承包商所得的工程款的现值比原估价增加了多少（以开工日期为折现点）？

【解】 (1) 恰当。

调整前报价：

$$\frac{1\ 500\ 万元}{5}\times(P/A,1\%,5)+\frac{7\ 000\ 万元}{10}\times(P/A,1\%,10)\times(P/F,1\%,5)+\frac{8\ 000\ 万元}{8}\times(P/A,1\%,8)\times(P/F,1\%,15)$$

$$=(300\times4.853\ 4+700\times9.471\ 3\times0.951\ 5+1\ 000\times7.651\ 7\times0.861\ 3)万元$$

$$=14\ 354.79\ 万元$$

调整后报价：

$$\frac{1\ 650\ 万元}{5}\times(P/A,1\%,5)+\frac{7\ 500\ 万元}{10}\times(P/A,1\%,10)\times(P/F,1\%,5)+\frac{7\ 350\ 万元}{8}(P/A,1\%,8)\times(P/F,1\%,15)$$

$$=(330\times4.853\ 4+750\times9.471\ 3\times0.951\ 5+918.75\times7.651\ 7\times0.861\ 3)万元$$

$$=14\ 415.52\ 万元$$

因为：调整后报价>调整前报价，所以该承包商采用的不平衡报价恰当。

(2) 调整后报价—调整前报价 = 14 415.52 万元 − 14 354.79 万元 = 60.73 万元

该承包商所得工程款的现值比原估价增加了60.73万元。

4.3.3 投标报价的编制

1. 投标报价的概念

投标报价是投标人（或投标单位）根据招标文件及有关的计算工程造价的依据，计算出投标价，并在此基础上采取一定的投标策略，为争取到投标项目提出的有竞争力的报价。这项工作对投标单位投标的成败和将来实施工程的盈亏起着决定性作用。

2. 投标报价的编制依据

1）《计价规范》。

2）国家或省级、行业建设主管部门颁发的计价办法。

3）企业定额，国家或省级、行业建设主管部门颁发的计价定额。

4）招标文件、工程量清单及其补充通知、答疑纪要。

5）建设工程设计文件及相关资料。

6）施工现场情况、工程特点及拟定的投标施工组织设计或施工方案。

7）与建设项目有关的标准、规范等技术资料。

8）市场价格信息或工程造价管理机构发布的工程造价信息。

9）其他相关资料。

3. 投标报价的编制方法

根据招标人在招标文件中的规定，选择采用定额计价或者清单计价的计价方式。其编制方法如下：

(1) **以定额计价模式编制投标报价**　一般是采用预算定额来编制，即按照定额规定的分部分项工程子项逐项计算工程量，套用定额基价或根据市场价格确定直接费，然后再按规定的费用定额计取各项费用，最后汇总形成投标价。

（2）**以工程量清单计价模式编制投标报价** 一般是由招标人编制出工程量清单并作为招标文件的组成部分，供投标人逐项填报单价，计算出总价，作为投标报价。然后通过评标竞争，最终确定合同价。投标人所报单价应完全依据企业技术、管理水平等企业实力而定，以满足市场竞争的需要。

采用工程量清单计算投标报价时，投标人填入工程量清单中的单价是综合单价，应包括人工费、材料费、施工机具使用费、管理费和利润，并考虑风险因素。将工程量与该单价相乘得出合价，再加上措施项目费、其他项目费和规费、税金，全部汇总即得出投标总报价。

4. 投标报价的编制内容

（1）分部分项工程量清单与计价表的编制 承包人投标价中的分部分项工程费应按招标文件中分部分项工程量清单项目的特征描述，确定综合单价计算。因此确定综合单价是分部分项工程工程量清单与计价表编制过程中最主要的内容。分部分项工程量清单综合单价，包括完成单位分部分项工程所需的工程费、材料费、施工机具使用费、管理费和利润，并考虑风险费用的分摊。确定分部分项工程综合单价时应注意以下几点：

1）以项目特征描述为依据。项目特征是确定综合单价的重要依据之一，投标人投标报价时应依据招标文件中分部分项工程量清单项目的特征描述确定清单项目的综合单价。在招投标过程中，当出现招标文件中分部分项工程量清单特征描述与设计图样不符时，投标人应以分部分项工程量清单的项目特征描述为准，确定投标报价的综合单价。当施工中施工图或设计变更与工程量清单项目特征描述不一致时，发承包双方应按实际施工的项目特征，依据合同约定重新确定综合单价。

2）材料、工程设备暂估价的处理。设计文件中在其他项目清单中提供了暂估单价的材料和工程设备，应按其暂估的单价计入分部分项工程量清单项目的综合单价中。

3）考虑合理的风险。招标文件中要求投标人承担的风险费用，投标人应考虑计入综合单价。在施工过程中，当出现的风险内容及其范围（幅度）在招标文件规定的范围（幅度）内时，综合单价不得变动，合同价款不做调整。

根据国际惯例并结合我国工程建设的特点，发承包双方对工程施工阶段的风险宜采用如下分摊原则：①对于主要由市场价格波动导致的价格风险，如工程造价中的建筑材料、燃料等价格风险，发承包双方应当在招标文件中或在合同中对此类风险的范围和幅度予以明确约定，进行合理分摊。根据工程特点和工期要求，一般采取的方式是承包人承担5%以内的材料、工程设备价格风险，10%以内的施工机具使用费风险；②对于法律、法规、规章或有关政策出台导致工程税金、规费、人工费发生变化，并由省级、行业建设行政主管部门或其授权的工程造价管理机构根据上述变化发布的政策性调整，承包人不应承担此类风险，应按照有关调整规定执行；③对于承包人根据自身技术水平、管理、经营状况能够自主控制的风险，如承包人的管理费、利润的风险，承包人应综合市场情况，根据企业自身的实际合理确定、自主报价，该部分风险由承包人全部承担。

（2）措施项目清单与计价表的编制 对于不能精确计量的措施项目，应编制总价措施项目清单与计价表。投标人对措施项目中的总价项目投标报价应遵循以下原则：

1）投标人可根据实际情况结合施工组织设计，自主确定措施项目费。

2）可计算工程量适宜采用清单方式的应采用综合单价计价，其余可以以“项”为计价单位，应包括除规费、税金以外的全部费用。

3）安全文明施工费应按国家或省级、行业建设主管部门的规定计价，不得作为竞争性费用。

（3）规费和税金项目清单与计价表的编制 规费和税金应按国家或省级、行业建设主管部门的规定计算，不得作为竞争性费用。

（4）其他项目清单与计价表的编制 在编制其他项目清单与计价表时，应注意以下几个问题：

1）暂列金额应按清单列出金额填写，不得变动。

2）暂估价不得变动和改动。

3）计日工按清单列项和数量，自主确定综合单价。

4）总承包服务费应根据招标人列出的内容和要求自主确定。

（5）投标价的汇总 投标人的投标总价应当与组成工程量清单的分部分项工程费、措施项目费、其他项目费、规费和税金的合计金额一致，即投标人在进行工程量清单招标的投标报价时，不能进行投标总价优惠（或降价、让利），投标人对投标报价的任何优惠（或降价、让利）均应反映在相应清单项目的综合单价中。

4.4 施工发承包价格及合同类型的选择

4.4.1 工程合同价款的概念和确定

1. 工程合同价款、发承包价格及合同的概念

工程合同价款是指发包人和承包人在协议中约定，发包人用以支付承包人按照合同约定完成承包范围内全部工程并承担质量保修责任的价款，是工程合同中双方当事人最关心的核心条款，由发包人、承包人依据中标通知书中的中标价格在协议书内约定。

建设工程施工发承包价格是指发包人和承包人关于工程施工签订的合同价格，是工程造价价值的一种表现形式。

建设工程施工合同是指发包人和承包人为完成商定的工程任务，明确相互权利、义务、关系的协议。

为了规范建设工程施工发包与承包计价行为，维护发包与承包双方的合法权益，保证招投标工作正常进行，住建部发布了《建筑工程施工发包与承包计价管理办法》，对施工图预算、招标控制价、投标报价、工程款结算和签订合同价等活动制定了相应的管理规定。

1）施工图预算、招标控制价和投标报价可按定额计价法或者工程量清单计价法计价。

2）工程款结算，可以按照合同约定定期结算，或者按照工程形象进度分段进行结算。

2. 工程合同价款的确定

合同价可以采用三种方法确定：固定合同价、可调合同价、成本加酬金合同价。

（1）固定合同价 **固定合同价**是指合同总价或者单价在合同约定的风险范围内不可调整的工程价格。固定合同价可分为固定总价和固定单价两种。

1）固定总价。它是指承包整个工程的合同价款总额已经确定，在工程实施中不再因物价上涨而变化。所以，固定总价应考虑价格风险因素，在合同中明确规定合同总价包括的范围。

2）固定单价。它是指合同中确定的各项单价在工程实施期间不因价格变化而调整，而在每月（或每阶段）工程结算时，根据实际完成的工程量结算，在工程全部完成时以竣工图的工程量最终结算工程总价款。

（2）可调合同价　**可调合同价**是指合同总价或者单价在合同实施期间内，可根据合同约定办法进行调整。可调合同价也可分为可调总价和可调单价两种。

1）可调总价。合同中确定的总价在实施期间可随价格变化而调整。发包人和承包人在商订合同时，以招标文件的要求及当时的物价计算出合同总价。如果在执行合同期间，由于通货膨胀引起成本增加达到某一限度，则合同总价做相应调整。可调合同价使发包人承担了通货膨胀的风险，承包人则承担其他风险。一般适合于工期较长（如 1 年以上）的项目。

2）可调单价。合同单价可调，一般是在工程招标文件中规定。在合同中签订的单价，根据合同约定的条款，如在工程实施过程中物价发生变化等，可做调整。有的工程在招标或签约时，因某些不确定性因素而在合同中暂定某些分部分项工程的单价，在工程结算时，再根据实际情况和合同约定对合同单价进行调整，确定实际结算单价。

（3）成本加酬金合同价　**成本加酬金合同价**是指工程成本按先行计价依据以合同约定的办法计算，酬金按工程成本乘以通过竞争确定的费率计算，从而确定工程价格。

1）成本加固定百分比酬金价格。该方法的计算公式如下：

$$C = C_d(1 + P) \tag{4-1}$$

式中　C——工程总价格；

C_d——实际发生的成本；

P——固定的百分比数。

这种办法不能鼓励承包人降低成本，对发包人不利，故很少采用。

2）成本加固定酬金价格。该方法的计算公式如下：

$$C = C_d + F \tag{4-2}$$

式中　F——固定酬金。

即工程成本实报实销，但酬金事先商定一个固定数目。这种计价方式也不能鼓励承包人降低成本，但承包人为了尽快取得酬金，将会关心缩短工期。为了鼓励承包人，有的发包人在固定酬金之外，再根据工程质量、工期和降低成本情况另加奖金，以鼓励承包人节约资金、降低造价。

3）成本加浮动酬金价格。这种承包方式要事先商定工程成本和酬金的预期水平。如果实际成本恰好等于目标成本，工程造价就是成本加固定酬金；如果实际成本低于目标成本，则增加酬金；如果实际成本高于目标成本，则减少酬金。这三种情况可用下式计算：

$$C_d = C_0 \text{ 时，} C = C_d + F \tag{4-3}$$

$$C_d < C_0 \text{ 时，} C = C_d + F + \Delta F_1 \tag{4-4}$$

$$C_d > C_0 \text{ 时，} C = C_d + F - \Delta F_2 \tag{4-5}$$

式中　C_0——目标成本；

ΔF_1、ΔF_2——酬金增加部分。

采用这种方式通常还要规定，当实际水平超支而减少酬金时，以原定的固定数额为减少的最高限额，即承包人得不到任何酬金，但不必承担赔偿超支的责任。

4）最高限额加最大酬金价格。采用这种价格，首先要确定最高限额成本、报价成本和最低成本。当实际成本没有超过最低成本时，承包人花费的成本费用、应得的酬金都可以得到发包人的支付，并与发包人分享节约额；如果实际成本在最低成本和报价成本之间，则承包人只可得到成本和酬金的支付；如果实际成本在报价成本和最高成本之间，则只有全部成本可以得到支付；如果实际成本超过最高限额成本，则超过部分，发包人不予支付。这种价格有利于控制工程造价，并能鼓励承包人最大限度地降低工程成本。

4.4.2　合同类型的选择

1. 施工合同的类型及其适用范围

施工合同可以分为多种形式，但根据合同计价方式的不同，可以划分为三种类型，即总价合同、单价合同和成本加酬金合同。

（1）总价合同　**总价合同**是指在合同中确定一个完成项目的总价，承包人据此完成项目全部内容的合同。总价合同可分为固定总价合同和可调总价合同。

1）固定总价合同。合同双方以招标时的图样和工程量等说明为依据，承包商按投标时发包人接受的合同价格承包实施。合同履行过程中，如果发包人没有要求变更原定的承包内容，承包商完成承包工作内容后，不论承包商的实际施工成本是多少，均应按合同价获得支付工程款。

对于这种合同，承包商要考虑承包合同履行过程中的各种风险，因此投标报价较高。固定总价合同的适用条件一般为：①招标时的设计深度已达到施工图阶段。合同履行过程中不会出现较大的设计变更，以及承包商依据的报价工程量与实际完成的工程量不会有较大差异。②工程规模较小，技术不太复杂的中小型工程或承包工作内容较为简单的工程部分。这样，可以让承包商在报价时合理地预见到实施过程中可能遇到的各种风险。③合同期较短。一般为一年之内的承包合同，双方可以不考虑市场价格浮动可能对承包价格的影响。

2）可调总价合同。这种合同与固定总价合同基本相同，但合同期较长（1年以上），只能在固定总价合同的基础上，增加合同履行过程中因市场价格浮动对承包价格调整的条款。由于合同期较长，不可能让承包商在投标报价时合理地预见一年后市场价格的浮动影响，因此，应在合同内明确约定合同价款的调整原则、方法和依据。

（2）单价合同　**单价合同**是指承包人按工程量清单内分部分项工作内容填报单价，以实际完成工程量乘以所报单价结算价款的合同。单价合同又可分为固定单价合同和可调单价合同。固定单价合同和可调单价合同的区别主要在于风险的分配不同。固定单价合同，承包人承担的风险较大，不仅包括市场价格的风险，而且包括工程量偏差情况下对施工成本影响的风险。可调单价合同，承包人仅承担一定范围内的市场价格风险和工程量偏差对施工成本影响的风险；超出上述范围的，按照合同约定进行调整。单价合同的执行原则是工程量清单分项开列的工程量，在合同实施中允许有上下浮动变化，但该项工作内容的单价不变，结算支付时以实际完成工程量为依据。因此，按投标书报价单中的预计工程量乘以所报单价计算的合同价格，并不一定就是承包商完成合同中规定的任务后所获款项，可能比它多，也可能比它少。

单价合同大多用于工期长、技术复杂、实施过程中发生各种不可预见因素较多的大型复杂工程的土建施工，以及业主为了缩短项目建设周期，初步设计完成后就进行施工招标的工程。单价合同的工程量清单内所开列的工程量为估计工程量，而非准确工程量。

(3) 成本加酬金合同 **成本加酬金合同**是由业主向承包单位支付工程项目的实际成本，并按事先约定的某一种方式支付酬金的合同类型。在这类合同中，业主需承担项目实际发生的一切费用，因此也就承担了项目的全部风险。而承包单位由于无风险，其报酬往往也较低。

这类合同的缺点是业主对工程总造价不易控制，承包商也往往不注意降低项目成本。

这类合同主要适用于以下项目：

1）需要立即开展工作的项目，如地震后的救灾工作。

2）新型的工程项目，或对项目工程内容及技术经济指标未确定。

3）风险很大的项目。

我国《建设工程施工合同（示范文本）》（GF—2013—0201）在确定合同计价方式时，考虑到我国的具体情况和工程计价的有关管理规定，确定有固定价格合同、可调价格合同和成本加酬金合同。但是，从我国工程造价的改革趋势来看，单价合同将不断增加。

不同计价方式合同形式的比较见表4-4。

表4-4 不同计价方式合同形式的比较

合同类型	总价合同	单价合同	成本加酬金合同			
			百分比酬金	固定酬金	浮动酬金	目标成本加奖罚
应用范围	广泛	广泛	有局限性			酌情
业主投资控制	易	较易	较难	难	不易	有可能
承包商风险	风险大	风险小	/	基本无风险	风险不大	有风险
计价方法	定额计价法	清单计价法	以成本核算为基础			

2. 选择施工合同类型时应考虑的因素

采用哪一种形式的合同，是由业主根据项目特点、技术经济指标研究的深度以及确保工程成本、工期和质量要求等因素综合考虑后决定的。选择合同形式时所要考虑的因素包括项目规模和工期长短、项目的竞争情况、项目的复杂程度、项目施工技术的难度、项目进度要求的紧迫程度等。

一个工程项目究竟采用哪种合同形式不是固定不变的。有时候，一个项目各个不同的工程部分或不同阶段，可采用不同形式的合同。制定合同的分标或分包规划时，必须依据实际情况权衡各种利弊，进而做出最佳决策。

案例分析

背景资料：

某公司（招标人）拟建一高新技术产业楼，由于受自然地域环境限制，现邀请甲、乙、丙三家符合条件的投标人参加该项目的投标。招标文件中规定：评标时遵循最低综合报价（相当于经评审的最低投标价）中标的原则，但最低投标价低于次低投标价10%的报价将不予考虑。工期不得长于18个月，若投标人自报工期少于18个月，在评标时将考虑其给招标人带来的收益，折算成综合报价后进行评标。若实际工期短于自报工期，每提前1天奖励1万元；若实际工期超过自报工期，则每拖延1天应支付逾期违约金2万元。

甲、乙、丙三家投标人投标书中与报价和工期有关的数据如表4-5所示。

表4-5　各投标人的报价与工期

投标人	基础工程		上部结构工程		安装工程		安装工程与上部结构工程搭接时间/月
	报价/万元	工期/月	报价/万元	工期/月	报价/万元	工期/月	
甲	400	5	1 050	10	970	5	2
乙	420	3	1 090	9	950	6	2
丙	410	3	1 100	10	1 000	5	3

假定贷款月利率为1%，各分部工程每月完成的工作量相同，在评标时考虑工期提前给招标人带来的收益为每月40万元。

试问：

1. 我国《招标投标法》对中标人的投标应当符合的条件是如何规定的？

2. 若不考虑资金的时间价值，应选择哪家投标人作为中标人？如果该中标人与招标人签订合同，则合同价为多少？

分析：

本案例考核我国《招标投标法》关于中标人投标应当符合的条件的规定以及最低投标价格中标原则的具体运用。本案例并未直接采用最低投标价格中标原则，而是将工期提前给招标人带来的收益折算成综合报价，以综合报价最低者中标，另外，各投标人自报工期的计算，应扣除安装工程与上部结构工程的搭接时间。

解答：

1. 我国《招标投标法》第四十一条规定，中标人的投标应当符合下列条件之一：

（1）能够最大限度地满足招标文件中规定的各项综合评价标准。

（2）能够满足招标文件的实质性要求，并且经评审的投标价格最低，但是投标价格低于成本的除外。

2. （1）计算各投标人的综合报价（即经评审的投标价）

1）投标人甲的总报价 = (400 + 1 050 + 970) 万元 = 2 420 万元

总工期 = (5 + 10 + 5 − 2) 月 = 18 月

相应的综合报价 = 2 420 万元

2）投标人乙的总报价 = (420 + 1 090 + 950) 万元 = 2 460 万元

总工期 = (3 + 9 + 6 − 2) 月 = 16 月

相应的综合报价 = 2 460 万元 − 40 万元/月 × (18 − 16) 月 = 2 380 万元

3）投标人丙的总报价 = (410 + 1 100 + 1 000) 万元 = 2 510 万元

总工期 = (3 + 10 + 5 − 3) 月 = 15 月

相应的综合报价 = 2 510 万元 − 40 万元/月 × (18 − 15) 月 = 2 390 万元

因为 2 380 万元 < 2 390 万元 < 2 420 万元，所以应选择投标人乙作为中标人。

（2）合同价 = (420 + 1 090 + 950) 万元 = 2 460 万元

本章小结及关键概念

• **本章小结**：建设项目招投标是工程造价人员的一项重要的工作，也是造价管理的重要环节。建设项目招投标阶段工程造价管理与控制的内容主要包括：①发包人选择合理的招投标方式；②发包人选择合理的承包模式；③发包人编制招标文件，确定合理的工程计量方法和投标报价方法，确定招标工程标底；④承包人编制投标文件，合理确定投标报价；⑤规范开标、评标和定标；⑥发包人通过评标定标，选择中标单位，签订承包合同。

在编写招标文件的过程中进行工程造价控制的主要工作在于选定合理的工程计量与计价方法。选用的报价方法一般有定额计价法和清单计价法。在进行工程标底的编制时，应根据招标工程的具体情况，选择合适的编制方法。标的价格的编制，不仅要依据设计图样进行费用计算，还应考虑图样以外的费用。

我国建设工程项目投标报价的方法有定额计价模式和工程量清单计价模式下的两种投标报价方法。投标企业要根据具体的工程项目、自身的竞争力以及当时当地的建设市场环境对某一项工程的投标进行决策，选取适当的投标策略和报价技巧。

确定合同价款的方式包括：①固定合同价格；②可调合同价格；③成本加酬金合同价格。施工合同签订过程中应注意关于合同文件部分的内容、关于合同条款的约定。在合同计价方式的选择上，工程量清单的计价方法能确定更为合理的合同价，并且便于合同的实施。

- **关键概念：**建设项目招标、建设项目投标、招标控制价、投标报价。

习题

一、选择题

1. 招标工程量清单的编制主体是（　　）。

A. 招标人　　B. 投标人

C. 评标委员会　　D. 招标代理机构

2. 招标人最迟应当在书面合同签订后（　　）天内向中标人和未中标的投标人退还投标保证金及银行同期存款利息。

A. 5　　B. 10　　C. 15　　D. 20

3. 抢险救灾紧急工程应采用（　　）方式选择实施单位。

A. 议标　　B. 直接委托　　C. 公开招标　　D. 邀请招标

4. 决定承包商能否中标的关键因素是（　　）。

A. 标书　　B. 评标条件　　C. 招标公告　　D. 招标邀请书

5. 招标单位在评标委员会中人员不得超过1/3，其他人员应来自（　　）。

A. 招标单位的董事会　　B. 上级行政主管部门

C. 省、市政府部门提供的专家名册　　D. 参与竞争的投标人

二、填空题

1. 对于建设规模较小，技术难度较低的建设工程应采用________。
2. 作为施工单位，采用________合同形式，可尽量减少风险。
3. 合同价可以采用________、________和________三种形式。
4. 施工合同有________、________和________三种类型。
5. 没有施工图，工程量不明，却急需开工的紧迫工程应采用________合同。

三、简答题

1. 什么是招标控制价？简述招标控制价的编制依据。
2. 简述依法不进行招标的情况。
3. 简述招投标程序。
4. 简述投标人的投标报价策略及技巧。
5. 确定合同价款的方式有哪些？

四、计算题

1. 某工程招标控制价为9 493 814元，中标人投标报价为8 925 634元。施工中屋面防水采用PE高分子防水卷材（1.5mm），清单项目中无类似的，当地工程造价管理机构发布的该卷材单价为18元/m^2，查得当地该项目的定额人工费为3.87元，其他材料费为0.65元，管理费和利润计算为1.13元。请计算该项目的单价。

2. 某工程项目的建设单位经过多方面了解，邀请了Ⅰ、Ⅱ、Ⅲ三家技术实力俱佳的施工企业参加该项目的投标。在招标文件中规定：评标时采用最低综合报价中标原则，但最低投标价低于次低投标价10%的报价将不予考虑。工期不得长于12个月，若投标人自报工期少于12个月，在评标时，将考虑其给建设单位带来的利益，折算成综合报价后进行评标，若实际工期短于自报工期，则每提前一天奖励1万元，若实际工期长于自报工期，则每拖延一天，罚款2万元。Ⅰ、Ⅲ、Ⅲ三家投标单位的投标书中与报价和工期有关的数据汇总见表4-6，现值系数见表4-7。现假设贷款月利率为1%，各分部工程每月完成的工作量相同，在评标时考虑提前给建设单位带来的利益为每月45万元。

表4-6 投标单位报价与工期汇总表

投标单位	基础工程		上部结构工程		安装工程		安装工程与上部结构工程搭接时间/月
	报价/万元	工期/月	报价/万元	工期/月	报价/万元	工期/月	
Ⅰ	400	3	1 000	7	1 030	4	2
Ⅱ	410	2	1 050	7	1 000	3	2
Ⅲ	420	3	1 110	7	1 020	2	3

表4-7 现值系数

n/月	1	2	3	4	5	6
$(P/A,1\%,n)$	0.990 1	1.970 4	2.941 0	3.902 0	5.853 4	5.795 5
$(P/F,1\%,n)$	0.990 1	0.980 3	0.970 6	0.961 0	0.951 5	0.942 0
n/月	7	8	9	10	11	12
$(P/A,1\%,n)$	6.728 2	7.651 7	8.566 0	9.471 3	10.367 6	11.255 1
$(P/F,1\%,n)$	0.932 7	0.923 5	0.914 3	0.905 3	0.896 3	0.887 4

请根据以上数据计算：

（1）若不考虑资金的时间价值，建设单位应该选择哪家投标单位作为中标人？

（2）若考虑资金的时间价值，建设单位应该选择哪家投标单位作为中标人？

第5章 建设项目施工阶段工程造价确定与控制

学习要点

• **知识点**：施工阶段工程造价管理的内容，施工组织设计的内容、编制、优化及其对工程造价的影响，工程变更的概念、范围、处理及控制，工程变更合同价款的确定，工程索赔的概念、性质、产生的原因、分类、计算原则与方法等，反索赔的内容，工程价款结算的概念及结算程序。

• **重点**：工程变更及合同价款的确定，工程索赔的处理及索赔费用的计算方法，工程价款的结算方式。

• **难点**：工程索赔费用的计算，工程价款的结算。

案例导入

假如你是一名造价工程师，现在面临的工作情况是：某项工程项目，业主与承包商签订了工程施工承包合同。合同中，估算工程量为5 000m^3，全费用单价为200元/m^3，合同工期为6个月。有关付款条款均已给出，你能够根据已知条件进行工程价款的结算吗？

5.1 概述

5.1.1 施工阶段影响工程造价的因素

1. 建设工程项目施工阶段与工程造价的关系

建设工程项目施工阶段是项目价值和使用价值的实施过程，是承包单位按照设计文件、图样等要求，具体组织施工建造的阶段。由于施工过程中存在较多的不确定性，如自然、社会、人为等各种因素都可能对工程造价产生一定影响，造成造价的变更或变化，因此，这一阶段的造价管理较为复杂，是工程造价确定与控制其理论和方法的重点及难点所在。

2. 建设工程项目施工阶段影响工程造价的因素

（1）工程计量　当工程采用单价合同形式时，工程进行价款支付需对已完工程进行计量，用于支付工程款。**正确的计量是发包人向承包人支付工程进度款的前提和依据**，若计量有偏差，将直接影响工程造价的高低。

（2）工程价款支付　工程价款支付包括工程备料款支付和工程进度款支付。工程备料款的支付额度及支付时间，工程进度款的付款周期、付款程序及付款额度，均是工程施工过程中造价控制的主要内容。

（3）工程变更　因施工条件改变、业主要求、监理人指令或设计原因，使工程的质量、数量、性质、功能、施工次序、进度计划和实施方案发生变化，称之为工程变更。工程变更包括设计变更、施工方案变更、进度计划变更和工程数量变更等。由于工程变更所引起的工程量的变化可能使项目的实际造价超出原来的合同价，所以在工程实施过程中应严格控制工程变更，使实际造价控制在合同价以内。

（4）工程索赔　工程索赔是指在工程承包合同的履行过程中，当事人一方因对方不履行或不完全履行既定的义务，或对方的行为使权利人受到损失时，要求对方补偿的权利。由于施工现场条件的变化、气候条件的变化和施工进度的变化，规范、标准文件和施工图的变更，业主及监理人指令的错误，承包商的失误等导致工期的延误及费用的增加，使得工程承包中不可避免地出现索赔，进而导致工程项目造价发生变化。因此，**索赔的控制是工程施工阶段造价控制的重要手段**。

（5）工程价款调整　在履行工程承包合同的过程中，因国家的法律、法规、规章及政策发生变化；因施工中施工图（含设计变更）与工程量清单项目特征描述不一致；因分部分项工程量清单漏项或非承包人原因的工程变更，引起项目发生变化；因不可抗力事件导致的费用等造成合同发生变化时，需将经发包、承包双方确定调整的工程价款，作为追加（减）合同价款。

（6）工程价款结算　**工程价款结算**是指承包商在工程实施过程中，依据承包合同中关于付款条款的规定和已经完成的工程量，并按照规定的程序向业主（建设单位）收取工程价款的一项经济活动。工程价款结算可以根据不同情况采用多种形式，如按月结算、竣工后一次结算、分段结算等。

建设工程施工阶段涉及的内容多、人员多，影响工程造价的因素多，与工程造价控制有关的工作也多。所以，在施工阶段进行工程造价控制要积极主动，密切关注各方面状况，使工程造价控制在合理范围内。

5.1.2　施工阶段工程造价控制的工作内容

施工阶段工程造价控制的主要任务是通过工程付款控制、工程变更费用控制、费用索赔的预防和挖掘节约工程造价的潜力，实现实际发生的费用不超过计划投资的目的。施工阶段工程造价控制应主要从组织、技术、经济、合同等方面进行。

1. 组织工作内容

1）在项目管理班子中落实负责工程造价控制的人员，明确其职能分工与任务分工。

2）编制本阶段工程造价控制的工作计划和详细的工作流程图。

2. 技术工作内容

1）对设计变更进行技术经济比较，严格控制设计变更。

2）在施工阶段继续寻找通过设计挖掘节约造价的可能性。

3）审核施工组织设计，并通过技术经济分析，优化施工方案。

3. 经济工作内容

1）编制资金使用计划，确定、分解工程造价控制目标。

2）对工程项目造价控制目标进行风险分析，并制定防范对策。

3）按照设计图及相关规定进行工程计量。

4）复核工程付款账单，签发付款证书。

5）在施工过程中进行工程造价跟踪控制，定期进行造价实际支出值与目标计划值的比较，若发现偏差，则分析偏差产生的原因，并做出未来支出预测，采取有效措施进行纠偏。

6）协商确定工程变更的价款。

7）审核竣工结算。

4. 合同工作内容

1）做好工程施工记录，保存各种文件、施工图，特别是注有实际施工变更情况的施工图，以便为正确处理可能发生的索赔提供依据。

2）严格遵从相关规定，及时提出索赔，并按一定程序及时处理索赔。

3）参与合同的修改、补充工作，着重考虑其对工程造价的影响。

5.2 施工组织设计的优化

5.2.1 施工组织设计对工程造价的影响

施工组织设计和工程造价的关系是密不可分的，施工组织设计决定着工程造价的水平，而工程造价又对施工组织设计起着完善、促进的作用。要建成一项工程项目，可能会有多种施工方案，但每种方案所花费的人力、物力、财力都是不同的，即材料价格的确定，施工机械的选用，人工工日、机械台班与材料消耗量，施工组织平面布置，施工年度投资计划等。要选择一种既切实可行又节约投资的施工方案，就要通过工程造价来考核其经济合理性。

在施工阶段，工程估算的每个工程量清单子目都是根据一定的施工条件指定的，而施工条件有相当一部分是由施工组织设计确定的。因此，施工组织设计决定着工程估算的编制与确定，而工程估算又是反映和衡量施工组织设计是否切实可行、经济和合理的依据。因此，施工组织设计的优化是控制工程造价的有效渠道。

5.2.2 施工组织设计的内容与编制

1. 施工组织设计的内容

编制施工组织设计的主要目的是根据合同约定的质量、工期和成本等要求，选择合理的施工顺序、施工方法和施工机械，确定合理的施工进度；拟定先进且合理的技术措施；采用有效的劳动组织，计算劳动力、材料、机械设备等的需要量；确定合理的空间布置，合理组织包括基本生产、附属生产及辅助生产在内的全部生产活动等。

施工组织设计的内容要结合工程对象的实际特点、施工条件和技术水平进行综合考虑，一般包括工程概况、施工部署及施工方案、施工进度计划、施工平面图、主要技术经济指标等基本内容。根据施工组织设计编制的广度、深度和作用的不同，可分为施工组织总设计、单位工程施工组织设计、分部（分项）工程施工组织设计。施工组织总设计是为解决整个建设项目施工的全局问题的，要求简明扼要、重点突出，要安排好主体工程、辅助工程和公用工程的相互衔接与配套。单位工程施工组织设计是为具体指导施工服务的，要具体明确，要解决好各工序、各工种之间的衔接配合，合理组织平行流水和交叉作业，以提高施工效率。分部（分项）工程施工组织设计是以分部（分项）工程为编制对象，具体实施施工全过程的各项施工活动的综合性文件。一般是同单位工程施工组织设计的编制同时进行，并由单位工程的技术人员负责编制。

2. 施工组织设计的编制原则

在编制施工组织设计时，应考虑以下原则：

1）重视工程的组织对施工的作用。

2）提高施工的工业化程度。

3）重视管理创新和技术创新。

4）重视工程施工的目标控制。

5）积极采用国内外先进的施工技术。

6）充分利用时间和空间，合理安排施工顺序，提高施工的连续性和均衡性。

7）合理部署施工现场，实现文明施工。

3. 施工组织总设计的编制程序

施工组织总设计的编制通常采用如下程序：

1）收集和熟悉编制施工组织总设计所需的有关资料和图样，进行项目特点和施工条件的调查研究。

2）计算主要工种工程的工程量。

3）确定施工的总体部署。

4）拟定施工方案。

5）编制施工总进度计划。

6）编制资源需求量计划。

7）编制施工准备工作计划。

8）设计施工总平面图。

9）计算主要技术经济指标。

应该指出，有些顺序必须这样，不可逆转，如：

1）拟定施工方案后才可编制施工总进度计划。

2）编制施工总进度计划后才可编制资源需求量计划。

但是在以上顺序中也有些顺序应该根据具体项目而定，如确定施工的总体部署和拟定施工方案，两者紧密相连，往往可以交叉进行。

单位工程施工组织设计的编制程序与施工组织总设计的编制程序类似，此不赘述。

5.2.3 施工组织设计优化的途径

施工组织设计的编制应考虑全局，抓住主要矛盾，预见薄弱环节，实事求是地做好施工全过程的合理安排。在实际编制过程中，应从以下几个方面对施工组织设计进行优化：

1. 充分做好施工准备工作

在收到中标通知书后，施工单位应着手编制详尽的施工组织设计。

由于工程开工前的一系列准备工作可以采用不同的方法来完成，因此不论在技术方面还是在组织方面，通常都有许多可行方案供施工人员选择。造价工程师应结合工程项目的性质、规模、工期、劳动力数量、机械装备程度、材料供应情况、运输条件、地质条件等各项具体的技术经济条件，对施工组织设计、施工方案、施工进度计划进行优化，提出改进意见，使方案更趋合理化。

2. 遵循均衡原则安排施工进度

在编制施工进度计划时，应按照工程项目合理的施工程序排列施工的先后顺序，根据施工情况划分施工段，安排流水作业，避免工作过分集中，有目的地削减高峰期工作量，减少临时设施的搭设，避免劳动力、材料、机械耗用量大进大出，保证施工过程按计划、有节奏地进行。

施工均衡性指标的计算方法见式（5-1）~式（5-3）。

$$主要分项工程施工不均衡系数 = 高峰月工程量/平均月工程量 \tag{5-1}$$

$$主要材料、资源消耗不均衡系数 = 高峰月工程量/平均月工程量 \tag{5-2}$$

$$劳动力消耗量不均衡系数 = 高峰月工程量/平均月工程量 \tag{5-3}$$

以上公式中的系数越大，说明均衡性越差。

3. 力求提高施工机械利用率

施工机械利用率的高低，直接影响工程成本和施工进度。因此，必须充分利用现有的机械装备，在不影响工程总进度的前提下，对进度计划进行合理调整，以便提高主要施工机械的利用率，从而达到降低工程成本的目的。

4. 施工方法、施工技术的采用以简化工序、提高经济效益为原则

在保证工程质量的前提下，尽量采用成熟的施工方法，采用简化工序和提高经济效益的施工技术。因为成熟的施工方法只要提出要求，施工人员就不需花更多的时间去掌握它。简化工序和提高经济效益的施工技术既节约了时间，也达到了提高劳动生产率的目的。

5. 施工方案的优化

施工方案的优化应灵活运用定性和定量的方法，对各种施工方案从技术上和经济上进行对比评价，最后选定能合理利用人力、物力、财力及各种资源的项目投资最低的方案。

（1）定性分析方法　根据以往经验对施工方案的优劣进行分析。例如，工期是否适当，可按常规做法或工期定额进行分析；选择的施工机械是否适当，主要看能否满足使用要求、机械提供使用的可靠性；施工平面图设计是否合理，主要看场地利用是否合理，临时设施设置是否恰当等。

用定性分析的方法优化施工方案比较方便，但不精确，要求有关人员必须具有丰富的施工经验和管理经验。

（2）定量分析方法

1）价值量分析法。通过对多种方案发生的费用进行计算，以价值量最低的方案为优选方案。

【例 5-1】　某框架结构框架柱内的竖钢筋连接，可采用电渣压力焊、帮条焊及搭接焊三种方案，若每层有 2816 个接头，试分析采用哪种方法较经济。某工程钢筋接头焊点价值量分析见表 5-1。

表 5-1　某工程钢筋接头焊点价值量分析

名　称	电渣压力焊		帮 条 焊		搭 接 焊		对比分析	
	用量	金额/元	用量	金额/元	用量	金额/元	电渣压力焊比帮条焊节约金额/元	电渣压力焊比搭接焊节约金额/元
钢筋	0.198kg	0.89	2.244kg	10.10	1.122kg	5.05		
焊药、焊条	0.275kg	1.38	0.341kg	2.73	0.176kg	1.41		

（续）

名称	电渣压力焊		帮条焊		搭接焊		对比分析	
	用量	金额/元	用量	金额/元	用量	金额/元	电渣压力焊比帮条焊节约金额/元	电渣压力焊比搭接焊节约金额/元
人工	0.022 工日	1.21	0.055 工日	3.03	0.033 工日	1.82		
用电量	2.31W·h	0.002	27.72W·h	0.019	14.85W·h	0.010		
每个接头小计		3.482		15.879		8.29		
每层接头合计		9 805.31		44 715.26		23 344.64	34 909.95	13 539.33

注：每层接头个数为2 816个。

从表5-1分析的结果来看，采用电渣压力焊的方法价值量最低，分别比帮条焊节约34 909.95元，比搭接焊节约13 539.33元，故应采用电渣压力焊的施工方案。

2）价值工程分析法。可以运用价值工程的基本原理来优选施工方案。下面通过某学校实验大楼的土方工程的施工方案选择过程来说明其应用方法。

① 确定价值工程的研究对象。某学校实验大楼的满堂基础挖土方。

② 功能定义。安全、迅速、高效、高质量挖6 000m^3 土方。

③ 施工方案分析。按要求，挖出的土方堆放在距施工地点100m处，留作回填。施工人员先提出了基本施工方案A，后经过实地勘察和反复研究，又提出了其他四种施工方案，施工方案分析见表5-2。

表5-2 施工方案分析

施工方案	施工方法	施工机械	工程量/m^3	主要施工方法	工期/d	工程成本/元	方案优缺点
A	挖运	挖土机1台 汽车3台 推土机1台	6 000	挖土机挖土装汽车，推土机配合卸土	14	6 437	1. 质量、安全有把握 2. 施工管理较容易 3. 成本较高
B	挖推	挖土机1台 推土机2台	6 000	挖土机挖土，推土机将土推到存土场地	13	3 382	1. 节约费用 2. 现场较乱 3. 不能保证施工安全
C	挖运推	挖土机1台 汽车2台 推土机1台	6 000	A、B两种方案相结合	12	4 146	1. 施工质量较好 2. 成本较高 3. 较安全
D	推土	推土机2台	6 000	用推土机将土推出基坑外再推往存土场地	20	3 928	1. 放坡面积大，破坏了基坑边坡 2. 效率低、工期长 3. 施工安全较差
E	铲运	铲运机2台	6 000	铲运机挖土运土	10	3 982	1. 工程质量高 2. 坑底平整 3. 较安全

④ 方案评价。施工方案评价表（见表5-3）对提出的五个方案进行了分析比较，考虑到

实验大楼的施工现场狭窄和工程质量、工程成本、施工安全、方案总分等因素，采用 E 方案比较合适。该方案比先提出的基本方案（A 方案）缩短工期 4d，降低成本 2 455 元。

表 5-3 施工方案评价表

指　标	评分等级	评分标准	施工方案				
			A	B	C	D	E
工程成本	1. 高 2. 适中 3. 低	0 10 15	0	15	10	10	10
工期	1. 长 2. 适中 3. 短	0 10 15	10	10	10	0	15
工程质量	1. 高 2. 有把握 3. 无把握	20 10 5	20	5	20	5	20
施工安全	1. 能保证 2. 不能保证	10 5	10	10	10	5	10
施工管理	1. 费用低 2. 费用高	10 5	10	5	5	5	10
方案总分			50	45	55	25	65
排列顺序			3	4	2	5	1

5.3 工程变更及其价款的确定

5.3.1 工程变更概述

1. 工程变更的概念

工程变更是指合同工程实施过程中由发包人提出或由承包人提出经发包人批准的合同工程任何一项工作的增减、取消或施工工艺、顺序、时间的改变，设计图纸的修改，施工条件的改变，招标工程量清单的错、漏，从而引起合同条件的改变或工程量的增减变化。

由于工程项目具有规模大、结构复杂、建设周期长的特点，建设参与各方在功能描述、勘察设计、工程量估算等方面难免有不完善之处，在现场施工时不得不做出局部修正；又由于项目建设具有建筑物的固定性、施工作业的流动性和对材料、设备、施工技术的依赖性，承包人在施工过程中受现场施工条件、自然条件、社会环境、材料设备的供应以及施工技术水平等因素的制约，做出局部修改在所难免。

2. 工程变更的范围

1）增加或减少合同中任何工作，或追加额外的工作。

2）取消合同中任何工作，但转由他人实施的工作除外。

3）改变合同中任何工作的质量标准或其他特性。

4）改变工程的基线、标高、位置和尺寸。

5）改变工程的时间安排或实施顺序。

施工中承包人不得对原工程设计进行变更。因承包人擅自变更设计发生的费用和由此导致发包人的直接损失，由承包人承担，延误的工期不予顺延。

3. 工程变更的处理

（1）工程变更的处理原则

1）质量优先原则。工程的各种变更，质量第一的原则是不可改变的，在任何情况下均不允许有损害工程质量，以换取工期的缩短、成本的降低或其他利益的做法出现。

2）工程优先原则。工程建设项目的核心是工程，所有参与各方必须以工程为基本出发点。尽管在工程施工过程中，参与各方会有利益冲突，但解决问题的出发点只有一个，就是是否对工程有利，是否有利于保证工程质量、工期和降低成本。

3）发包人优先原则。工程的所有者是发包人，工程建设的资金提供方是发包人，工程完工后的使用者是发包人（或发包人的代理人），因此，发包人对工程的需求是要被优先考虑的，各阶段工作都要以发包人的要求优先为原则。发包人要向承包人提供变更的费用，补偿承包人的损失。

4）合同约定原则。依据合同约定是合同双方在工程建设过程中应遵循的基本原则。对于变更的处理方法若已在合同中加以阐明，则当变更发生时，按照合同事先约定的程序、方案与方法进行相关调整。

5）适当补偿原则。工程变更通常会导致承包人的成本支出增加、工期延长、利润减少等不利的后果。因此，对于非承包人原因引起的工程变更，发包人应根据实际情况，酌情考虑补偿承包人的损失。

6）工程常规背景原则。在实际工程中，工程背景是指一名有经验的工程技术人员与管理人员所具有的工程理论与实践基础。常规的工程背景是工程技术人员对于工程所选择的一般管理和常规做法。

（2）工程变更的处理流程

1）出现合同价款调增事项后的 14 天内，承包人应向发包人提交合同价款调增报告并附上相关资料，若承包人在 14 天内未提交合同价款调增报告的，视为承包人对该事项不存在调整价款。

2）发包人应在收到承包人合同价款调增报告及相关资料之日起 14 天内对其核实，予以确认的应书面通知承包人。如有疑问，应向承包人提出协商意见。发包人在收到合同价款调增报告之日起 14 天内未确认也未提出协商意见的，视为承包人提交的合同价款调增报告已被发包人认可。发包人提出协商意见的，承包人应在收到协商意见后的 14 天内对其核实，予以确认的应书面通知发包人。如承包人在收到发包人的协商建议后 14 天内既不确认也未提出不同意见的，视为发包人提出的意见已被承包人认可。

3）如发包人与承包人对不同意见不能达成一致的，只要不实质影响发承包双方履约的，双方应实施该结果，直到其按照合同争议的解决被改变为止。

4）出现合同价款调减事项后的 14 天内，发包人应向承包人提交合同价款调减报告并附相关资料，若发包人在 14 天内未提交合同价款调减报告的，视为发包人对该事项不存在调整价款。

5）经发承包双方确认调整的合同价款，作为追加合同价款，与工程进度款或结算款同期支付。

4. 工程变更的控制

由于工程变更会增加或减少某些工程细目或工程量，引起工程价格的变化，影响工期，甚至影响质量，又会增加无效的重复劳动，造成不必要的各种损失。因此，设计人、发包人、承包人都有责任严格控制，尽量减少变更。为此，可从以下方面进行控制：

（1）不提高建设标准　不提高建设标准主要是指不改变主要设备和建筑结构，不扩大建筑面积，不提高建筑标准，不增加某些不必要的工程内容，避免结算超预算，预算超概算，概算超估算的“三超”现象发生。

（2）不影响建设工期　有些工程变更，由于提出的时间较晚，又缺乏必要的准备，可能影响工期，应该加以避免。承包人在施工过程中遇到了困难，提出工程变更，一般不影响工程的交工日期。

（3）不扩大范围　工程设计变更应该有一个控制范围，不属于工程设计变更的内容，不应列入设计变更。

（4）建立工程变更的相关制度　要避免因客观原因造成的工程变更，就要建立工程变更的相关制度。首先要建立项目法人制度，由项目法人对工程的投资负责；其次规划要完善，尽可能树立超前意识；还要强化勘察、设计制度，落实勘察、设计责任制，要有专人负责把关，认真进行审核，谁出事，谁负责，建立勘察、设计内部赔偿制度；更要加强工作人员的责任心，增强职业道德观念。在措施方面，既要有经济措施，又要有行政措施，还要有法律措施。只有建立完善的工程变更相关制度，才能有效地把工程变更控制在合理的范围之内。

（5）要有严格的程序　工程设计变更，特别是超过原设计标准和规模时，须经原设计审查部门批准取得相应追加投资和有关材料指标。对于其他工程变更，要有规范的文件形式和流转程序。设计变更的文件形式可以是设计单位做出的设计变更单，其他工程变更应是根据洽商结果写成的洽商记录。变更后的施工图、设计变更单和洽商记录应同时经过三方或双方签字认可后方能生效。

5.3.2 《建设工程施工合同（示范文本）》（GF—2013—0201）的工程变更

1. 变更权

发包人和监理人均可以提出变更。变更指示均通过监理人发出，监理人发出变更指示前应征得发包人同意。承包人收到经发包人签认的变更指示后，方可实施变更。未经许可，承包人不得擅自对工程的任何部分进行变更。涉及设计变更的，应由设计人提供变更后的图样和说明。如变更超过原设计标准或批准的建设规模时，发包人应及时办理规划、设计变更等审批手续。

2. 变更程序

（1）发包人提出变更　发包人提出变更的，应通过监理人向承包人发出变更指示，变更指示应说明计划变更的工程范围和变更的内容。

（2）监理人提出变更建议　监理人提出变更建议的，需要向发包人以书面形式提出变更计划，说明计划变更的工程范围和变更的内容、理由，以及实施该变更对合同价格和工期的影响。发包人同意变更的，由监理人向承包人发出变更指示。发包人不同意变更的，监理人无权擅自发出变更指示。

（3）变更执行　承包人收到监理人下达的变更指示后，认为不能执行变更的，应立即提出不能执行该变更指示的理由。承包人认为可以执行变更的，应当书面说明实施该变更指示对合同价格和工期的影响，且与合同当事人约定确定变更估价。

3. 变更估价

（1）变更估价的原则

1）已标价工程量清单或预算书中有相同项目的，按照相同项目的单价认定。

2）已标价工程量清单或预算书中无相同项目，但有类似项目的，参照类似项目的单价认定。

3）变更导致实际完成的变更工程量与已标价工程量清单或预算书中列明的该项目工程量的变化幅度超过 15% 的，或已标价工程量清单或预算书中无相同项目及类似项目单价的，按照合理的成本与利润构成的原则，由合同当事人按照商定或确定的方式确定变更工作的单价。

（2）变更估价的程序　承包人应在收到变更指示后 14 天内，向监理人提交变更估价申请。监理人应在收到承包人提交的变更估价申请后 7 天内审查完毕并报送发包人，监理人对变更估价申请有异议的，通知承包人修改后重新提交。发包人应在承包人提交变更估价申请后 14 天内审批完毕。发包人逾期未完成审批或未提出异议的，视为认可承包人提交的变更估价申请。因变更引起的价格调整应计入最近一期的进度款中支付。

4. 承包人的合理化建议

承包人提出合理化建议的，应向监理人提交合理化建议说明，说明建议的内容和理由，以及实施该建议对合同价格和工期的影响。除专用合同条款另有约定外，监理人应在收到承包人提交的合理化建议后 7 天内审查完毕并报送发包人，发现其中存在技术上的缺陷时，应通知承包人修改。发包人应在收到监理人报送的合理化建议后 7 天内审批完毕。合理化建议经发包人批准的，监理人应及时发出变更指示，由此引起的合同价格调整按照变更估价约定执行。发包人不同意变更的，监理人应书面通知承包人。

合理化建议降低了合同价格或者提高了工程经济效益的，发包人可对承包人给予奖励，奖励的方法和金额在专用合同条款中约定。

5. 变更引起的工期调整

因变更引起工期变化的，合同当事人均可要求调整合同工期，由合同当事人按照商定或确定的方式，并参考工程所在地的工期定额标准确定增减工期天数。

6. 暂估价

暂估价专业分包工程、服务、材料和工程设备的明细由合同当事人在专用合同条款中约定。

（1）依法必须招标的暂估价项目　对于依法必须招标的暂估价项目，采取如下第一种方式确定。合同当事人也可以在专用合同条款中选择其他招标方式。

第一种方式：对于依法必须招标的暂估价项目，由承包人招标，对该暂估价项目的确认和批准按照以下约定执行：

1）承包人应当根据施工进度计划，在招标工作启动前 14 天将招标方案通过监理人报送发包人审查，发包人应当在收到承包人报送的招标方案后 7 天内批准或提出修改意见。承包人应当按照经过发包人批准的招标方案开展招标工作。

2）承包人应当根据施工进度计划，提前 14 天将招标文件通过监理人报送发包人审批，发包人应当在收到承包人报送的相关文件后 7 天内完成审批或提出修改意见；发包人有权确定招标控制价并按照法律规定参加评标。

3）承包人在与供应商、分包人签订暂估价合同前，应当提前 7 天将确定的中标候选供应商或中标候选分包人的资料报送发包人，发包人应在收到资料后 3 天内与承包人共同确定中标人；承包人应当在签订合同后 7 天内，将暂估价合同副本报送发包人留存。

第二种方式：对于依法必须招标的暂估价项目，由发包人和承包人共同招标确定暂估价供应商或分包人的，承包人应按照施工进度计划，在招标工作启动前 14 天通知发包人，并提交暂估价招标方案和工作分工。发包人应在收到后 7 天内确认。确定中标人后，由发包人、承包人与中标人共同签订暂估价合同。

（2）不属于依法必须招标的暂估价项目　除专用合同条款另有约定外，对于不属于依法必须招标的暂估价项目，采取如下第一种方式确定：

第一种方式：对于不属于依法必须招标的暂估价项目，按以下约定确认和批准：

1）承包人应根据施工进度计划，在签订暂估价项目的采购合同、分包合同前28 天向监理人提出书面申请。监理人应当在收到申请后 3 天内报送发包人，发包人应当在收到申请后 14 天内给予批准或提出修改意见，发包人逾期未予批准或提出修改意见的，视为该书面申请已获得同意。

2）发包人认为承包人确定的供应商、分包人无法满足工程质量或合同要求的，发包人可以要求承包人重新确定暂估价项目的供应商、分包人。

3）承包人应当在签订暂估价合同后 7 天内，将暂估价合同副本报送发包人留存。

第二种方式：承包人按照依法必须招标的暂估价项目约定的第一种方式确定暂估价项目。

第三种方式：承包人直接实施的暂估价项目。

承包人具备实施暂估价项目的资格和条件的，经发包人和承包人协商一致后，可由承包人自行实施暂估价项目，合同当事人可以在专用合同条款中约定具体事项。

（3）暂估价合同订立和履行延迟　因发包人原因导致暂估价合同订立和履行迟延的，由此增加的费用和（或）延误的工期由发包人承担，并支付承包人合理的利润。因承包人原因导致暂估价合同订立和履行迟延的，由此增加的费用和（或）延误的工期由承包人承担。

7. 暂列金额

暂列金额应按照发包人的要求使用，发包人的要求应通过监理人发出。合同当事人可以在专用合同条款中协商确定有关事项。

8. 计日工

需要采用计日工方式的，经发包人同意后，由监理人通知承包人以计日工计价方式实施相应的工作，其价款按列入已标价工程量清单或预算书中的计日工计价项目及其单价进行计算；已标价工程量清单或预算书中无相应的计日工单价的，按照合理的成本与利润构成的原则，由合同当事人商定或确定计日工的单价。

采用计日工计价的任何一项工作，承包人都应在该项工作的实施过程中，每天提交以下报表和有关凭证报送监理人审查：

1）工作名称、内容和数量。

2）投入该工作的所有人员的姓名、专业、工种、级别和耗用工时。

3）投入该工作的材料类别和数量。

4）投入该工作的施工设备型号、台数和耗用台时。

5）其他有关资料和凭证。

计日工由承包人汇总后，列入最近一期进度付款申请单，由监理人审查并经发包人批准后列入进度付款。

5.3.3　工程变更合同价款的确定

1. 合同价款调整概述

合同价款是指发承包双方在工程合同中约定的工程造价。然而，承包人按合同约定完成了全部承包工作后，发包人应付给承包人的合同总金额往往不等于签约合同价。原因在于施工过程中出现了合同约定的价款调整事项，发承包双方对此进行了提出和确认。

合同价款调整是指在合同价款调整因素出现后，发承包双方根据合同约定，对合同价款进行变动的提出、计算和确认。

2. 可以调整合同价款的事件

下列事项（但不限于）的发生，发承包双方应当按照合同约定调整合同价款：

1）法律法规变化。

2）工程变更。

3）项目特征描述不符。

4）工程量清单缺项。

5）工程量偏差。

6）计日工。

7）现场签证。

8）物价变化。

9）暂估价。

10）不可抗力。

11）提前竣工（赶工补偿）。

12）误期赔偿。

13）施工索赔。

14）暂列金额。

15）发承包双方约定的其他调整事项。

3.《计价规范》条件下合同价款的调整方法

（1）法律法规变化

1）招标工程以投标截止日前28天，非招标工程以合同签订前28天为基准日，其后国家的法律、法规、规章和政策发生变化引起工程造价增减变化的，发承包双方应当按照省级或行业建设主管部门或其授权的工程造价管理机构据此发布的规定调整合同价款。

2）因承包人原因导致工期延误，且规定的调整时间在合同工程原定竣工时间之后，合同价款调增的不予调整，合同价款调减的予以调整。

（2）工程变更

1）工程变更引起已标价工程量清单项目或其工程数量发生变化的，应按照下列规定调整：

①已标价工程量清单中有适用于变更工程项目的，采用该项目的单价；但当工程变更导致该清单项目的工程数量发生变化，且工程量偏差超过15%的，此时该项目单价应按照规范的规定调整；②已标价工程量清单中没有适用、但有类似于变更工程项目的，可在合理范围内参照类似项目的单价；③已标价工程量清单中没有适用也没有类似于变更工程项目的，由承包人根据变更工程资料、计量规则和计价办法、工程造价管理机构发布的信息价格和承包人报价浮动率提出变更工程项目的单价，报发包人确认后调整。承包人报价浮动率的计算方法见式（5-4）和式（5-5）；④已标价工程量清单中没有适用也没有类似于变更工程项目，且工程造价管理机构发布的信息价格缺价的，由承包人根据变更工程资料、计量规则、计价办法和通过市场调查等取得有合法依据的市场价格提出变更工程项目的单价，报发包人确认后调整。

$$\text{招标工程：承包人报价浮动率 } L=(1-\text{中标价}/\text{招标控制价})\times 100\% \tag{5-4}$$

$$\text{非招标工程：承包人报价浮动率 } L=(1-\text{报价值}/\text{施工图预算})\times 100\% \tag{5-5}$$

2）工程变更引起施工方案改变，并使措施项目发生变化的，承包人提出调整措施项目费的，应事先将拟实施的方案提交发包人确认，并详细说明与原方案措施项目相比的变化情况。拟实施的方案经发承包双方确认后执行，并应按照下列规定调整措施项目费：

①安全文明施工费按照实际发生变化的措施项目依据规范的规定计算；②采用单价计算的措施项目费，按照实际发生变化的措施项目根据规范的规定确定单价；③按总价（或系数）计算的措施项目费，按照实际发生变化的措施项目调整，但应考虑承包人报价浮动因素，即调整金额按照实际调整金额乘以规范规定的承包人报价浮动率计算。

如果承包人未事先将拟实施的方案提交给发包人确认，则视为工程变更不引起措施项目费的调整或承包人放弃调整措施项目费的权利。

3）当发包人提出的工程变更因非承包人原因删减了合同中的某项原定工作或工程，致使承包人发生的费用或（和）得到的收益不能被包括在其他已支付或应支付的项目中，也未被包含在任何替代的工作或工程中时，承包人有权提出并得到合理的费用及利润补偿。

（3）项目特征描述不符

1）发包人在招标工程量清单中对项目特征的描述，应被认为是准确和全面的，并且与实际施工要求相符合。承包人应按照发包人提供的招标工程量清单，根据其项目特征描述的内容及有关要求实施合同工程，直到其被改变为止。

2）承包人应按照发包人提供的设计图纸实施合同工程，若在合同履行期间出现设计图纸（含设计变更）与招标工程量清单任一项目的特征描述不符，且该变化引起该项目的工程造价增减变化的，应按照实际施工的项目特征重新确定相应工程量清单项目的综合单价，调整合同价款。

（4）工程量清单缺项

1）合同履行期间，由于招标工程量清单中缺项，新增分部分项工程清单项目的，应按照规范规定确定单价，调整合同价款。

2）新增分部分项工程清单项目后，引起措施项目发生变化的，应按照规范规定，在承包人提交的实施方案被发包人批准后，调整合同价款。

3）由于招标工程量清单中措施项目缺项，承包人应将新增措施项目实施方案提交发包人批准后，按照规范规定调整合同价款。

（5）工程量偏差

合同履行期间，任意一项招标工程量清单项目，由于非承包商原因导致工程量偏差超过15%的，调整的原则为：当工程量增加15%以上时，其增加部分的工程量的综合单价应予调低；当工程量减少15%以上时，减少后剩余部分的工程量的综合单价应予调高。此时，按式（5-6）和式（5-7）计算调整分部分项工程费：

$$Q_1 > 1.15Q_0 \text{ 时}, S = 1.15Q_0 \times P_0 + (Q_1 - 1.15Q_0) \times P_1 \tag{5-6}$$

$$Q_1 < 0.85Q_0 \text{ 时}, S = Q_1 \times P_1 \tag{5-7}$$

式中　S——调整后的某一分部分项工程费结算价；

Q_1——最终完成的工程量；

Q_0——招标工程量清单中列出的工程量；

P_1——按照最终完成工程量重新调整后的综合单价；

P_0——承包人在工程量清单中填报的综合单价。

（6）计日工

1）发包人通知承包人以计日工方式实施的零星工作，承包人应予执行。

2）采用计日工计价的任何一项变更工作，承包人应在该项变更的实施过程中，按合同约定提交以下报表和相关凭证送发包人复核：

①工作名称、内容和数量；②投入该工作所有人员的姓名、工种、级别和耗用工时；③投入该工作的材料名称、类别和数量；④投入该工作的施工设备型号、台数和耗用台时；⑤发包人要求提交的其他资料和凭证。

3）任一计日工项目持续进行时，承包人应在该项工作实施结束后的24小时内，向发包人提交有计日工记录汇总的现场签证报告一式三份。发包人在收到承包人提交现场签证报告后的2天内予以确认并将其中一份返还给承包人，作为计日工计价和支付的依据。发包人逾期未确认也未提出修改意见的，视为承包人提交的现场签证报告已被发包人认可。

4）任一计日工项目实施结束时，发包人应按照确认的计日工现场签证报告核实该类项目的工程数量，并根据核实的工程数量和承包人已标价工程量清单中的计日工单价计算，提出应付价款；已标价工程量清单中没有该类计日工单价的，由发承包双方按规范规定商定计日工单价计算。

5）每个支付期末，承包人应按照规范规定向发包人提交本期间所有计日工记录的签证汇总表，以说明本期间自己认为有权得到的计日工金额，调整合同价款，列入进度款支付。

（7）现场签证

1）承包人应发包人要求完成合同以外的零星项目、非承包人责任事件等工作的，发包人应及时以书面形式向承包人发出指令，提供所需的相关资料；承包人在收到指令后，应及时向发包人提出现场签证要求。

2）承包人应在收到发包人指令后的7天内，向发包人提交现场签证报告，发包人应在收到现场签证报告后的48小时内对报告内容进行核实，予以确认或提出修改意见。发包人在收到承包人现场签证报告后的48小时内未确认也未提出修改意见的，视为承包人提交的现场签证报告已被发包人认可。

3）现场签证的工作如已有相应的计日工单价，则现场签证中应列明完成该类项目所需的人工、材料、工程设备和施工机械台班的数量。如现场签证的工作没有相应的计日工单价，则应在现场签证报告中列明完成该签证工作所需的人工、材料、工程设备和施工机械台班的数量及其单价。

4）合同工程发生现场签证事项，未经发包人签证确认，承包人便擅自施工的，除非征得发包人书面同意，否则发生的费用由承包人承担。

5）现场签证工作完成后的7天内，承包人应按照现场签证内容计算价款，报送发包人确认后，作为追加合同价款，与进度款同期支付。

6）承包人在施工过程中，若发现合同工程内容因场地条件、地质水文、发包人要求等不一致时，应提供所需的相关资料，提交发包人签证认可，作为合同价款调整的依据。

（8）物价变化

1）合同履行期间，因人工、材料、工程设备和施工机械台班价格波动影响合同价款时，应采用价格指数或造价信息调整价格差额。

2）承包人采购材料和工程设备的，应在合同中约定主要材料、工程设备价格变化的范围或幅度，当没有约定且材料、工程设备单价变化超过5%时，超过部分的价格应按照价格指数调整法或造价信息差额调整法计算调整材料、工程设备费。

3）发生合同工程工期延误的，应按照下列规定确定合同履行期用于调整的价格：

①因发包人原因导致工期延误的，则计划进度日期后续工程的价格，采用计划进度日期与实际进度日期两者的较高者；②因承包人原因导致工期延误的，则计划进度日期后续工程的价格，采用计划进度日期与实际进度日期两者的较低者。

4）发包人供应材料和工程设备的，不适用规范规定时，由发包人按照实际变化调整，列入合同工程的工程造价内。

（9）暂估价

1）发包人在招标工程量清单中给定暂估价的材料、工程设备属于依法必须招标的，由发承包双方以招标的方式选择供应商，确定其价格并以此为依据取代暂估价，调整合同价款。

2）发包人在招标工程量清单中给定暂估价的材料和工程设备不属于依法必须招标的，由承包人按照合同约定采购，经发包人确认后以此为依据取代暂估价，调整合同价款。

3）发包人在工程量清单中给定暂估价的专业工程不属于依法必须招标的，应按照规范规定确定专业工程价款，并以此为依据取代专业工程暂估价，调整合同价款。

4）发包人在招标工程量清单中给定暂估价的专业工程，依法必须招标的，应当由发承包双方依法组织招标选择专业分包人，并接受有管辖权的建设工程招投标管理机构的监督。

①除合同另有约定外，承包人不参加投标的专业工程发包招标，应由承包人作为招标人，但拟定的招标文件、评标工作、评标结果应报送发包人批准。与组织招标工作有关的费用应当被认为已经包括在承包人的签约合同价（投标总报价）中；②承包人参加投标的专业工程发包招标，应由发包人作为招标人，与组织招标工作有关的费用由发包人承担。同等条件下，应优先选择承包人中标；③以专业工程发包中标价为依据取代专业工程暂估价，调整合同价款。

（10）不可抗力

1）因不可抗力事件导致的人员伤亡、财产损失及其费用增加，发承包双方应按以下原则分别承担并调整合同价款和工期。

①合同工程本身的损害、因工程损害导致第三方人员伤亡和财产损失以及运至施工场地用于施工的材料和待安装的设备的损害，由发包人承担；②发包人、承包人人员伤亡由其所在单位负责，并承担相应费用；③承包人的施工机械设备损坏及停工损失，由承包人承担；④停工期间，承包人应发包人要求留在施工场地的必要的管理人员及保卫人员的费用由发包人承担；⑤工程所需清理、修复费用，由发包人承担。

2）不可抗力解除后复工的，若不能按期竣工，应合理延长工期，发包人要求赶工的，赶工费用由发包人承担。

3）因不可抗力解除合同的，按规范规定办理。

（11）提前竣工（赶工补偿）

1）招标人应当依据相关工程的工期定额合理计算工期，压缩的工期天数不得超过定额工期的20%，超过者应在招标文件中明示增加赶工费用。

2）发包人要求合同工程提前竣工的，应征得承包人同意后与承包人商定采取加快工程进度的措施，并修订合同工程进度计划。发包人应承担承包人由此增加的提前竣工（赶工补偿）费。

3）发承包双方应在合同中约定提前竣工每日历天应补偿额度，此项费用作为增加合同价款，列入竣工结算文件中，与结算款一并支付。

（12）误期赔偿

1）如果承包人未按照合同约定施工，导致实际进度迟于计划进度的，承包人应加快进度，实现合同工期。合同工程发生误期，承包人应赔偿发包人由此造成的损失，并按照合同约定向发包人支付误期赔偿费。即使承包人支付误期赔偿费，也不能免除承包人按照合同约定应承担的任何责任和应履行的任何义务。

2）发承包双方应在合同中约定误期赔偿费，明确每日历天应赔额度。误期赔偿费列入竣工结算文件中，在结算款中扣除。

3）如果在工程竣工之前，合同工程内的某单项（位）工程已通过了竣工验收，且该单项（位）工程接收证书中表明的竣工日期并未延误，而是合同工程的其他部分产生了工期延误，则误期赔偿费应按照已颁发工程接收证书的单项（位）工程造价占合同价款的比例幅度予以扣减。

（13）施工索赔

1）合同一方向另一方提出索赔时，应有正当的索赔理由和有效证据，并应符合合同的相关约定。

2）根据合同约定，承包人认为非承包人原因发生的事件造成了承包人的损失，应按以下程序向发包人提出索赔：

①承包人应在知道或应当知道索赔事件发生后28天内，向发包人提交索赔意向通知书，说明发生索赔事件的事由。承包人逾期未发出索赔意向通知书的，则丧失索赔的权利；②承包人应在发出索赔意向通知书后28天内，向发包人正式提交索赔通知书。索赔通知书应详细说明索赔理由和要求，并附必要的记录和证明材料；③索赔事件具有连续影响的，承包人应继续

提交延续索赔通知，说明连续影响的实际情况和记录；④在索赔事件影响结束后的 28 天内，承包人应向发包人提交最终索赔通知书，说明最终索赔要求，并附必要的记录和证明材料。

3）承包人索赔应按下列程序处理：

①发包人收到承包人的索赔通知书后，应及时查验承包人的记录和证明材料；②发包人应在收到索赔通知书或有关索赔的进一步证明材料后的 28 天内，将索赔处理结果答复承包人，如果发包人逾期未做出答复，视为承包人索赔要求已被发包人认可；③承包人接受索赔处理结果的，索赔款项作为增加合同价款，在当期进度款中进行支付；承包人不接受索赔处理结果的，按合同约定的争议解决方式办理。

4）承包人要求赔偿时，可以选择以下一项或几项获得赔偿：

①延长工期；②要求发包人支付实际发生的额外费用；③要求发包人支付合理的预期利润；④要求发包人按合同的约定支付违约金。

5）若承包人的费用索赔与工期索赔要求相关联时，发包人在做出费用索赔的批准决定时，应结合工程延期，综合做出费用赔偿和工程延期的决定。

6）发承包双方在按合同约定办理了竣工结算后，应被认为承包人已无权再提出竣工结算前所发生的任何索赔。承包人在提交的最终结清申请中，只限于提出竣工结算后的索赔，提出索赔的期限自发承包双方最终结清时终止。

7）根据合同约定，发包人认为由于承包人的原因造成发包人的损失，应参照承包人索赔的程序进行索赔。

8）发包人要求赔偿时，可以选择以下一项或几项获得赔偿：

①延长质量缺陷修复期限；②要求承包人支付实际发生的额外费用；③要求承包人按合同的约定支付违约金。

9）承包人应付给发包人的索赔金额可从拟支付给承包人的合同价款中扣除，或由承包人以其他方式支付给发包人。

（14）暂列金额

1）已签约合同价中的暂列金额由发包人掌握使用。

2）发包人按照规范规定所做支付后，暂列金额余额（如有）归发包人所有。

5.4 工程索赔及其费用的计算

5.4.1 工程索赔概述

1. 工程索赔的概念

工程索赔是指在工程承包合同履行过程中，合同一方因非自身因素或对方不履行或未能正确履行合同规定的义务，或者由于对方的行为使权利人受到损失时，向对方提出赔偿要求的权利。**在项目实施的各个阶段都有可能发生索赔，但发生索赔最集中、处理难度最复杂的情况发生在施工阶段，因此这里所说的索赔主要是指项目的施工索赔。**

索赔是双向的，既可以是承包商向业主的索赔，也可以是业主向承包商的索赔。**施工索赔主要是指承包商向业主的索赔，也是索赔管理的重点。**因为业主在向承包商的索赔中处于主动地位，可以直接从应付给承包商的工程款中扣抵，也可以从保留金中扣款以补偿损失。

索赔是法律和合同赋予的正当权利。成功的索赔能使工程收入的改善达到工程造价的10%～20%，“中标靠低价，盈利靠索赔”正是许多承包人的经验总结。工程索赔以其本身花费较小，经济效果明显而受到承包人的高度重视。因此，承包商应当树立起索赔意识，重视索赔、善于索赔。

2. 工程索赔的性质

工程索赔的性质属于经济补偿行为，而不是惩罚。索赔事件的发生不一定在合同文件中有约定，索赔事件的发生可以是一定行为造成的，也可以是不可抗力所引起的；索赔事件的发生可以是合同的当事一方引起的，也可以是任何第三方行为引起的；一定要有造成损失的后果才能提出索赔，因此索赔具有补偿性质。索赔方所受到的损失，与被索赔方的行为不一定存在法律上的因果关系。

3. 工程索赔产生的原因

（1）当事人违约　当事人违约常常表现为没有按照合同约定履行自己的义务。发包人违约常常表现为没有为承包人提供合同约定的施工条件，未按照合同约定的期限和数额付款等。工程师未能按照合同约定完成工作，如未能及时发出图样、指令等也视为发包人违约。承包人违约的情况则主要是指没有按照合同约定的质量、期限完成施工，或者由于不当行为给发包人造成了其他损害。

（2）不可抗力事件　不可抗力事件可以分为自然事件和社会事件。自然事件主要是指不利的自然条件和客观障碍，如在施工过程中遇到了经现场调查无法发现、业主提供的资料中也未提到的、无法预料的情况，如地下水、地质断层等。社会事件则包括国家政策、法律、法令的变更，战争、罢工等。

（3）合同缺陷　合同缺陷表现为合同文件规定的不严谨甚至存在矛盾、遗漏或错误。在这种情况下，工程师应当给予解释，如果这种解释将导致成本增加或工期延长，发包人应当给予补偿。

（4）合同变更　合同变更表现为设计变更、施工方法变更、追加或者取消某些工作、合同其他规定的变更等。

（5）工程师指令　工程师指令有时也会产生索赔，如工程师指令承包人加速施工、进行某项工作、更换某些材料、采取某些措施等。

（6）其他第三方原因　其他第三方原因常常表现为与工程有关的由于第三方问题而引起的对本工程的不利影响。

4. 工程索赔的分类

由于索赔贯穿于工程项目的全过程，因此可能发生的范围比较广泛，其分类随标准、方法的不同而不同，主要有以下几种分类方法：

（1）按索赔当事人分类

1）承包商与业主间的索赔。这类索赔大都是有关工程量计算、变更、工期、质量和价格方面的争议，也有中断或终止合同等其他违约行为的索赔。

2）承包商与分包商间的索赔。其内容与前一种大致相似，但大多数是分包商向总包商索要付款和赔偿及承包商向分包商罚款或扣留支付款等。

3）承包商与供货商间的索赔。其内容多是商贸方面的争议，如货品质量不符合技术要求、数量短缺、交货拖延、运输损坏等。

4）承包商与保险公司间的索赔。此类索赔多是承包商受到灾害、事故或其他损失，按保险单向其投保的保险公司索赔。

（2）按索赔目标分类

1）工期索赔。即由于非承包商自身原因造成拖期的，承包商要求业主延长工期，推迟竣工日期，避免违约误期罚款等。

2）费用索赔。即要求业主补偿费用损失，调整合同价格，弥补经济损失。

（3）按索赔事件的性质分类

1）工程变更索赔。由于业主或监理工程师指令增加或减少工程量或增加附加工程、修改设计、变更工程顺序等，造成工程延长和费用增加的，承包商对此提出索赔。

2）工程延误索赔。因业主未按合同要求提供施工条件，如未及时交付设计图样、施工现场、道路等；或因业主指令工程暂停或不可抗力事件等原因造成工期拖延的，承包商对此提出索赔。这是工程中常见的一类索赔。

3）工程终止索赔。由于业主违约或发生了不可抗力事件等造成工程非正常终止的，承包商因蒙受经济损失而提出索赔。

4）工程加速索赔。由于业主或监理工程师指令承包商加快施工速度，缩短工期，引起承包商人、材、物的额外开支而提出的索赔。

5）意外风险和不可预见因素索赔。在工程实施过程中，因人力不可抗拒的自然灾害、特殊风险以及一个有经验的承包商通常不能合理预见的不利施工条件或外界障碍，如地下水、地质断层、溶洞、地下障碍物等引起的索赔。

6）其他索赔。如因货币贬值，汇率变化，物价，工资上涨，政策法令变化等原因引起的索赔。

（4）按索赔对象分类

1）索赔。一般是指承包商向业主提出的索赔。它主要包括：不利的自然条件与人为障碍引起的索赔、工程变更引起的索赔、工期延期的费用索赔、加速施工费用的索赔、业主不正当终止工程而引起的索赔、物价上涨引起的索赔、拖延支付工程款的索赔等。

2）反索赔。一般是指业主向承包商提出的索赔。它主要包括：工期延误的索赔、质量不满足合同要求的索赔、承包商不履行保险费用的索赔、对超额利润的索赔、对指定分包商的付款索赔、业主合理终止合同或承包商不正当放弃工程的索赔等。

（5）按索赔处理方式分类

1）单项索赔。单项索赔是针对某一干扰事件提出的，在影响原合同正常运行的干扰事件发生时或发生后，由合同管理人员立即处理，并在合同规定的索赔有效期内向业主或监理工程师提交索赔要求和报告。

2）综合索赔。综合索赔又称一揽子索赔，一般在工程竣工前或工程移交前，承包商将工程实施过程中因各种原因未能及时解决的单项索赔集中起来进行综合考虑，提出一份综合索赔报告，由合同双方在工程交付前后进行最终谈判，以一揽子方案解决索赔问题。

5. 反索赔

（1）反索赔的概念　反索赔是指发包人向承包人所提出的索赔，由于承包人不履行或不完全履行约定的义务，或是由于承包人的行为使发包人受到损失时，发包人为了维护自己的利益，向承包人提出的索赔。

反索赔的目的是防止损失的发生，广义的反索赔措施包括如下两方面内容：

1）防止对方提出索赔。在合同实施中进行积极防御，使自己处于不能被索赔的地位。主要是通过加强工程管理，特别是合同管理，使自己完全按合同办事，使对方找不到索赔的理由和根据。

2）反击或反驳对方的索赔要求。为了避免和减少损失，必须反击或反驳对方的索赔要求。最常见的措施有：

①抓住对方的失误，直接向对方提出索赔，用我方提出的索赔抗衡对抗（平衡）对方的索赔要求，使最终合同双方都做让步，互不支付。在工程施工过程中干扰事件的责任常常是双方的，对方也有违约和失误的行为，也有薄弱环节。抓住对方的失误，提出索赔，在最终索赔解决中双方都做让步。用索赔对索赔，是常用的反索赔手段。②反驳对方的索赔报告，找出理由和证据，证明对方的索赔要求或索赔报告不符合实际情况、不符合合同规定、没有根据、计算不准确。反击对方的不合理索赔要求，以推卸或减轻自己的赔偿责任，使自己不受或少受损失。

在实际工程中，这两种措施都很重要，常常同时使用。**索赔和反索赔同时进行，即索赔报告中既有索赔又有反索赔；反索赔报告中既有反索赔也有索赔**。攻守手段并用会达到很好的索赔效果。

（2）常见的发包人反索赔　常见的发包人反索赔有以下几种情况：

①工期延误反索赔；②施工缺陷反索赔；③承包商未履行的保险费用反索赔；④对超额利润的反索赔；⑤对指定分包商的付款反索赔；⑥业主终止合同或承包商不正当地放弃工程的反索赔。

5.4.2　索赔的计算原则与方法

1. 索赔费用的计算原则

承包商在进行费用索赔时，应遵循以下原则：

1）所发生的费用应该是承包商履行合同所必需的，若没有该项费用支出，合同就无法履行。

2）承包商不应由于索赔事件的发生而额外受益或额外受损，即费用索赔以赔（补）偿实际损失为原则，实际损失可作为费用索赔值。

2. 索赔费用的计算方法

索赔费用的计算应以赔偿实际损失为原则，其计算方法有很多，但通常应用的有三种，即总费用法、修正的总费用法和实际费用法。

（1）总费用法　总费用法即总成本法，就是当发生多次索赔事件以后，重新计算该工程的实际总费用，实际总费用减去投标报价时的估算总费用为索赔金额。计算方法见式（5-8）。

$$索赔金额 = 实际总费用 - 投标报价时的估算总费用 \tag{5-8}$$

不少人对采用该方法计算索赔费用持批评态度，因为实际总费用中可能包括了承包商的原因，如施工组织不善而增加的费用，同时投标报价估算的总费用却因为想中标而过低，所以这种方法只有在难以计算实际费用时才应用。

（2）修正的总费用法　修正的总费用法是对总费用法的改进，即在总费用计算的原则上，去掉一些不合理的因素，使其更合理。修正的内容如下：

1）将计算索赔款的时段局限于受外界影响的时间，而不是整个施工期。

2）只计算受影响时段内的某项工作所受影响的损失，而不计算该时段内所有施工工作所受的损失。

3）与该项工作无关的费用不列入总费用中。

4）对投标报价费用重新进行核算。受影响时段内该项工作的实际单价，乘以实际完成的该项工作的工程量，得出调整后的报价费用。按修正后的总费用计算索赔金额的计算方法见式（5-9）。

$$索赔金额 = 某项工作调整后的实际总费用 - 该项工作的报价费用 \tag{5-9}$$

修正的总费用法与总费用法相比，有了实质性改进，它的准确程度已接近于实际费用。

（3）实际费用法　实际费用法是工程索赔计算时最常用的一种方法。这种方法的计算原则是以承包商为某项索赔工作所支付的实际开支为依据，向业主要求费用补偿。

实际费用法的计算通常分三步：

1）分析每个或每类索赔事件所影响的费用项目，不得有遗漏。这些费用项目通常与合同报价中的费用项目一致。

2）计算每个费用项目受索赔事件影响后的数值，通过与合同价中的费用值进行比较即可得到该项费用的索赔值。

3）将各费用项目的索赔值汇总，得到总费用索赔值。

实际费用法中的索赔费用主要包括该项工程施工过程中所发生的额外人工费、材料费、施工机具使用费、相应的管理费，以及应得的间接费和利润等。由于实际费用法所依据的是实际发生的成本记录或单据，所以在施工过程中，对第一手资料的收集整理就显得尤为重要。

【例 5-2】　某工程原合同报价如下：

现场成本（直接工程费 + 工地管理费）：　500 万元

公司管理费（现场成本 ×8%）：　40 万元

利润和税金（现场成本 + 公司管理费）×9%：　48.6 万元

合同总价：　588.6 万元

在实际工程中，由于完全非承包商原因造成现场实际成本增加 36 万元，利息支出实际多出 0.4 万元，试用总费用法计算索赔费用。

【解】　现场实际成本增加额：　36 万元

公司管理费（现场实际成本增加额 ×8%）：　2.88 万元

利息支出（按实际发生计算）　0.4 万元

利润和税金（现场实际成本增加额 + 公司管理费 + 利息支出）×9%：　3.5 352 万元

索赔费用：　42.8 152 万元

【例 5-3】　某建设项目业主与承包商签订了工程施工承包合同，根据合同及其附件的有关文件，对索赔内容有如下规定：

1）因窝工发生的人工费以25元/工日计算，监理方提前一周通知承包方时不以窝工处理，以补偿费支付4元/工日。

2）机械设备台班费。塔吊为350元/(台·班)；混凝土搅拌机为80元/(台·班)；砂浆搅拌机为40元/(台·班)。因窝工而闲置时，只考虑折旧费，按台班费的70%计算。

3）临时停工一般不补偿管理费和利润。

在施工过程中发生了以下事件：

1）7月15日～7月28日，施工到第七层时，因业主提供的模板未到而使一台塔吊、一台混凝土搅拌机和25名支模工停工（业主已于7月7日通知承包方）。

2）7月17日～7月28日，因公用网停电、停水，进行第四层砌砖工作的一台砂浆搅拌机和20名砌砖工停工。

3）7月27日～7月30日，因砂浆搅拌机故障，在第二层抹灰的一台砂浆搅拌机和25名抹灰工停工。

承包商在有效期内提出索赔要求时，试计算监理工程师认为合理的索赔金额。

【解】　合理的索赔金额如下：

1）窝工机械闲置费：按合同约定，机械闲置只计取折旧费。

塔吊1台：350元×70%×14=3 430元

混凝土搅拌机1台：80元×70%×14=784元

砂浆搅拌机1台：40元×70%×12=336元

因砂浆搅拌机机械故障闲置不应给予补偿。

小计：3 430元+784元+336元=4 550元

2）窝工人工费：因业主已于1周前通知承包商，故支付补偿费。

支模工：4元×25×14=1 400元

砌砖工：25元×20×12=6 000元

因砂浆搅拌机机械故障造成抹灰工停工不予补偿。

小计：1 400元+6 000元=7 400元

3）临时个别工序窝工一般不补偿管理费和利润，故合理的索赔金额应为

4 550元+7 400元=11 950元

3. 工期索赔

（1）工期索赔的概念　**工期索赔**是指承包人依据合同对由于非自身原因导致的工期延误向发包人提出的工期顺延要求。

（2）共同延误　在实际施工过程中，工期延误很少是只由一方面造成的，往往是多种原因同时发生（或相互作用）而形成的，故称为**共同延误**。在这种情况下，要具体分析哪一种情况延误是有效的，主要依据以下几个原则：

1）首先判断造成延误的哪一种原因是最先发生的，即确定“初始延误者”，其应对工程延误负责。

2）如果“初始延误者”是发包人的原因，则在发包人原因造成的延误期内，承包人可以得到工期延长，又可以得到经济补偿。

3）如果“初始延误者”是客观原因，则在客观因素影响的延误期内，承包人可以得到

工期延长，但很难得到经济补偿。

4）如果“初始延误者”是承包人的原因，则在承包人原因造成的延误期内，承包人既不能得到工期延长，也不能得到经济补偿。

（3）工期索赔的计算　工期索赔的计算需要判断受影响的事件是单个事件还是多个事件。工期索赔的计算主要有直接法、网络图分析法和比例计算法三种。

1）直接法。如果某干扰事件直接发生在关键线路上，造成总工期的延误，可以直接将该干扰事件的实际干扰时间作为工期索赔值。

2）网络图分析法。利用进度计划的网络图，分析其关键线路。如果延误的工作为关键工作，则总延误的时间为批准顺延的工期；如果延误的工作为非关键工作，当该工作由于延误超过延误时差限制而成为关键工作时，可以批准延误时间与时差的差值；若该项工作延误后仍为非关键工作，则不存在工期索赔问题。

该方法通过分析干扰事件发生前和发生后网络计划的工期之差来计算工期索赔值，可以用于各种干扰事件和多种干扰事件共同作用所引起的工期索赔。

3）比例计算法。如果某干扰事件仅仅影响某单项工程、单位工程或分部分项工程的工期，要分析其对总工期的影响，可以采用比例计算法分析。

① 已知额外增加工程量时工期索赔的价格，计算方法见式（5-10）。

$$工期索赔值=额外增加的工程量的价格/原合同总价\times原合同总工期 \tag{5-10}$$

② 已知受干扰部分工程的顺延时间，计算方法见式（5-11）。

$$工期索赔值=受干扰部分工期拖延时间\times受干扰部分工程的合同价格/原合同总价 \tag{5-11}$$

该方法简单方便，但有时候并不符合实际情况，不适用于变更施工顺序、加速施工、删减工程量等事件的索赔。

【例5-4】　某工程合同总价为500万元，总工期为18个月，现业主指令增加附属工程合同，价格为50万元，试计算承包商应提出的工期索赔值。

【解】　工期索赔值=额外增加的工程量的价格/原合同总价×原合同总工期

=50/500×18月

=1.8月

所以，承包商应提出1.8月的工期索赔。

5.4.3 工程索赔费用的组成与索赔程序

1. 工程索赔费用的组成

在具体分析费用的可索赔性时，应对各项费用的特点和条件进行审核论证。

（1）人工费　对索赔费用中的人工费部分而言，人工费是指完成合同计划以外的额外工作所花的人工费用；由于非承包商责任的劳动效率降低所增加的人工费用；超过法定工作时间加班劳动以及法定人工费的增长等。

（2）材料费　材料费的索赔包括两个方面：①由于索赔事项的原因而使得材料实际用量大量超过计划用量；②材料价格由于客观原因而大幅度上涨。在这种情况下，增加的材料费理应计入索赔款。

材料费中应包括运输费、仓储费以及合理破损比率的费用。由于承包商管理不善，造成材料损坏失效，则不能列入索赔计价。承包商应该建立健全物质管理制度，记录建筑材料的进货日期和价格，建立领料耗用制度，以便索赔时能准确地分离出索赔事项所引起的建筑材料额外耗用量。

为了证明材料单价的上涨，承包商应提供可靠的订货单、采购单或官方公布的材料价格调整指数。

(3) 施工机具使用费　施工机具使用费的索赔计价比较繁杂，应根据具体情况协商确定。

1）使用承包商自有的设备时，要求提供详细的设备运行时间和台数、燃料消耗记录、随机工作人员工作记录等。这些证据往往难以齐全准确，因而有时双方会产生争执。因此，在索赔计价时往往按照有关的标准手册中关于设备的工作效率、折旧、保养等定额标准进行，有时甚至仅按折旧费收费标准计价。

2）使用租赁的设备时，只要租赁价格合理，又有可信的租赁收费单据时，就可以按租赁价格计算索赔款。

3）为了达到索赔目的，承包商新购设备时要慎重对待。新购设备的成本高，加上运转费，新增款额巨大。除非有工程师或业主的正式批准，承包商不可为此轻率地新购设备；否则，这项新增设备的费用是不会计入索赔款的。

4）施工机械的降低功效或闲置损失费用，一般也难以准确定论，或缺乏令人信服的证据。因此，这项费用一般按其标准定额费用的某一百分比进行计算，比如50%或60%。

5）设备费用一般也包括小型工具和低值易耗品的费用，这部分费用的数量一般也难以准确定论，往往要合同双方判断确定。

(4) 工地管理费　施工索赔款中的工地管理费是指承包商完成额外工程、索赔事项工作以及工期延长期间的工地现场管理，包括管理人员、临时设施、办公、通信、交通等多项费用。

在分析确定索赔款时，有时把工地管理费划分成可变部分和固定部分。可变部分一般是指在延期过程中可以调到其他工程部位（或其他工程项目）上去的那一部分管理设施或人员，如监理人员。固定部分是指在施工期间不易调动的那一部分设施或人员，如办公、食宿设施等。

(5) 总部管理费　总部管理费是指工程项目组向其公司总部上交的一笔管理费，作为总部对该工程项目进行指导和管理工作的费用，它包括总部职工工资、办公大楼、办公用品、财务管理、通信设施以及总部领导人员赴工地检查指导工作等项目开支。

(6) 利息　在索赔款额的计算中，通常要包括利息，尤其是由于工程变更和工期延误时引起的投资增加，承包商有权索取所增加的投资部分的利息，即所谓的融资成本。

另外一种索赔利息的情况是业主拖延支付工程进度款或索赔款，给承包商造成比较严重的经济损失，承包商因而提出延期付款的利息索赔，即所谓的延期付款利息。具体地说，利息索赔通常发生于下列四种情况：①延时付款（或欠款）的利息；②增加投资的利息；③索赔款的利息；④错误扣款的利息。

至于这些利息的具体利率应是多少，在计算中可采用不同的标准，应根据工程项目的合同条款来具体确定。在国际工程承包中，索赔利率主要采用以下规定：①按当时的银行贷款利率；②按当时的银行透支利率；③按合同双方协议的利率。

(7) 利润　利润是承包商的纯收益，是承包商施工的全部收入扣除全部支出后的余额，是承包商经营活动的目的，也是对承包商完成施工任务和承担承包风险的报答。因此，从原则上说，施工索赔费用中是可以包含利润的。

但是，对于不同性质的索赔，取得利润索赔的成功率是不同的。一般来说，由于工程范围的变更（如计划外的工程，或大规模的工程变更）和施工条件的变化引起的索赔，承包商是可以列入利润的，即有权获得利润索赔。由于业主的原因终止或放弃合同的，承包商获得已完成的工程款以外，还应得到原定比例的利润。而对于工程延误的索赔，由于利润通常是包括在每项实施的工程内容的价格之内的，而延误工期并未影响削减某些项目的实施，而导致利润减少。所以，一般监理工程师很难同意在延误的费用索赔中加进利润损失。

2. 工程索赔费用的索赔程序

根据九部委《标准施工招标文件》中的通用合同条款，关于承包人索赔的提出，规定如下：

根据合同约定，承包人认为有权得到追加付款和（或）延长工期的，应按以下程序向发包人提出索赔：

1）承包人应在知道或应当知道索赔事件发生后28天内，向监理人提交索赔意向通知书，并说明发生索赔事件的事由。承包人未在前述28天内发出索赔意向通知书的，将丧失要求追加付款和（或）延长工期的权利。

2）承包人应在发出索赔意向通知书后28天内，向监理人正式递交索赔通知书。索赔通知书应详细说明索赔理由以及要求追加的付款金额和（或）延长的工期，并附必要的记录和证明材料。

3）索赔事件具有连续影响的，承包人应按合理的时间间隔继续递交延续索赔通知书，说明连续影响的实际情况和记录，列出累计的追加付款金额和（或）工期延长天数。

4）在索赔事件影响结束后的28天内，承包人应向监理人递交最终索赔通知书，说明最终要求索赔的追加付款金额和延长的工期，并附必要的记录和证明材料。

根据九部委《标准施工招标文件》中的通用合同条款，发生发包人的索赔事件后，监理人应及时书面通知承包人，详细说明发包人有权得到的索赔金额和（或）延长缺陷责任期的细节和依据。发包人提出索赔的期限和要求与承包人提出索赔的期限和要求相同，延长缺陷责任期的通知应在缺陷责任期届满前发出。

3. 《标准施工招标文件》中规定可索赔的条款

根据《标准施工招标文件》中通用合同条款的内容，可以合理补偿承包人的条款见表5-4。

表5-4　《标准施工招标文件》中合同条款规定可以合理补偿承包人的条款

序号	条款号	条款主要内容	可补偿内容		
			工期	费用	利润
1	1.10.1	施工过程中发现文物、古迹及其他遗迹、化石、钱币或物品	√	√	
2	4.11.2	承包人遇到不利物质条件	√	√	

（续）

序号	条款号	条款主要内容	可补偿内容		
			工期	费用	利润
3	5.2.4	发包人要求向承包人提前交付材料和工程设备		√	
4	5.2.6	发包人提供的材料和工程设备不符合合同要求	√	√	√
5	8.3	发包人提供的基准资料错误导致承包人的返工或造成工程损失	√	√	√
6	11.3	发包人的原因造成工期延误	√	√	√
7	11.4	异常恶劣的气候条件	√		
8	11.6	发包人要求承包人提前竣工		√	
9	12.2	发包人原因引起的暂停施工	√	√	√
10	12.4.2	发包人原因造成暂停施工后无法按时复工	√	√	√
11	13.1.3	发包人原因造成工程质量达不到合同约定验收标准的	√	√	√
12	13.5.3	监理人对隐蔽工程重新检查，经检验证明工程质量符合合同要求的	√	√	√
13	16.2	法律变化引起的价格调整		√	
14	18.4.2	发包人在全部工程竣工前，使用已接受的单位工程导致承包人费用增加	√	√	√
15	18.6.2	发包人的原因导致试运行失败的		√	√
16	19.2	发包人原因导致的工程缺陷和损失		√	√
17	21.3.1	不可抗力	√		

5.5　工程价款的结算

5.5.1　工程价款结算概述

1. 工程价款结算的概念

根据《基本建设财务规则》（中华人民共和国财务部令第81号）的规定，**工程价款结算是指依据基本建设工程发承包合同等进行工程备料款、进度款、竣工价款结算的活动**。项目建设单位应当严格按照合同约定和工程价款结算程序支付工程款。竣工价款结算一般应当在项目竣工验收后2个月内完成，大型项目一般不得超过3个月。项目主管部门应当会同财政部门加强工程价款结算的监督，重点审查工程招投标文件、工程量及各项费用的计取、合同协议、施工变更签证、人工和材料价差、工程索赔等。

根据工程建设的不同时期以及结算对象的不同，工程价款结算分为备料款结算、中间结算和竣工结算。

2. 工程价款结算的依据

根据《建设项目工程结算编审规程》（CECA/GC 3—2010）中的有关规定，工程价款结算应根据下列依据进行编制：

1）国家有关法律、法规和规章制度。

2）国家建设行政主管部门或有关部门发布的工程造价计价标准、计价办法等有关规定。

3）施工发承包合同、专业分包合同及补充合同，有关材料、设备采购合同。

4）招投标文件等相关可依据的材料。

3. 工程价款结算的主要内容

根据《建设项目工程结算编审规程》（CECA/GC 3—2010）的有关规定，**工程价款结算主要包括竣工结算、分阶段结算、专业分包结算、合同终止结算**。

（1）竣工结算　建设项目完工并经验收合格后，对所完成的建设项目进行的全面的工程结算。

（2）分阶段结算　在签订的施工承发包合同中，按工程特征划分为不同阶段的实施和结算。该阶段合同工作内容已经完成，经发包人或有关机构中间验收合格后，由承包人在原合同分阶段价格的基础上编制调整价格并提交发包人审核签认的工程价格。它是表达该工程不同阶段造价和工程价款结算依据的工程中间结算文件。

（3）专业分包结算　在签订的施工承发包合同或由发包人直接签订的分包工程合同中，按工程专业特征分类实施分包和结算。分包合同工作内容已完成，经总包人、发包人或有关机构对专业内容验收合格后，按合同的约定，由分包人在原合同价格基础上编制调整价格并提交总包人、发包人审核签认的工程价格，它是表达该专业分包工程造价和工程价款结算依据的工程分包结算文件。

（4）合同终止结算　工程实施过程中合同终止，对施工承发包合同中已完成且经验收合格的工程内容，经发包人、总包人或有关机构点交后，由承包人按原合同价格或合同约定的定价条款，参考有关规定编制合同终止价格，提交发包人或总包人审核签认的工程价格，它是表达该工程合同终止后已完成工程内容的造价和工程价款结算依据的工程经济文件。

4. 工程价款结算的方式

根据工程的规模、性质、进度及工期要求，并通过合同约定，工程价款结算有多种方式，我国现行的结算方式主要有以下几种：

（1）按月结算　**按月结算**是指每月由施工企业提出已完成工程月报表，连同工程价款结算账单，经建设单位签证，经银行办理工程价款结算的方法。一般分月中预支和不预支两种情况：即实行每月月末结算当月实际完成工程任务的总费用，月初支付，竣工后清算的结算方式；也可以实行月初或月中预付，月终按时结算，竣工后清算的结算方式。合同工期在两个年度以上的工程，在年终进行工程盘点，办理年度结算。

（2）分段结算　**分段结算**是指以单项（或单位）工程为对象，按施工形象进度将其划分为不同的施工阶段，按阶段进行工程价款结算。它是以审定的施工图预算为基础，测算每个阶段的预支款数额。在施工开始时，办理第一阶段的预支款，在该阶段完成后，计算其工程价款，经建设单位签证，交经办银行审查并办理阶段结算，同时办理下一阶段的预支款。分段划分的标准，由各部门或省、自治区、直辖市规定。

（3）竣工后一次结算　**竣工后一次结算**是指建设项目或单项工程全部建筑安装工程建设期在 12 个月以内，或者工程承包合同价值在 100 万元以下的，可以实行开工前预付一定的工程备料款，即工程价款每月预支或分阶段预支，竣工后一次结算工程价款的方式。实行竣工后一次结算和分段结算方式，当年结算的工程款应与分年度的工程量一致，年终不另清算。

（4）其他方式　承发包双方可以根据工程性质，在合同中约定其他的方式办理结算，但前提是有利于工程质量、进度及造价管理等，并且双方同意。

5.5.2　工程备料款

1. 工程备料款的概念

工程备料款是指建设工程施工合同订立后，由发包人按照合同约定，在正式开工前预先支付给承包人的工程款。它是施工准备和所需要的材料、结构件等流动资金的主要来源，国内习惯称其为预付备料款。

2. 工程备料款的预付与扣还

（1）确定工程备料款数额

1）确定工程备料款数额的原则。确定工程备料款的数额，应该以保证施工所需材料和构件的正常储备，保证施工的顺利进行为原则。预收工程备料款数额过少，备料不足，可能造成施工生产停工待料；工程预收款过多，会造成资金积压和浪费，不便于施工企业管理和资金核算。工程备料款的数额，一般是根据施工工期、年度建筑安装工程量中主要材料和构件费用占年度建筑安装工作量的比例以及材料储备时间等因素综合确定的。

2）确定工程备料款数额的方法。

① 影响因素法。影响因素法主要是将影响工程备料款数额的各个因素作为参数，工程备料款数额的计算方法见式（5-12）。

$$M=\frac{PN}{T}t \tag{5-12}$$

式中　M——工程备料款数额；

P——年度建筑安装工作量；

N——主要材料所占合同总价的比重，可根据施工图预算确定；

T——年度施工日历天数；

t——材料储备时间，可根据材料储备定额和当地材料供应情况确定。

② 额度系数法。为了简化工程备料款的计算，将影响工程备料款数额的各因素进行综合考虑，确定为一个系数，即工程备料款额度。其含义是预收工程备料款数额占年度建筑安装工作量的百分比，其计算方法见式（5-13）。

$$M=Pq \tag{5-13}$$

式中　M——工程备料款数额；

P——年度建筑安装工作量。

q——工程备料款额度；

包工包料工程的备料款按合同约定拨付，原则上预付比例为合同价的 10% ~30%，对重大项目，按年度工程计划逐年预付。

（2）工程备料款的扣还　当施工进行到一定程度之后，材料和构配件的储备量将随工程的进行而减少，需要的工程备料款也随之减少，在此后办理工程价款结算时，即可以开始扣还工程备料款。工程备料款的扣还是随工程价款的结算，以冲减工程价款的方法逐渐抵扣，待到工程竣工时，全部工程备料款抵扣完毕。

1）确定工程备料款的起扣点。工程备料款开始扣还时的工程进度状态称为工程备料款的起扣点。工程备料款的起扣点可以用累计完成建筑安装工作量的数额表示，称为累计工作量起扣点；也可以用累计完成建筑安装工作量与年度建筑安装工作量的百分比表示，称为工作量百分比起扣点。

确定工程备料款起扣点的原则是：未完施工工程所需的主要材料和构件的费用等于工程备料款数额。根据该原则，可以采用下述两种方法确定起扣点：

① 确定累计工作量起扣点。根据累计工作量起扣点的含义，即累计完成建筑安装工作量达到起扣点的数额时，开始扣还工程备料款。此时，未完工程的工作量应等于年度建筑安装工作量与累计完成建筑安装工作量之差，未完工程的材料和构件费等于未完工作量乘以主要材料费所占合同总价的比重，其计算方法见式（5-14）和式（5-15）。

$$(P-Q)N=M \tag{5-14}$$

$$Q=P-\frac{M}{N} \tag{5-15}$$

式中 Q——工作量起扣点，即备料款开始扣回时的累计完成工作量金额；

M——工程备料款数额；

P——年度建筑安装工作量；

N——主要材料费所占合同总价的比重。

② 确定工作量百分比起扣点。根据工作量百分比起扣点的含义，即建筑安装工程累计完成的建筑安装工作量占年度建筑安装工作量的百分比达到起扣点的百分比时，开始扣还工程备料款，其计算方法见式（5-16）。

$$D=\frac{Q}{P}=\left(1-\frac{M}{PN}\right) \tag{5-16}$$

式中 D——工作量百分比起扣点。

在实际工作中，工程备料款的起扣点可以由施工企业与建设单位根据工程性质和材料供应情况协商确定。

2）应扣工程备料款的数额有以下几种方法：

① 分次扣还法。按扣还工程备料款的原则，自起扣点开始，在每次工程价款结算时应扣抵工程备料款。抵扣的数量按扣还工程备料款的原则，应该等于本次工程结算价款中的材料和构件费的数额，即工程价款数额和材料比例的乘积。但是在一般情况下，工程备料款的起扣点与工程价款结算间隔点不一定重合。因此，第一次扣还工程备料款数额的计算公式与其后各次工程备料款扣还数额的计算公式略有区别。

a. 第一次扣还工程备料款数额的计算方法见式（5-17）。

$$A_1=(F-Q)N \tag{5-17}$$

式中 A_1——第一次扣还工程备料款数额；

F——累计完成建筑安装工作量。

b. 第二次及其以后各次扣还工程备料款数额的计算方法见式（5-18）。

$$A_i=F_iN \tag{5-18}$$

式中 A_i——第 i 次扣还工程备料款数额；

F_i——第 i 次扣还工程备料款数额时，当次结算完成的建筑安装工作量。

② 一次扣还工程备料款。工程备料款的扣还还可以在未完工程的建筑安装工作量等于预收备料款时，用其全部未完工程价款一次抵扣工程备料款，施工企业停止向建设单位收取工程价款。采用这种方法需要计算出停止收取工程价款的起点，根据以上原则，计算方法见

式（5-19）。

$$K = P(1 - s) - M \tag{5-19}$$

式中　K——停止收取工程价款的起点；

s——扣留工程价款比例，一般取5%～10%，其目的是为了加快收尾工程的进度，扣留的工程价款在竣工结算时结清。

这种扣还工程备料款的方法计算简单，停止收取工程价款的起点在分次扣还法的工程备料款起扣点的后面。从实际上看，在停止收取工程价款起点以后的未完工程价款，已经以工程备料款的形式转入施工单位的账户中，建设单位对未完工程已经失去了经济控制权，若没有其他合同条款规定和措施保证，则一般不宜采用一次扣还工程备料款的方法。

【例5-5】　某工程承包合同价为660万元，预付备料款额度为20%，主要材料及构配件费用占工程造价的60%，每月实际完成的工作量及合同价调整额如表5-5所示，根据合同规定对材料和设备价差进行调整（按有关规定上半年材料和设备价差上调10%，在6月一次调整），试计算该工程的预付备料款、2～5月结算工程款及竣工结算工程款。

表5-5　每月实际完成的工作量及合同价调整额

月　　份	2月	3月	4月	5月	6月
完成工作量/万元	55	110	165	220	110

【解】　1）预付备料款为：660万元×20%＝132万元

2）预付备料款起扣点为：660万元－132万元/0.6＝440万元

即当累计结算工程款为440万元时，开始扣备料款。

3）2月应结工程款为55万元，累计拨款额为55万元。

4）3月应完成工作量110万元，结算110万元，累计拨款额为165万元。

5）4月应完成工作量165万元，结算165万元，累计拨款额为330万元。

6）5月应完成工作量220万元，累计拨款额为550万元，已达到预付备料款起扣点440万元，应结工程款为：220万元－(220＋330－440)万元×60%＝154万元，累计拨款额为484万元。

7）竣工结算工程款为：660万元＋660万元×0.6×10%＝699.6万元。

3. 安全文明施工费

安全文明施工费的内容和范围，应以国家和工程所在地省级建设行政主管部门的规定为准。发包人应在工程开工后的28天内预付不低于当年的安全文明施工费总额的50%，其余部分与进度款同期支付。发包人没有按时支付安全文明施工费的，承包人可催告发包人支付；发包人在付款期满后的7天内仍未支付的，若发生安全事故，发包人应承担连带责任。

承包人应对安全文明施工费专款专用，在财务项目中单独列项备案，不得挪作他用，否则发包人有权要求其限期改正；逾期未改正的，造成的损失和（或）延误的工期由承包人承担。

4. 总承包服务费

发包人应在开工后的28天内向承包人预付总承包服务费的20%，分包进场后，其余部分与进度款同期支付。发包人未按合同约定向承包人支付总承包服务费的，承包人可不履行总包服务义务，由此造成的损失（如有）由发包人承担。

5.5.3 工程进度款结算（中间结算）

1. 工程进度款的概念

在工程建设过程中，以施工单位提出的统计进度月报表作为支取工程款的凭证，即通常所称的工程进度款。

2. 工程进度款的计算

施工企业在施工过程中，根据工程施工的进度和合同规定，按逐月（或形象进度、或控制界面等）完成的工程数量计算各项费用，向建设单位（业主）收取工程进度款。

工程进度款的收取，一般是月初收取上期完成的工程进度款，当累计工程价款未达到起扣点时，此时工程进度款额应等于施工图预算中所完成建筑安装工程费用之和。当累计完成工程价款总和达到起扣点时，就要从每期工程进度款中减去应扣的备料款数额。计算公式如下：

1）未达到起扣工程备料款情况下的工程进度款结算的计算方法见式（5-20）。

$$\text{应收取的工程进度款} = \sum(\text{本期已完工程量} \times \text{预算价格}) + \text{相应该收取的其他费用} \tag{5-20}$$

2）已达到起扣工程备料款情况下的工程进度款结算的计算方法见式（5-21）。

$$\text{应收取的工程进度款} = \left[\sum(\text{本期已完工程量} \times \text{预算价格}) + \text{相应该收取的其他费用}\right] \times (1 - \text{主要材料所占合同总价的比重}) \tag{5-21}$$

3. 工程进度款支付的程序

工程进度款支付的程序如图5-1表示。

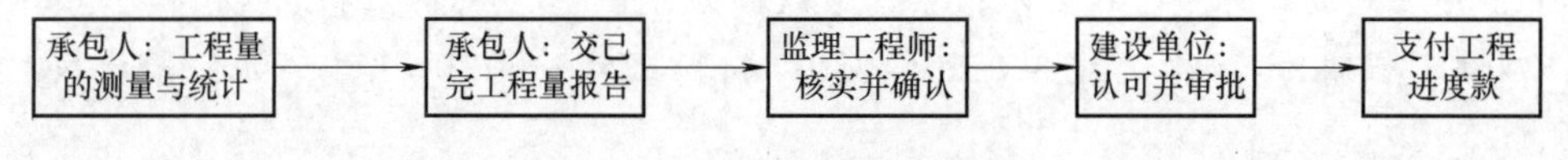

图5-1 工程进度款支付的程序

（1）工程量的确认

1）承包人应当按照合同约定的方法和时间，向发包人提交已完工程量的报告。发包人接到报告后14天内核实已完工程量，并在核实前1天通知承包人，承包人应提供条件并派人参加核实，承包人收到通知后不参加核实的，以发包人核实的工程量作为工程价款支付的依据。发包人不按约定时间通知承包人，致使承包人未能参加核实的，核实结果无效。

2）发包人收到承包人报告后14天内未核实完工程量的，从第15天起，承包人报告的工程量即视为被确认，作为工程价款支付的依据，双方合同另有约定的，按合同执行。

3）对承包人超出设计图纸（含设计变更）范围和因承包人原因造成返工的工程量，发包人不予计量。

（2）工程进度款的支付　国家财政部、建设部颁布的《建设工程价款结算暂行办法》中对工程进度款的支付做了如下详细规定：

1）在双方计量确认后14天内，发包人应按不低于工程价款的60%，不高于工程价款的90%向承包人支付工程款（进度款）。同期用于工程上的甲方供应材料设备的价款，以及按约定时间甲方应按比例扣回的备料款，同期结算。

2）符合规定范围的合同价款的调整，工程变更调整的合同价款及其他条款中约定的追加合同价款，应与工程款（进度款）同期调整支付。

3）发包人超过约定的支付时间不支付工程款（进度款）的，承包人可向发包人发出要求付款通知。发包人收到承包人通知后仍不能按要求付款的，可与承包人协商签订延期付款协议，经承包人同意后可延期支付。协议须明确延期支付时间和从发包人签字后第15天起计算应付款的贷款利息。

4）发包人不按合同约定支付工程款（进度款），双方又未达成延期付款协议，导致施工无法进行的，承包人可停止施工，由发包人承担违约责任。

4. 质量保证金

（1）质量保证金的概念　按照《建设工程质量保证金管理办法》（建质［2017］138号）的规定，**建设工程质量保证金**（以下简称保证金）是指发包人与承包人在建设工程承包合同中约定，从应付的工程款中预留，用以保证承包人在缺陷责任期内对建设工程出现的缺陷进行维修的资金。

缺陷是指建设工程质量不符合工程建设强制性标准、设计文件，以及承包合同的约定。**缺陷责任期一般为1年，最长不超过2年，由发承包双方在合同中约定**。

（2）发承包双方的约定　发包人应在招标文件中明确保证金预留、返还等内容，并与承包人在合同条款中对涉及保证金的下列事项进行约定：

1）保证金预留、返还方式。

2）保证金预留比例、期限。

3）保证金是否计付利息，如计付利息，则利息的计算方式。

4）缺陷责任期的期限及计算方式。

5）保证金预留、返还及工程维修质量、费用等争议的处理程序。

6）缺陷责任期内出现缺陷的索赔方式。

7）逾期返还保证金的违约金支付办法及违约责任。

（3）保证金的预留及管理　发包人应按照合同约定方式预留保证金，保证金总预留比例不得高于工程价款结算总额的3%。**合同约定由承包人以银行保函替代预留保证金的，保函金额不得高于工程价款结算总额的3%**。

缺陷责任期内实行国库集中支付的政府投资项目，保证金的管理应按国库集中支付的有关规定执行。其他政府投资项目，保证金可以预留在财政部门或发包方。缺陷责任期内，如发包方被撤销，保证金随交付使用资产一并移交使用单位管理，由使用单位代行发包人职责。**社会投资项目采用预留保证金方式的，发、承包双方可以约定将保证金交由第三方金融机构托管**。

推行银行保函制度，承包人可以用银行保函替代预留保证金。

（4）保证金的返还　缺陷责任期从工程通过竣工验收之日起计。由于承包人原因导致工程无法按规定期限进行竣工验收的，缺陷责任期从实际通过竣工验收之日起计。**由于发包人原因导致工程无法按规定期限进行竣工验收的，在承包人提交竣工验收报告90天后，工**

程自动进入缺陷责任期。

缺陷责任期内，承包人认真履行合同约定的责任，到期后，承包人向发包人申请返还保证金。

发包人在接到承包人返还保证金申请后，应于14天内会同承包人按照合同约定的内容进行核实。如无异议，发包人应当按照约定将保证金返还给承包人。**对返还期限没有约定或者约定不明确的，发包人应当在核实后14天内将保证金返还承包人，逾期未返还的，依法承担违约责任**。发包人在接到承包人返还保证金申请后14天内不予答复，经催告后14天内仍不予答复的，视同认可承包人的返还保证金申请。

5.5.4　工程竣工结算

1. 工程竣工结算的概念

工程竣工结算是指工程项目完工并经竣工验收合格后，发承包双方按照施工合同的约定对所完成的工程项目进行的工程价款的计算、调整和确认。工程竣工结算分为单位工程竣工结算、单项工程竣工结算和建设项目竣工总结算，其中，单位工程竣工结算和单项工程竣工结算也可看作分阶段结算。

2. 工程竣工结算的办理

工程竣工结算的编制及办理是一项政策性较强，反映技术经济综合能力的工作，既要做到正确反映建筑安装工程本身的价值，不得主观夸大其价值套取投资，又不得故意分解项目压低结算值从而使国家税收减少等情况发生。同时，在编制结算时，又要严格执行国家有关部门的各项规定，对属于国家投资或以国家投资为主的工程项目进行结算时，需经主管部门委托专业银行或造价中介机构进行审查，个别项目还要经过审计部门综合审计。

由于工程结算价款事关业主支付给承包人多少数额的资金，同时也决定承包人最终能收取多少款项的问题，其专业性及经济责任都非常强。随着工程造价咨询中介机构的发展，目前很多业主都委托这些专业机构进行结算核对，以加快结算办理速度和体现公正性。

工程竣工结算的造价控制应着重做好以下工作：

1）严格按招标文件和合同条款处理结算问题，不得随意改变结算方式和方法。

2）认真复核施工过程中出现的设计变更、施工签证、索赔事项及材料、设备的认价单，并对其量、价与工程实际和市场价格进行对比分析，发现问题，追查落实，保证其公正性。

3）与招标工程量清单和报价单核对，审查编制的依据和各项资金数额的正确性。

3. 工程竣工结算的编制

（1）不同工程类型竣工结算的编制　单位工程竣工结算由承包人编制，发包人审查；实行总承包的工程，由具体承包人编制，在总包人审查的基础上，发包人审查。单位工程竣工结算或建设项目竣工总结算由总（承）包人编制，发包人可直接进行审查，也可以委托具有相应资质的工程造价咨询机构进行审查。政府投资项目，由同级财政部门审查。单项工程竣工结算或建设项目竣工总结算经发承包人签字盖章后有效。承包人应在合同约定的期限内完成项目竣工结算编制工作，未在规定期限内完成的并且提出不正当理由延期的，责任自负。

（2）工程竣工结算的编制依据

1）国家有关法律、法规、规章制度和相关的司法解释。

2）国务院建设主管部门以及省、自治区、直辖市和有关部门发布的工程造价计价标准、计价方式、有关规定和相关解释。

3）《计价规范》。

4）施工承发包合同、专业分包合同及补充合同，有关材料、设备采购合同。

5）招投标文件，包括招标答疑文件、投标承诺、中标报价书及其组成内容。

6）工程竣工图或施工图、施工图会审记录，经批准的施工组织设计，以及设计变更、工程洽商和相关会议纪要。

7）经批准的开、竣工报告或停、复工报告。

8）发承包双方实施过程中已确认的工程量及其结算的合同价款。

9）发承包双方实施过程中已确认调整后追加（减）的工程价款。

10）其他依据。

4. 工程竣工结算价的确定

在工程量清单计价模式下，工程竣工结算的内容应包括工程量清单计价表中包括的各项费用内容。

1）分部分项工程费应依据双方确认的工程量、合同约定的综合单价计算；如发生调整的，以发承包双方确认调整的综合单价计算。

2）措施项目费应依据合同约定的项目和金额计算；如发生调整的，以发承包双方确认调整的价格计算。

3）其他项目费用应按下列规定计算：

① 计日工应按发包人实际签证确认的事项计算。

② 暂估价中的材料单价应按发承包双方最终确认价在综合单价中调整；专业工程暂估价应按中标价或发包人、承包人与分包人最终确认价计算。

③ 总承包服务费应依据合同约定的金额计算，如发生调整的，以发承包双方确认调整的金额计算。

④ 索赔费用应依据发承包双方确认的索赔事项和金额计算。

⑤ 现场签证费用应依据发承包双方签证资料确认的金额计算。

⑥ 暂列金额应减去工程价款调整与索赔、现场签证金额计算，如有余额归发包人。

⑦ 规费和税金应按规定计算。

5. 最终结清

发承包双方应在合同中约定最终结清款的支付时限。承包人应按照合同约定的期限向发包人提交最终结清支付申请。发包人对最终结清支付申请有异议的，有权要求承包人进行修正和提供补充资料。承包人修正后，应再次向发包人提交修正后的最终结清支付申请。发包人应在收到最终结清支付申请后的14天内予以核实，向承包人签发最终结清证书。发包人应在签发最终结清证书后的14天内，按照最终结清支付证书列明的金额向承包人支付最终结清款。若发包人未在约定的时间内核实，又未提出具体意见的，视为承包人提交的最终结清支付申请已被发包人认可。发包人未按期最终结清支付的，承包人可催告发包人支付，并有权获得延迟支付的利息。

5.5.5 工程价款的动态结算

合同价是当时签订合同时的瞬值，而构成造价的主要人工费、材料费、施工机具使用费及其他费率是随着时间变化的，因此，静态结算没有反映价格的时间动态性。为了克服这个缺点，把各种动态因素纳入结算过程中认真加以计算，使工程价款结算能基本反映工程项目实际消耗费用，使企业获取一定的调价补偿，从而维护双方正当的合法权益。

1. 常用的工程价款动态结算方法

（1）造价指数调整法　这种方法是根据工程所在地造价管理部门所公布的该月度（或季度）工程造价指数，结合工程施工的合理工期，对原承包合同价予以调整的方法。调整时，重点调整由于实际人工费、材料费、施工机具使用费等上涨及工程变更等因素造成的价差，并对承包人给予调价补偿。

【例5-6】 某地建筑公司承建一教学楼，工程合同价款为600万元，2015年3月签订合同并开工，2016年11月竣工完成，已知该地区2015年3月的造价指数为100.02，2016年11月的造价指数为100.14，试计算该工程的调整价差。

【解】 完工时调整价为：600万元×100.14/100.02=600.72万元

工程价差调整为：600.72万元-600万元=0.72万元

（2）实际价格调整法　这种方法是根据工程中主要材料的实际价格对原合同价进行调整，比造价指数调整法更具体、更实际，但这对业主或发包人节约投资或控制造价不是很有利，主要造价风险全部由发包人承担，这种方式一般只适合比较特殊的工程或市场价格变化比较大时采用。同时，对市场价格也应控制最高结算上限价，要求承包人选择相对廉价的供货来源，以避免此种调价方式的不足，达到降低成本的目的。

（3）调价文件法　由于建筑市场材料的采购范围很广，造价指数调整法又比较综合，在按实际价格计算时，上限价控制“价”与“质”的符合性及价格管理控制等都有一定难度。因此，很多地区造价管理部门定期颁布主要材料的价格信息，承包人可依据工程施工的工期及完成工程量的相关阶段，对主要材料执行当地价格信息指导价，对工程实行动态调差。同样因法律、政策变化导致承包人在合同履行中所需要的工程费用发生增减时，应根据国家或省、自治区、直辖市有关部门的法律、政策规定，商定或确定需调整的合同价款。

（4）调值公式法　这种方法实际是一种主要费用价格指数法，即根据构成工程结算的主要费用，如人工费、材料费等的价格指数变化来综合代表工程价格变化，以便尽量与实际情况接近。这也是一种调价的国际惯例。一般业主及承包人双方在签订合同时就应明确调整公式、各部分构成成本的比重系数、允许调整的百分比及双方承担的比例。

建筑安装工程的调值公式一般包括固定部分、材料部分和人工部分，对于工程规模大的复杂工程，公式分项也可以多例，调值公式见式（5-22）。

$$P = P_0(a_0 + a_1 \times A/A_0 + a_2 \times B/B_0 + a_3 \times C/C_0 + \cdots) \tag{5-22}$$

式中　P——调值后的结算价；

P_0——合同规定的结算价；

a_0——合同支付中不能调整的固定部分所占合同总价的比例，一般在0.15～

0.35左右；

a_1，a_2，a_3…——各项费用所占合同总价的比例，如人工费所占结算价的比例、材料费所占结算价的比例等，$a_0+a_1+a_2+\cdots=1$；

A，B，C…——工程结算时各项费用的现行价格指数或价格；

A_0，B_0，C_0…——签订合同时各项费用的基期价格指数或价格。

【例5-7】 某地一建筑工程的合同价为200万元，2015年1月签订合同并开工，工程于2016年12月完成，合同规定各分部占成本比重为：不调部分为20%，人工费为25%，钢材为15%，水泥为15%，标准砖为10%，砂为5%，石子为5%，木材为5%，2015年1月的造价指数为：人工费为100.1，钢材为100.6，水泥为101.8，标准砖为100.2，砂为96.8，石子为94.5，木材为98.8，2016年12月的造价指数为：人工费为107.2，钢材为99.2，水泥为104.1，标准砖为101.1，砂为95.2，石子为93.8，木材为105.8。试计算工程实际结算价款。

【解】 工程实际结算价款 $=200$ 万元 $\times(0.2+0.25\times107.2/100.1+0.15\times99.2/100.6+0.15\times104.1/101.8+0.1\times101.1/100.2+0.05\times95.2/96.8+0.05\times93.8/94.5+0.05\times105.8/98.8)=204.46$ 万元

---

(5) 设备、工器具和材料价款的动态结算

设备、工器具和材料价款的动态结算主要是依据国际上流行的货物及设备价格调值公式来计算，其计算方法见式（5-23）。

$$p_1=p_0(a+b\times M_1/M_0+c\times L_1/L_0) \tag{5-23}$$

式中　p_1——应付给供货人的价格或结算款；

p_0——合同价格（基价）；

M_0——原料的基本物价指数，取投标截止日期前28天的指数；

L_0——特定行业人工成本的基本指数，取投标截止日期前28天的指数；

M_1、L_1——在合同执行时的相应指数；

a——管理费用和利润占合同价的百分比，这一比例是不可调整的，因而称之为“固定分”；

b——原料成本占合同价的百分比；

c——人工成本占合同价的百分比。

在式（5-23）中，$a+b+c=1$，其中：

a的数值可因货物性质的不同而不同，一般占合同价的5%～15%；

b是通过设备、工器具制造中消耗的主要材料的物价指数进行调整的；

c通常是根据整个行业的物价指数调整的。在极少数情况下，将人工成本c分解成两个或三个部分，通过不同的指数来进行调整。

对于有多种主要材料和成分构成的成套设备合同，则可采用更为详细的公式进行逐项的计算调整，其计算方法见式（5-24）。

$$p_1=p_0(a+b\times M_{S1}/M_{S0}+c\times M_{C1}/M_{C0}+d\times M_{P1}/M_{P0}+e\times L_{E1}/L_{E0}+f\times L_{P1}/L_{P0}) \tag{5-24}$$

式中　M_{S1}/M_{S0}——钢板的物价指数；

M_{C1}/M_{C0}——电解铜的物价指数；

M_{P1}/M_{P0}——塑料绝缘材料的物价指数；

L_{E1}/L_{E0}——电气工业的人工费用指数；

L_{P1}/L_{P0}——塑料工业的人工费用指数；

a——固定成本在合同价格中所占的百分比；

b、c、d——每类材料成分的成本在合同价格中所占的百分比；

e、f——每类人工成分的成本在合同价格中所占的百分比。

（6）工程合同价款中综合单价的调整　对实施工程量清单计价的工程，应采用单价合同方式。即合同约定的工程价款中所包含的工程量清单项目综合单价在约定条件内是固定的，不予调整，工程量允许调整。工程量清单项目综合单价在约定的条件外的，允许调整。调整方式、方法应在合同中约定。若合同未做约定，可参照以下原则办理：

1）当工程量清单项目工程量的变化幅度在10%以内时，其综合单价不做调整，应执行原有的综合单价。

2）当工程量清单项目工程量的变化幅度在10%以外，且其影响分部分项工程费超过0.1%时，其综合单价以及对应的措施费（如有）均应做调整。调整的方法是由承包人对增加的工程量或减少后剩余的工程量提出新的综合单价和措施项目费，经发包人确认后调整。

2. 工程价款动态结算的程序

工程价款调整报告应由受益方在合同约定的时间内向合同的另一方提出，经对方确认后调整合同价款。受益方未在合同约定的时间内提出工程价款调整报告的，视为不涉及合同价款的调整。当合同未做约定时，可按下列规定办理：

1）调整因素确定后14天内，由受益方向对方递交调整工程价款报告。受益方在14天内未递交调整工程价款报告的，视为不调整工程价款。

2）收到调整工程价款报告的一方应在收到之日起14天内予以确认或提出协商意见，如在14天内未做确认也未提出协商意见时，视为调整工程价款报告已被确认。

经发承包双方确定调整的工程价款，应作为追加（减）合同价款，与工程进度款同期支付。

案例分析

背景资料：

某项工程项目，业主与承包人签订了工程施工承包合同。合同中的估算工程量为5000m^3，全费用单价为200元/m^3，合同工期为6个月。有关付款条款如下：

1）开工前业主应向承包人支付估算合同总价20%的工程备料款。

2）业主自第一个月起，从承包人的工程款中，按5%的比例扣留保证金。

3）当累计实际完成工程量超过（或低于）估算工程量的10%时，可进行调价，调价系数为0.9（或1.1）。

4）每月支付工程款最低金额为15万元。

5）工程备料款从乙方获得累计工程款超过估算合同价的30%以后的下一个月起，至第5个月均匀扣除。

承包人每月实际完成并经签证确认的工程量见表5-6。

表5-6　承包人每月实际完成的工程量

月　份	1	2	3	4	5	6
完成工程量/m^3	800	1 000	1 000	1 100	1 000	400
累计完成工程量/m^3	800	1 800	2 800	3 900	4 900	5 300

试计算：

1）估算合同总价为多少？

2）工程备料款为多少？工程备料款从哪个月起扣留？每月应扣工程备料款为多少？

3）每月工程量价款为多少？业主应支付给承包人的工程款为多少？

分析：

本案例考核合同总价的估算方法以及对工程预付款等一系列计算公式的理解。

解答：

1）估算合同总价为：5 000m^3 ×200 元/m^3 =1 000 000 元 =100 万元

2）工程备料款为：100 万元 ×20% =20 万元

工程备料款应从第3个月起扣留，因为第1、2两个月累计的工程款为：

1 800m^3 ×200 元/m^3 =360 000 元 =36 万元 >100 万元 ×30% =30 万元

每月应扣工程备料款为：20 万元/3 =6.67 万元

3）每月工程量价款及业主应支付给承包人的工程款计算：

① 第1个月的工程量价款为：800m^3 ×200 元/m^3 =160 000 元 =16 万元

应扣留保证金为：16 万元 ×5% =0.8 万元

本月应支付工程款为：16 万元 -0.8 万元 =15.2 万元

因为15.2 万元 >15 万元，所以第1个月业主应支付给承包人的工程款为15.2 万元。

② 第2个月的工程量价款为：1 000m^3 ×200 元/m^3 =200 000 元 =20 万元

应扣留保修金为：20 万元 ×5% =1 万元

本月应支付工程款为：20 万元 -1 万元 =19 万元

因为19 万元 >15 万元，所以第2个月业主应支付给承包人的工程款为19 万元。

③ 第3个月的工程量价款为：1 000m^3 ×200 元/m^3 =200 000 元 =20 万元

应扣留保证金为：20 万元 ×5% =1 万元

应扣工程备料款6.67 万元。

因为本月应支付工程款为20 万元 -1 万元 -6.67 万元 =12.33 万元 <15 万元，所以第3个月不予支付工程款。

④ 第4个月的工程量价款为：1 100m^3 ×200 元/m^3 =220 000 万元 =22 万元

应扣留保证金为：22 万元 ×5% =1.1 万元

应扣工程备料款6.67 万元。

本月应支付工程款为22 万元 -1.1 万元 -6.67 万元 =14.23 万元

因为12.33 万元 +14.23 万元 =26.56 万元 >15 万元，所以第4个月业主应支付给承包人的工程款为14.23 万元。

⑤ 第5个月的工程量价款为：1 000m^3 ×200 元/m^3 =200 000 元 =20 万元

应扣留保证金为：20 万元 ×5% =1 万元

应扣工程备料款 6.67 万元

因为本月应支付工程款为 20 万元 − 1 万元 − 6.67 万元 = 12.33 万元 < 15 万元，所以第 5 个月不予支付工程款。

⑥ 第 6 个月的工程量价款为：$400m^3 \times 200$ 元/m^3 = 80 000 元 = 8 万元

应扣留保证金为：8 万元 × 5% = 0.4 万元

本月应支付工程款为：8 万元 − 0.4 万元 = 7.6 万元

第 6 个月业主应支付给承包人的工程款为 12.33 万元 + 7.6 万元 = 19.93 万元。

本章小结及关键概念

• **本章小结：** 施工阶段工程造价控制的主要任务是通过工程付款控制、工程变更费用控制、费用索赔的预防和挖掘节约工程造价的潜力，来实现实际发生的费用不超过计划投资的目的。

施工组织设计优化就是通过科学的方法，对多方案的施工组织设计进行技术经济分析、比较，从中择优确定最佳方案。因此进行施工组织设计优化是控制工程造价的有效渠道，其最终目的是提高经济效益，节约工程总造价。

工程变更包括设计变更、进度计划变更、施工条件变更以及原招标文件和工程量清单中未包括的“新增工程”。按照我国现行规定，无论任何一方提出工程变更，均需由工程师签发工程变指令。发包人提出的工程变更、承包人提出的工程变更、由施工条件引起的工程变更应采取不同的处理措施。

工程索赔的分类方法有很多种，可以按索赔当事人、索赔目标、索赔事件的性质、索赔的对象、索赔的处理方式等进行分类。引起索赔的干扰事件包括当事人违约、不可抗力事件、合同缺陷、合同变更、工程师指令以及其他第三方原因等。索赔处理应按一定的原则和程序进行。不管是时间索赔还是费用索赔，要根据不同的情况采用适当的索赔计算方法。

建设项目施工阶段工程价款的支付可分为三个主要的过程：开工前的预付，施工过程中的中间结算，办理竣工验收手续后进行的竣工结算。工程备料款是施工企业为该承包工程项目储备主要材料、结构件所需要的流动资金，也称之为预付备料款，工程备料款属于预支性质。工程实施后，随着工程所需主要材料储备逐渐减少，应以抵充工程价款的方式陆续扣回。工程进度款和竣工结算款主要的几种结算方式有按月结算、分段结算、竣工后一次结算以及结算双方约定的其他结算方式。

• **关键概念：** 工程变更、工程索赔、反索赔、工期索赔、工程价款结算、工程备料款、工程进度款、合同价款调整、工程结算、质量保证金、竣工结算。

习题

一、选择题

1. 以下不属于工程变更范围的选项是（　　）。

A. 调减合同中规定的工程量　　　　B. 调整地方工程管理的相关法规

C. 更改工程有关部位的标高　　　　D. 改变有关施工时间和顺序

2. 下列关于工程量偏差引起合同价款调整的叙述，正确的是（　　）。

A. 实际工程量比招标工程量清单减少 15% 时，应相应调高综合单价

B. 实际工程量比招标工程量清单减少 15%，且引起措施项目变化时，若措施项目按系数计价，则应相应调低措施项目费

C. 实际工程量超过招标工程量清单的15%时，应相应调低综合单价，调低措施项目费

D. 实际工程量比招标工程量清单增加10%，且引起措施项目变化时，若措施项目按系数计价，则应相应调高措施项目费

3. 以下方法中，不属于索赔费用常用的计算方法的是（　　）。

A. 总费用法　　B. 定额法　　C. 修正的总费用法　　D. 实际费用法

4. 按照索赔事件的性质分类，在施工中发现地下流沙引起的索赔属于（　　）。

A. 工程延误索赔　　B. 合同被迫终止索赔

C. 意外风险和不可预见因素索赔　　D. 工程变更索赔

5. 根据《标准施工招标文件》中合同条款的规定，承包人可以索赔工期的是（　　）。

A. 施工过程中发现文物　　B. 发包人要求向承包人提前交付工程设备

C. 政策变化引起的价格调整　　D. 发包人原因导致的工程缺陷和损失

6. 某项工程合同价款为1 000万元，约定预付备料款为25%，主要材料占工程价款的60%。预付备料款从未施工工程上需要的主要材料机构配件价值相当于备料款时开始扣回。该工程备料款为（　　）。

A. 350万元　　B. 850万元　　C. 600万元　　D. 250万元

二、填空题

1. 根据我国现行的合同条款，在合同履行过程中，承包人发现有变更情况的，可以向监理人提出________。

2. 按照索赔事件的性质分类，在施工中发现地下流沙引起的索赔属于________索赔。

3.《建设工程施工合同（示范文本）》规定，工程备料款预付时间为________天。

4. 某工程合同总额为300万元，工程备料款为合同价格的12%，主要材料、构件所占比重为60%，则该工程备料款的起扣点是________万元。

5. 某项目合同价款为2 000万元，根据工程造价指标，人工费占工程造价的25%，材料费占工程造价的50%，工程款结算时，比签订合同时期人工工资指数上涨10%，材料价格指数下降15%，则动态结算价格应为________万元。

三、简答题

1. 什么叫工程变更？工程变更的处理程序是什么？

2. 施工索赔的费用由哪些费用组成？

3. 什么是工程备料款？简述我国工程备料款的支付与扣回方法。

4. 如何办理竣工结算？

5. 简述物价变化导致合同价款调整的主要计算方法。

6. 简述工程价款的结算方式。

7. 简述工程价款动态结算的方法。

四、计算题

1. 某工程合同总额为350万元，工程备料款为25万元，主要材料、构件所占比重为60%，试计算起扣点。

2. 某建筑工程承包合同总额为650万元，主要材料及构件金额占合同总额的62. 5%，预付备料款额度为25%，工程备料款扣款的方法是以未施工工程尚需的主要材料及构件的价值相当于工程备料款数额时起扣，从每次中间结算工程价款中，按材料及构件比重抵扣工程价款。保留金为合同总额的5%。2016年上半年各月实际完成合同价值如表5-7所示，请问如何按月结算工程款？

表5-7　2016年上半年各月实际完成合同价值

月　份	二　月	三　月	四　月	五　月
完成合同价值/万元	110	160	180	200

第 6 章
建设项目竣工阶段工程造价确定与控制

学习要点

• 知识点：建设项目竣工验收的概念、条件、作用、任务、内容及程序，竣工决算的概念、作用及编制，竣工决算书的组成，竣工结算与竣工决算的区别，新增资产价值的确定，保修与保修金的概念，工程质量保修的范围与期限，保修金的预留、使用及其相关规定，建设项目后评估的概念、意义、种类、内容、程序、方法及其指标的计算。

• 重点：竣工验收的条件、内容，竣工决算的概念、内容及编制，新增资产价值的确定方法，建设项目工程质量的保修范围与期限，保修金的处理。

• 难点：竣工决算的内容与编制，新增资产价值的确定方法。

案例导入

假如你是一名造价工程师，现在面临的工作情况是：某一大中型建设项目于2013 年开工建设，2015 年底已经完成部分单项工程，经验收合格后，已经交付使用的资产包括：固定资产价值为125 000 万元；生产准备的使用期限在一年以内的备品备件、工具、器具等流动资产价值为40 000 万元，期限在一年以上，单位价值在1 500 元以上的工具为100 万元；建造期间购置的专利权、专有技术等无形资产为2 500 万元，摊销期为5 年。该项目有关财务核算资料均已给出，你能够根据上述相关资料编制该项目竣工财务决算表吗？

6.1 概述

6.1.1 建设项目竣工验收及其工程造价管理

1. 建设项目竣工验收的概念

建设项目竣工验收是指建设单位、施工单位、设计单位、其他有关部门以及项目验收委员会等，以项目批准的设计任务书和设计文件、国家或部门颁发的施工验收规范和质量检验标准为依据，按照一定的程序和手续，在项目建成并试生产合格后，对工程项目总体进行检验和认证，综合评价和鉴定的过程。

2. 建设项目竣工验收的条件

根据《建设工程质量管理条例》规定，建设工程竣工验收应当具备以下条件：

1）完成建设工程设计和合同约定的各项内容。

2）有完整的技术档案和施工管理资料。

3）有工程使用的主要建筑材料、建筑构配件和设备的进场试验报告。

4）有勘察、设计、施工、工程监理等单位分别签署的质量合格文件。

5）有施工单位签署的工程保修书。

3. 建设项目竣工验收的作用

1）全面考核建设成果，检查设计、工程质量是否符合要求，确保项目按设计要求的各项技术经济指标正常使用。

2）通过竣工验收办理固定资产使用手续，可以总结工程建设经验，为提高建设项目的经济效益和管理水平提供重要依据。

3）建设项目竣工验收是项目实施阶段的最后一个程序，是建设成果转入生产使用的标志，是审查投资使用是否合理的重要环节。

4）建设项目建成投产交付使用后，能否取得良好的宏观效益，需要经过国家权威管理部门按照技术规范、技术标准组织验收确认，因此，竣工验收是建设项目转入投产使用的必要环节。

4. 建设项目竣工验收的任务

1）发包人、勘查和设计单位、监理人、承包人分别对建设项目的决策和论证、勘察和设计，以及施工的全过程进行最后的评价，对各自在建设项目进展过程中的经验和教训进行客观的评价，以保证建设项目按设计要求的各项技术经济指标正常使用。

2）办理建设项目的验收和移交手续，并办理建设项目竣工结算和竣工决算，以及建设项目档案资料的移交和保修手续等，总结建设经验，提高建设项目的经济效益和管理水平。

3）承包人通过竣工验收应采取措施将该项目的收尾工作和包括市场需求、“三废”治理、交通运输等问题在内的遗留问题尽快处理好，确保建设项目尽快发挥效益。

5. 建设项目竣工阶段工程造价管理

建设项目竣工验收内容中，工程资料验收是其一方面的内容，其中在工程财务资料中，就应包括验收阶段造价方面的资料。在竣工验收阶段，从工程造价的管理角度来看，主要是工程竣工结算及竣工决算的办理与计算。**在竣工验收阶段，无论是与施工企业的结算，还是业主自身的最终决算，都要及时办理。否则，将会影响竣工验收及交付使用，这对是否能够发挥投资的经济效益影响非常重大。**

6.1.2 建设项目竣工验收的内容

不同的建设项目，其竣工验收的内容不完全相同，但一般均包括工程资料验收和工程内容验收两部分。

1. 工程资料验收

工程资料验收包括工程技术资料验收、工程综合资料验收和工程财务资料验收。

（1）工程技术资料验收

1）工程地质、水文、气象、地形、地貌、建筑物、构筑物及重要设备安装位置、勘察报告、记录。

2）初步设计、技术设计或扩大初步设计、关键的技术试验、总体规划设计。

3）土质试验报告、基础处理。

4）建筑工程施工记录、单位工程质量检验记录、管线强度、密封性试验报告、设备及管线安装施工记录及质量检查、仪表安装施工记录。

5）设备试车、验收运转、维修记录。

6）产品的技术参数、性能、图纸、工艺说明、工艺规程，技术总结、产品检验、包装工艺图。

7）设备的图纸说明书。

8）涉外合同、谈判协议、意向书。

9）各单项工程及全部管网竣工图等资料。

（2）工程综合资料验收

1）项目建议书及批件。

2）可行性研究报告及批件。

3）项目评估报告。

4）环境影响评估报告书。

5）设计任务书。

6）土地征用申报及批准的文件。

7）承包合同。

8）招投标文件。

9）施工执照。

10）项目竣工验收报告。

11）验收鉴定书。

（3）工程财务资料验收

1）历年建设资金供应（拨、贷）情况和应用情况。

2）历年批准的年度财务决算。

3）历年年度投资计划、财务收支计划。

4）建设成本资料。

5）支付使用的财务资料。

6）设计概算、预算资料。

7）施工决算资料。

2. 工程内容验收

工程内容验收包括建筑工程验收和安装工程验收。

（1）建筑工程验收　建筑工程验收主要是运用有关资料进行审查验收，内容主要包括：

1）建筑物的位置、标高、轴线是否符合设计要求。

2）对基础工程中的土石方工程、垫层工程、砌筑工程资料的审查，因为这些工程在“交工”时已验收。

3）对结构工程中的砖木结构、砖混结构、内浇外砌结构、钢筋混凝土结构的审查验收。

4）对屋面工程的木基结构、望板、油毡、屋面瓦、保温层、防水层等的审查验收。

5）对门窗工程的审查验收。

6）对装修工程的审查验收（抹灰、油漆等工程）。

（2）安装工程验收　安装工程验收分为建筑设备安装工程验收、工艺设备安装工程验收、动力设备安装工程验收。

1）建筑设备安装工程验收。是指检查民用建筑物中的上下水管道、暖气、煤气、通风、电气照明等安装工程的规格、型号、数量、质量是否符合设计要求，检查安装时的材料、材质、材种，检查试压、闭水试验、照明。

2）工艺设备安装工程验收。包括生产、起重、传动、试验等设备安装，以及附属管线敷设及油漆、保温等；检查设备的规格、型号、数量、质量，设备安装的位置、标高、机座尺寸、质量，单机试车、无负荷联动试车、有负荷联动试车，管道的焊接质量、清洗、吹扫、试压、试漏、油漆、保温等及各种阀门。

3）动力设备安装工程验收。是指对有自备电厂的项目，或变配电室（所）、动力配电线路的验收。

6.1.3 建设项目竣工验收的程序

建设项目全部建成，经过各单项工程的验收符合设计的要求，并具备竣工图表、竣工决算、工程总结等必要的文件资料后，由建设项目主管部门或发包人向负责验收的单位提出竣工验收申请报告，按程序验收。工程验收报告应经项目经理和承包人有关负责人审核签字。

1. 承包人申请交工验收

承包人在完成合同工程或按合同约定可分部移交工程的，可申请交工验收，交工验收一般为单项工程，但在某些特殊情况下也可以是单位工程的施工内容，如特殊基础处理工程、发电站单机机组完成后的移交等。

承包人施工的工程达到竣工条件后，应先进行预检验，对不符合要求的部位和项目，确定修补措施和标准，修补有缺陷的工程部位；对于设备安装工程，要与发包人和监理人共同进行无负荷的单机和联动试车。承包人在完成了上述工作和准备好竣工资料后，即可向发包人提交“工程竣工报验单”。

2. 监理人现场初步验收

监理人收到“工程竣工报验单”后，应由总监理工程师组成验收组，对竣工的工程项目的竣工资料和专业工程的质量进行初验，在初验中发现的质量问题，要及时书面通知承包人，令其修理甚至返工。经整改合格后，总监理工程师签署“工程竣工报验单”，并向发包人提出质量评估报告，至此现场初步验收工作结束。

3. 单项工程验收

单项工程验收主要对以下几个方面进行检查和检验：

1）检查、核实竣工项目准备移交给发包人的所有技术资料的完整性、准确性。

2）按照设计文件和合同，检查已完工程是否有漏项。

3）检查工程质量、隐蔽工程验收资料，关键部位的施工记录等，考察施工质量是否达到合同要求。

4）检查试车记录及试车中所发现的问题是否得到改正。

5）在交工验收中发现需要返工、修补的工程，明确规定完成期限。

6）其他涉及的有关问题。

4. 全部工程的竣工验收

全部施工过程完成后，由国家主管部门组织的竣工验收，又称为动用验收，发包人参与全部工程的竣工验收。全部工程的竣工验收分为验收准备、预验收和正式验收三个阶段。

（1）验收准备　发包人、承包人和其他有关单位均应进行验收准备，验收准备的主要工作内容如下：

1）收集、整理各类技术资料，分类装订成册。

2）核实建筑安装该工程的完成情况，列出已交工工程和未交工工程一览表，包括单位工程名称、工程量、预算估价及预算完成时间等内容。

3）提交财务决算分析。

4）检查工程质量，查明须返工或补修的工程并提出具体的时间安排，预申报工程质量等级的评定，做好相关材料的准备工作。

5）整理汇总项目档案资料，绘制工程竣工图。

6）登载固定资产，编制固定资产构成分析表。

7）落实生产准备各项工作，提出试车检查的情况报告，总结试车考评情况。

8）编写竣工结算分析报告和竣工验收报告。

（2）预验收　预验收的主要工作包括以下几个方面：

1）核实竣工验收准备工作内容，确认竣工项目所有档案资料的完整性和准确性。

2）检查项目建设标准、评定质量，对竣工验收准备中有争议的问题和有隐患及遗留的问题提出处理意见。

3）检查财务账表是否齐全并验收数据的真实性。

4）检查试车情况和生产准备情况。

5）编写竣工预验收报告和移交生产准备情况报告，在竣工预验收报告中应说明项目的概况，对验收过程进行阐述，对工程质量做出总体评价。

（3）正式验收　建设项目的正式竣工验收是由国家、地方政府、建设项目投资商或开发商以及有关单位领导和专家参加的最终整体验收。

大中型和限额以上建设项目的正式验收，由国家投资主管部门或其委托项目主管部门或地方政府组织验收，一般由竣工验收委员会（或验收小组）主任（或组长）主持，具体工作可由总监理工程师组织实施。国家重点工程的大型建设项目，由国家有关部委邀请有关方面专家参加，并组成工程验收委员会进行验收。小型和限额以下的建设项目由项目主管部门组织，发包人、监理人、承包人、设计单位和使用单位共同参加验收工作。

1）发包人、勘察设计单位分别汇报工程合同履约情况，以及在工程建设各环节执行法律、法规与工程建设强制性标准的情况。

2）听取承包人汇报建设项目的施工情况、自验情况和竣工情况。

3）听取监理人汇报建设项目的监理内容和监理情况以及对项目竣工的意见。

4）组织竣工验收小组全体人员进行现场检查，了解项目现状、查验项目质量，以便及时发现存在和遗留的问题。

5）审查竣工项目移交生产使用的各种档案资料。

6）评审项目质量，对主要工程部位的施工质量进行复验和鉴定，对工程设计的先进性、合理性和经济性进行复验和鉴定，按设计要求和建筑安装工程施工的验收规范和质量标准进行质量评定验收，在确认工程符合竣工标准和合同条款规定后，签发竣工验收合格证书。

7）审查试车规程，检查投产试车情况，核定收尾工程项目，对遗留问题提出处理意见。

8）签署竣工验收鉴定书，对整个项目做出总的验收鉴定。

6.1.4 《建设工程施工合同（示范文本）》中关于拒绝接收、移交、接收全部与部分工程的相关规定

1. 拒绝接收全部与部分工程

对于竣工验收不合格的工程，承包人完成整改后，应当重新进行竣工验收，经重新组织验收仍不合格且无法采取措施补救的，发包人可以拒绝接收不合格工程，因不合格工程导致其他工程不能正常使用的，承包人应采取措施确保相关工程的正常使用，由此增加的费用和（或）延误的工期由承包人承担。

2. 移交、接收全部与部分工程

除专用合同条款另有约定外，合同当事人应当在颁发工程接收证书后7天内完成工程的移交。

发包人无正当理由不接收工程的，发包人应自接收工程之日起，承担工程照管，成品保护、保管等与工程有关的各项费用，合同当事人可以在专用合同条款中另行约定发包人逾期接收工程的违约责任。

承包人无正当理由不移交工程的，承包人应承担工程照管，成品保护、保管等与工程有关的各项费用，合同当事人可以在专用合同条款中另行约定承包人无正当理由不移交工程的违约责任。

6.2 竣工决算

6.2.1 竣工决算概述

1. 竣工决算的概念

建设项目竣工决算是指在建设项目竣工后，建设单位按照国家的有关规定对新建、改建及扩建的工程建设项目编制的从筹建到竣工投产的全过程的全部实际支出费用的竣工决算报告。

竣工决算书是以实物数量和货币指标为计量单位，综合反映竣工项目从筹建开始到项目竣工交付使用为止的全部建设费用、建设成果和财务情况的总结性文件，是建设项目竣工验收报告的重要组成部分，是正确核定新增固定资产的价值、考核分析投资效果、建立健全经济责任制的重要依据。

2. 竣工决算的作用

1）建设项目竣工决算是综合、全面反映竣工项目建设成果及财务情况的总结性文件。

2）建设项目竣工决算是办理交付使用资产的依据。

3）通过竣工决算，可以全面清理基本建设财务，做到工完账清，便于及时总结经验，积累各项技术经济资料，考核和分析投资效果，提高工程建设的管理水平和投资效果。

4）通过竣工决算，有利于进行设计概算、施工图预算和竣工决算的对比，以考核实际投资效果。

3. 竣工结算与竣工决算的区别

建设项目竣工决算是以工程竣工结算为基础进行编制的，竣工结算是竣工决算的一个组成部分。竣工结算与竣工决算的区别主要有以下几个方面：

（1）编制单位不同　竣工结算是由施工单位编制的，而竣工决算是由建设单位编制的。

（2）编制范围不同　竣工结算主要是针对单位工程，而竣工决算是针对建设项目编制的。

（3）编制作用不同　竣工结算是建设单位与施工单位结算工程价款的依据，是施工单位核算其工程成本、考核其生产成果、确定经营活动最终收入的依据，是建设单位编制建设项目竣工决算的依据；竣工决算是建设单位考核投资效果、正确确定固定资产价值和正确核定新增固定资产价值的依据。

6.2.2 竣工决算的组成内容

竣工决算的内容包括竣工财务决算说明书、竣工财务决算报表、建设工程竣工图和工程造价对比分析四部分，前两部分称为项目竣工财务决算，是正确核定项目资产价值、反映竣工项目建设成果的文件，是办理资产移交和产权登记的依据，是竣工决算的核心内容和重要组成部分。

1.《基本建设财务规则》（中华人民共和国财政部令第 81 号）**对于项目竣工财务决算的相关规定**

1）项目建设单位在项目竣工后，应当及时编制项目竣工财务决算，并按照规定报送项目主管部门。项目设计、施工、监理等单位应当配合项目建设单位做好相关工作。建设周期长、建设内容多的大型项目，单项工程竣工具备交付使用条件的，可以编报单项工程竣工财务决算，项目全部竣工后应当编报竣工财务总决算。

2）在编制项目竣工财务决算前，项目建设单位应当认真做好各项清理工作，包括账目核对及账务调整、财产物资核实处理、债权实现和债务清偿、档案资料归集整理等。

3）项目年度资金使用情况应当按照要求编入部门决算或者国有资本经营决算。

4）项目竣工财务决算审核、批复管理职责和程序要求由同级财政部门确定。

5）财政部门和项目主管部门对项目竣工财务决算实行先审核、后批复的办法，可以委托预算评审机构或者有专业能力的社会中介机构进行审核。对符合条件的，应当在 6 个月内批复。

6）项目一般不得预留尾工工程，确需预留尾工工程的，尾工工程投资不得超过批准的项目概（预）算总投资的 5%。项目主管部门应当督促项目建设单位抓紧实施项目尾工工程，加强对尾工工程资金使用的监督管理。

7）已具备竣工验收条件的项目，应当及时组织验收，移交生产和使用。

8）项目隶属关系发生变化时，应当按照规定及时办理财务关系划转，主要包括各项资金来源、已交付使用资产、在建工程、结余资金、各项债权及债务等的清理交接。

2. 竣工财务决算说明书

竣工财务决算说明书主要反映竣工工程建设成果和经验，是对竣工决算报表进行分析和补充说明的文件，是全面考核分析工程投资与造价的书面总结，其内容主要包括：

1）建设项目概况。一般从进度、质量、安全和造价四个方面进行分析说明。进度方面主要说明开工和竣工时间，对照合理工期和要求工期，分析是提前还是延期；质量方面主要说明竣工验收委员会或相当一级的质量监督部门的验收评定等级、合格率和优良品率；安全方面主要根据劳动工资和施工部门的记录，对有无设备和人身事故进行说明；造价方面主要对照概算造价，说明节约还是超支，用金额和百分率进行分析说明。

2）资金来源及运用等财务分析。主要包括工程价款结算、会计账务的处理、财产物资情况及债权债务的清偿情况。

3）基本建设收入、投资包干结余、竣工结余资金的上交分配情况。通过对基本建设投资包干情况的分析，说明投资包干数、实际支用数和节约额、投资包干节余的有机构成和包干结余的分配情况。

4）投资效果简要分析。如各项经济技术指标的分析，包括概算执行情况分析，即根据实际投资完成额与概算进行对比分析；新增生产能力的效益分析，说明支付使用财产占总投资的比例，不增加固定资产的造价占投资总额的比例，分析有机构成和成果。

5）待解决的问题。工程建设的经验及项目管理和财务管理以及竣工财务决算中有待解决的问题。

6）其他需要说明的事项。

3. 竣工财务决算报表

建设项目竣工财务决算报表要根据大、中型建设项目和小型建设项目分别制定。大、中型建设项目竣工财务决算报表包括：建设项目竣工财务决算审批表，大、中型建设项目交付使用资产总表等。小型建设项目竣工财务决算报表包括：建设项目竣工财务决算审批表，竣工财务决算总表，建设项目交付使用资产明细表等。

（1）建设项目竣工财务决算审批表（见表6-1）　该表作为竣工决算上报有关部门审批时使用，其格式是按照中央级小型项目审批要求设计的，地方级项目可按审批要求做适当的修改，大、中、小型项目均要按照下列要求填报此表：

表6-1　建设项目竣工财务决算审批表

建设项目法人（建设单位）		建设性质	
建设项目名称		主管部门	

开户银行意见：

（盖章）
年　月　日

专员办审批意见：

（盖章）
年　月　日

主管部门或地方财政部门审批意见：

（盖章）
年　月　日

1）表中“建设性质”按照新建、改建、扩建、迁修和恢复建设项目等分类填列。

2）表中“主管部门”是指建设单位的主管部门。

3）所有建设项目均须经过开户银行签署意见后按照有关要求进行报批：中央级小型项目由主管部门签署审批意见；中央级大、中型建设项目先报所在地财政监察专员办事机构签署意见后，再由主管部门签署意见报财政部审批；地方级项目由同级财政部门签署审批意见。

4）已具备竣工验收条件的项目，三个月内应及时填报审批表。如三个月内不办理竣工验收和固定资产移交手续的，视同项目已正式投产，其费用不得从基本建设投资中支付，所实现的收入作为经营收入，不再作为基本建设收入管理。

（2）大、中型建设项目竣工工程概况表（见表6-2） 该表综合反映大、中型建设项目的基本概况，为全面考核和分析投资效果提供依据，可按下列要求填写：

表6-2 大、中型建设项目竣工工程概况表

<table>
<tr><td>建设项目名称</td><td colspan="2"></td><td>建设地址</td><td colspan="4"></td><td></td><td colspan="2">项 目</td><td>概算</td><td>实际</td><td>主要指标</td></tr>
<tr><td>主要设计单位</td><td colspan="2"></td><td>主要施工企业</td><td colspan="4"></td><td rowspan="8">基建支出</td><td colspan="2">建筑安装工程</td><td></td><td></td><td></td></tr>
<tr><td rowspan="3">占地面积</td><td>计划</td><td>实际</td><td></td><td colspan="2">设计</td><td colspan="2">实际</td><td colspan="2">设备、工具、器具</td><td></td><td></td><td></td></tr>
<tr><td rowspan="2"></td><td rowspan="2"></td><td rowspan="2">总投资/万元</td><td>固定资产</td><td>流动资产</td><td>固定资产</td><td>流动资产</td><td colspan="2">待摊投资
其中：建设单位管理费</td><td></td><td></td><td></td></tr>
<tr><td></td><td></td><td></td><td></td><td colspan="2">其他投资</td><td></td><td></td><td></td></tr>
<tr><td rowspan="2">新增生产能力</td><td colspan="2">能力</td><td>设计</td><td colspan="4">实际</td><td colspan="2">待核销基建支出</td><td></td><td></td><td></td></tr>
<tr><td></td><td></td><td></td><td colspan="4"></td><td colspan="2">非经营项目转出投资</td><td></td><td></td><td></td></tr>
<tr><td rowspan="2">建设起止时间</td><td colspan="2">设计</td><td colspan="5">从 年 月开工至 年 月竣工</td><td colspan="2" rowspan="2">合计</td><td rowspan="2"></td><td rowspan="2"></td><td rowspan="2"></td></tr>
<tr><td colspan="2">实际</td><td colspan="5">从 年 月开工至 年 月竣工</td></tr>
<tr><td rowspan="2">设计概算批准文号</td><td colspan="7" rowspan="2"></td><td rowspan="4">主要材料消耗</td><td>名称</td><td>单位</td><td>概算</td><td>实际</td><td></td></tr>
<tr><td>钢材</td><td>t</td><td></td><td></td><td></td></tr>
<tr><td rowspan="3">完成主要工程量</td><td colspan="2">建筑面积/m²</td><td colspan="5">设备/(台、套、t)</td><td>木材</td><td>m³</td><td></td><td></td><td></td></tr>
<tr><td>设计</td><td>实际</td><td>设计</td><td colspan="4">实际</td><td>水泥</td><td>t</td><td></td><td></td><td></td></tr>
<tr><td></td><td></td><td></td><td colspan="4"></td><td rowspan="3">主要技术经济指标</td><td colspan="4" rowspan="3"></td><td rowspan="3"></td></tr>
<tr><td rowspan="2">收尾工程</td><td colspan="2">工程内容</td><td>投资额</td><td colspan="4">完成时间</td></tr>
<tr><td colspan="2"></td><td></td><td colspan="4"></td></tr>
</table>

1）表中“建设项目名称”“建设地址”“主要设计单位”和“主要施工企业”要按全称填列。

2）表中各项目的设计、概算、计划等指标，根据批准的设计文件和概算、计划等确定的数字填列。

3）表中“新增生产能力”“完成主要工程量”“主要材料消耗”的实际数据，根据建设单位统计资料和施工单位提供的有关成本核算资料填列。

4）表中“主要技术经济指标”包括单位面积造价、单位生产能力投资、单位投资增加

的生产能力、单位生产成本和投资回收年限等反映投资效果的综合性指标，根据概算和主管部门规定的内容分别按概算和实际填列。

5）表中“基建支出”是指建设项目从开工起至竣工为止发生的全部基本建设支出，包括形成资产价值的交付使用资产，如固定资产、流动资产、无形资产、递延资产支出，还包括不形成资产价值，按照规定应核销的非经营项的待核销基建支出和转出投资。

在编制项目竣工财务决算时，项目建设单位应当按照规定将待摊投资支出按合理比例分摊计入交付使用资产价值、转出投资价值和待核销基建支出。

6）表中“设计概算批准文号”，按最终经批准的日期和文件号填列。

7）表中“收尾工程”是指全部工程项目验收后遗留的少量收尾工程，在表中应明确填写收尾工程内容、完成时间和投资额，这部分工程的实际成本可根据实际情况进行估算并加以说明，完工后不再编制竣工决算。

（3）大、中型建设项目竣工财务决算表（见表6-3） 该表反映竣工的大、中型建设项目从开工到竣工为止全部资金来源和资金运用的情况，它是考核和分析投资结果，落实结余资金，并作为报告上级核销基建支出和基建拨款的依据。在编制该表前，应先编制出项目竣工年度财务决算，根据编制出的竣工年度财务决算和历年财务决算编制该项目的竣工财务决算。此表采用平衡表形式，即资金来源合计等于资金支出合计。

表6-3 大、中型建设项目竣工财务决算表

建设项目名称：××建设项目　　　　单位：万元

资金来源	金额	资金占用	金额	补充资料
一、基建拨款		一、基建支出		1. 基建投资借款期末余额
1. 预算拨款		1. 交付使用资产		
2. 基建基金拨款		2. 在建工程		2. 应收生产单位投资借款期末余额
3. 进口设备转账拨款		3. 待核销基建支出		
4. 器材转账拨款		4. 非经营性项目转出投资		3. 基建结余资金
5. 煤代油专用基金拨款		二、应收生产单位投资借款		
6. 自筹资金拨款		三、拨款所属投资借款		
7. 其他拨款		四、器材		
二、项目资本金		其中：待处理器材损失		
1. 国家资本		五、货币资金		
2. 法人资本		六、预付及应收款		
3. 个人资本		七、有价证券		
三、项目资本公积金		八、固定资产		
四、基建借款		固定资产原值		
五、上级拨入投资借款		减：累计折旧		
六、企业债券资金		固定资产净值		
七、待冲基建支出		固定资产清理		
八、应付款		待处理固定资产损失		
九、未交款				
1. 未交税金				
2. 未交基建收入				
3. 未交基建包干结余				

（续）

资金来源	金　额	资金占用	金　额	补充资料
4. 其他未交款				
十、上级拨入资金				
十一、留成收入				
合计		合计		

1）资金来源包括基建拨款、项目资本金、项目资本公积金、基建借款、上级拨入投资借款、企业债券资金、待冲基建支出、应付款和未交款以及上级拨入资金和留成收入等。

①项目资本金是指经营性项目投资者按国家有关项目资本金的规定，筹集并投入项目的非负债资金，在项目竣工后，相应转为生产经营企业的国家资本金、法人资本金、个人资本金和外商资本金；②项目资本公积金是指经营性项目对投资者实际缴付的出资额超过其资金的差额（包括发行股票的溢价净收入）、资产评估确认价值或者合同、协议约定价值与原账面净值的差额、接收捐赠的财产、资本汇率折算差额，在项目建设期间作为资本公积金、项目建成交付使用并办理竣工决算后，转为生产经营企业的资本公积金；③基建收入是指基建过程中形成的各项工程建设副产品变价净收入、负荷试车的试运行收入以及其他收入，在表中，基建收入以实际销售收入扣除销售过程中所发生的费用和税后的实际纯收入填写。

2）表中"交付使用资产""预算拨款""自筹资金拨款""其他拨款""基建借款"等项目是指自开工建设至竣工为止的累计数，上述有关指标应根据历年批复的年度基本建设财务决算和竣工年度的基本建设财务决算中资金平衡表相应项目的数字进行汇总填写。

3）表中其余项目费用办理竣工验收时的结余数，根据竣工年度财务决算中资金平衡表的有关项目期末数填写。

4）资金支出反映建设项目从开工准备到竣工全过程资金支出的情况，内容包括基建支出、应收生产单位投资借款、库存器材、货币资金、有价证券和预付及应收款以及拨付所属投资借款和库存固定资产等，资金支出总额应等于资金来源总额。

5）补充资料的"基建投资借款期末余额"反映竣工时尚未偿还的基本投资借款额，应根据竣工年度资金平衡表内的"基建投资借款"项目的期末数填写；"应收生产单位投资借款期末余额"，应根据竣工年度资金平衡表内的"应收生产单位投资借款"项目的期末数填写；"基建结余资金"反映竣工的结余资金，应根据竣工决算表中的有关项目计算填写。

6）结余资金是指项目竣工结余的建设资金，不包括工程抵扣的增值税进项税额。

基建结余资金的计算方法见式（6-1）。

$$\text{基建结余资金}=\text{基建拨款}+\text{项目资本金}+\text{项目资本公积金}+\text{基建借款}+\text{企业债券资金}+\text{待冲基建支出}-\text{基建支出}-\text{应收生产单位投资借款} \tag{6-1}$$

（4）大、中型建设项目交付使用资产总表（见表6-4）　该表反映建设项目建成后新增固定资产、流动资产、无形资产和递延资产价值的情况和价值，作为财产交接、检查投资计划完成情况和分析投资效果的依据。小型建设项目不编制"交付使用资产总表"，而直接编制"交付使用资产明细表"；大、中型项目在编制"交付使用资产总表"的同时，还需编制"交付使用资产明细表"。

表 6-4　大、中型建设项目交付使用资产总表

单项工程项目名称	总计	固定资产					流动资产	无形资产	递延资产
		建筑工程	安装工程	设备	其他	合计			
1	2	3	4	5	6	7	8	9	10

1）表中各栏目数据根据“交付使用明细表”的固定资产、流动资产、无形资产、递延资产的各相应项目的汇总数分别填写，表中总计栏的总计数与竣工财务决算表中的交付使用资产的金额一致。

2）表中第 2、7 栏的合计数和第 8、9、10 栏的数据，应与竣工财务决算表交付使用的固定资产、流动资产、无形资产、递延资产的数据相符。

（5）建设项目交付使用资产明细表（见表 6-5）　该表反映交付使用的固定资产、流动资产、无形资产和递延资产及其价值的明细情况，是办理资产交接和接收单位登记资产账目的依据，是使用单位建立资产明细账和登记新增资产价值的依据。大、中型和小型建设项目均需编制此表。编制时要做到齐全完整，数字准确，各栏目价值应与会计账目中相应科目的数据保持一致。

表 6-5　建设项目交付使用资产明细表

单项工程项目名称	建筑工程			固定资产（设备、工具、器具、家具）					流动资产		无形资产		递延资产	
	结构	面积/m^2	价值/元	规格型号	单位	数量	价值/元	设备安装费/元	名称	价值/元	名称	价值/元	名称	价值/元
合计														

支付单位盖章　　　年　月　日　　　　　　接收单位盖章　　　年　月　日

1）表中“建筑工程”项目应按单项工程名称填列其结构、面积和价值。其中，“结构”是指项目按钢结构、钢筋混凝土结构、混合结构等结构形式填写；面积则按各项目实际完成面积填写；价值按交付使用资产的实际价值填写。

2）表中“固定资产”部分要在逐项盘点后，根据盘点实际情况填写，工具、器具、设备和家具等低值易耗品可分类填写。

3）表中“流动资产”“无形资产”“递延资产”项目应根据建设单位实际交付的名称和价值分别填写。

（6）小型建设项目竣工财务决算报表　由于小型建设项目内容比较简单，具体编制时可参照大、中型建设项目竣工工程概况指标和大、中型建设项目竣工财务决算指标口径填写。

4. 建设工程竣工图

建设工程竣工图是真实地记录各种地上、地下建筑物、构筑物等情况的技术文件，是工程进行交工验收、维护改建和扩建的依据，是国家的重要技术档案。国家规定，各项

新建、扩建、改建的基本建设工程，特别是基础、地下建筑、管道线、结构、井巷、桥梁、隧道、港口、水坝以及设备安装等隐蔽部位，都要编制竣工图。为确保竣工图质量，必须在施工过程中（不能在竣工后）及时做好隐蔽工程检查记录，整理好设计变更文件。其具体要求有：

1）凡按图竣工没有变动的，由施工单位（包括总包和分包工施工单位）在原施工图上加盖“竣工图”标志后，即作为竣工图。

2）凡在施工过程中，虽有一般性设计变更，但能将原施工图加以修改补充作为竣工图的，可不重新绘制，由施工单位负责在原施工图（必须是新蓝图）上注明修改部分，并附以设计变更通知单和施工说明，加盖“竣工图”标志后，作为竣工图。

3）凡结构形式改变、施工工艺改变、平面布置改变、项目改变以及有其他重大改变，不宜再在原施工图上修改、补充时，应重新绘制改变后的竣工图。由原设计原因造成的，由设计单位负责重新绘制；由施工原因造成的，由施工单位负责重新绘图；由其他原因造成的，由建设单位自行绘制或委托设计单位绘制。施工单位负责在新图上加盖“竣工图”标志，并附以有关记录和说明，作为竣工图。

4）为了满足竣工验收和竣工决算的需要，还应绘制反映竣工工程全部内容的工程设计平面示意图。

5. 工程造价对比分析

在分析时，可先对比整个项目的总概算，然后将建筑安装工程费、设备工器具购置费和其他工程费逐一与竣工决算表中所提供的实际数据和相关资料及批准的概算、预算指标、实际的工程造价进行对比分析，以确定竣工项目总造价是节约还是超支，并在对比的基础上，总结先进经验，找出节约和超支的内容和原因，提出改进措施。在实际工作中，应主要分析以下内容：

（1）主要实物工程量　对于实物工程量出入比较大的情况，必须查明原因。

（2）主要材料消耗量　考核主要材料消耗量，要按照竣工决算表中所列明的三大材料超过概算的消耗量，查明是在工程的哪个环节超出量最大，再进一步查明超耗的原因。

（3）主要材料、机械台班、人工的单价　主要材料及人工的单价对工程造价影响较大。

6.2.3 竣工决算的编制

1. 竣工决算的编制依据

1）可行性研究报告、投资估算书、初步设计（或扩大初步设计）、设计总概算或修正总概算及其批复文件等。

2）设计变更文件、施工记录、施工签证单及其他施工发生的费用记录文件。

3）经批准的施工图、工程标底、承包合同价、工程结算等经济文件资料。

4）各年度基建计划、本年度财务决算及批复文件。

5）批准的开工报告、项目竣工平面图及各种竣工验收资料。

6）施工合同、投资包干合同、其他监理及造价咨询等合同（或协议）资料。

7）设备、材料价格签证或定价合同及调价文件和调价记录。

8）其他有关资料。

2. 竣工决算的编制要求

为了正确核定新增固定资产价值，考核分析投资效果，建立健全经济责任制，所有新建、扩建和改建等建设项目竣工后，都应及时、完整、正确地编制好竣工决算。建设单位要做好以下工作：

1）按照规定组织竣工验收，保证竣工决算的及时性。

2）积累、整理竣工项目资料，保证竣工决算的完整性。

3）清理、核对各项账目，保证竣工决算的正确性。

3. 竣工决算的编制程序

1）收集、整理、分析原始资料。

2）工程对照、核实工程变动情况，重新核实各单位工程、单项工程造价。

3）经审定的待摊投资、其他投资、待核实的基建支出和非经营项目的转出投资，按照国家规定严格划分和核定后，分别计入相应的基建支出（占用）栏目内。

4）编制竣工财务决算说明书。

5）填报竣工财务决算报表。

6）进行工程造价对比分析。

7）清理、装订好竣工图。

8）按照国家规定上报审批，存档。

6.2.4 新增资产价值的分类和确定

竣工决算是办理交付使用财产价值的依据。正确核实新增资产的价值，不但有利于建设项目交付使用以后的财务管理，而且可以为进行建设项目后的评估提供依据。

1. 新增资产价值的分类

按照新的财务制度和《企业会计准则》的规定，新增资产价值性质可分为固定资产、流动资产、无形资产、递延资产和其他资产五大类。

（1）固定资产　**固定资产**是指企业为生产产品、提供劳务、出租或者经营管理而持有的，使用时间超过12个月的，价值达到一定标准的非货币性资产，包括房屋、建筑物、机器、机械、运输工具以及其他与生产经营活动有关的设备、器具、工具等。

（2）流动资产　**流动资产**是指可以在一年或超过一年的营业周期内变现或者耗用的资产。按流动资产占用形态，可分为库存现金、存货、银行存款、短期投资、应收账款及预付账款等。

（3）无形资产　**无形资产**是指由特定主体所控制的，不具有实际形态，仅对生产经营长期发挥作用并能带来经济效益的各种资源。主要有专利权、非专利技术、商标权、商誉等。

（4）递延资产　**递延资产**是指不能全部计入当年损益，应当在以后年度分期摊销的各种费用，包括开办费、租入固定资产改良支出等。

（5）其他资产　**其他资产**是指具有专门用途，但不参加生产经营的经国家批准的特种物资，如银行冻结存款和冻结物资、涉及诉讼的财产等。

2. 新增资产价值的确定

（1）新增固定资产价值的确定　新增固定资产价值是以独立发挥生产能力的单项工程

为对象的，单项工程建成经验收合格，正式移交生产或使用后，即应计算其新增固定资产价值。一次交付生产或使用的工程，应一次计算其新增固定资产价值；分期分批交付或使用的工程，应分期分批计算其新增固定资产价值。计算价值时，主要以竣工决算中的相关数据为依据，按照规定计算核定其新增固定资产价值。在计算中应注意以下几种情况：

1）对于为了提高产品质量、改善劳动条件、节约材料消耗、保护环境而建设的附属辅助工程，只要全部建成、正式验收或交付使用后，就要计入新增固定资产价值。

2）凡购置达到固定资产标准不需安装的设备、工器具，应在交付使用后计入新增固定资产价值。

3）对于单项工程中不构成生产系统，但能独立发挥效益的非生产性工程，如住宅、食堂、医务室、生活服务网点等，在建成并交付使用后，也要计入新增固定资产价值。

4）属于新增固定资产价值的其他投资，应随同受益工程交付使用的同时一并计入。

（2）新增流动资产价值的确定　在确定流动资产价值时，应注意以下几种情况：

1）货币性资金。即库存现金、银行存款及其他货币资金，根据实际入账价值核定。

2）应收及预付款项。包括应收票据、应收账款、其他应收款、预付账款和待摊费用。一般情况下，应收及预付款项按企业销售商品、产品和提供劳务时的实际成交金额入账核算。

3）各种存货应当按照取得时的实际成本计价。存货的形成，主要有自制和外购两个途径。自制的，按照制造过程中的各项实际支付计价；外购的，按照买价加运输费、装卸费、保险费、途中合理损耗、入库前加工、整理及挑选费用以及缴纳的税金等计价。

（3）新增无形资产价值的确定　无形资产的计价，原则上应按取得时的实际成本计价。主要是应明确无形资产所包含的内容，如专利权、商标权、土地使用权等。

1）专利权的计价。专利权分为自制和外购两类。自制专利权，其价值为开发过程中的实际支出计价。专利转让时（包括购入和卖出），其价值主要包括转让价格和手续费。由于专利是具有专用性并能带来超额利润的生产要素，因而其转让价格不能按其成本估价，而应依据其所能带来的超额收益来估价。

2）非专利技术的计价。非专利技术是指具有某种专有技术或技术秘密、技术诀窍，是先进的、未公开的、未申请专利的，可带来经济效益的专门知识和特有经验，它也包括自制和外购两种。外购非专利技术，应由法定评估机构确认后，再进一步估价，一般通过其产生的收益来估价，其方法类同专利技术。自制非专利技术，一般不得以无形资产入账，自制过程中所发生的费用，按新的会计制度可作为当期费用直接计入成本处理，这是因为非专利技术自制时难以确定是否成功，这样处理符合稳健性原则。

3）商标权的计价。商标权是指商标经注册后，商标所有者依法享有的权益，它受法律保障，分为自制和购入（转让）两种。企业购入（转让）商标时，商标权的计价一般根据被许可方新增的收益来确定。企业自制商标时，尽管在商标设计、制作、注册和保护、广告宣传都要花费一定的费用，但一般不能作为无形资产入账，而直接以销售费用计入利润表的当期损益。

4）土地使用权的计价。取得土地使用权的方式有两种，则计价方法也有两种：①建设单位向土地管理部门申请，通过出让方式取得有限期的土地使用权而支付的出让金，应以无形资产计入核算；②建设单位获得土地使用权原先是通过行政划拨的，就不能作为无形资产，只有将土地使用权有偿转让、出租、抵押、作价入股和投资，按规定补交土地出让金后，才可作为无形资产计入核算。

（4）新增递延资产价值的确定 递延资产主要包括开办费及以经营方式租入的固定资产改良支出等费用，根据现行的会计制度规定，企业筹建期间发生的所有费用，都应计入管理费用—开办费。企业开办费的价值可按其账面价值确定。租入固定资产的改良支出应计入长期待摊费用。

（5）新增其他资产价值的确定 其他资产包括特种储备物资、银行冻结存款、冻结物资、涉及诉讼中的财产等。特种储备物资是指具有专门用途，但是不参加生产经营的经国家批准储备的特种物资，如国家为应付自然灾害和意外事故而储备的特种物资。银行冻结存款和冻结物资是指企业不履行法院判决规定的义务时被执行机关采取强制措施所冻结的各种存款和物资。涉及诉讼中的财产是指诉讼过程中被查封、扣押、冻结的财产。其他资产按实际入账价值核算。

【例6-1】 某建设项目拟编制某工业生产项目的竣工决算。该建设项目包括Ⅰ、Ⅱ两个主要生产车间和Ⅲ、Ⅳ、Ⅴ、Ⅵ四个辅助生产车间及若干附属办公、生活建筑物。在建设期内，各单项工程竣工决算数据如表6-6所示。工程建设其他投资完成情况如下：行政划拨土地的土地征用及迁移费为600万元，土地使用权出让金为800万元，建设单位管理费为500万元（其中400万元构成固定资产），地质勘察费为90万元，建设工程设计费为300万元，生产工艺流程系统设计费为120万元，专利费为70万元，非专利技术费为30万元，获得商标权为90万元，生产职工培训费为50万元，报废工程损失为20万元，生产线试运转支出为20万元，试生产产品销售款为5万元。试计算：（1）Ⅱ车间的新增固定资产价值；（2）该建设项目的固定资产、流动资产、无形资产和其他资产价值。

表6-6 某建设项目竣工决算数据 单位：万元

项目名称	建筑工程	安装工程	需安装设备	不需安装设备	生产工器具	
					总额	达到固定资产标准
Ⅰ生产车间	1 700	370	1 300	270	120	70
Ⅱ生产车间	2 000	400	1 800	350	150	100
辅助生产车间	2 200	250	900	200	100	60
附属建筑	900	60		30		
合计	6 800	1 080	4 000	850	370	230

【解】 （1）Ⅱ车间的新增固定资产价值 = (2 000 + 400 + 1 800 + 350 + 100)万元 + (600 + 90 + 300 + 20 + 20 − 5)万元 × 2 000万元/6 800万元 + 120万元 × 400万元/1 080万元 + 400万元 × (2 000 + 400 + 1 800)万元/(6 800 + 1 080 + 4 000)万元 ≈ 5 137.33万元

（2）固定资产价值 = (6 800 + 1 080 + 4 000 + 850 + 230)万元 + (600 + 400 + 90 + 300 + 120 + 20 + 20 − 5)万元 = 14 505万元

流动资产价值 = 370万元 − 230万元 = 140万元

无形资产价值 = 800万元 + 70万元 + 30万元 + 90万元 = 990万元

其他资产价值 = (500 − 400)万元 + 50万元 = 150万元

6.3 保修金的处理

6.3.1 保修的概念、范围、最低保修期限及操作程序

1. 建设工程保修及项目保修

(1) 建设工程保修　建设工程保修是指建设工程在办理交工验收手续后，在规定的保修期限内（按合同相关保修金的规定），因勘察设计、施工、材料等原因造成的缺陷，应由责任单位负责保修。

(2) 项目保修　**项目保修**是指工程竣工验收交付使用后，在一定期限内由施工单位到建设单位或用户处进行回访，对于工程发生的，确实是由于施工单位施工责任造成的建筑物使用功能不良或无法使用的问题，由施工单位负责修理，直至达到正常使用的标准为止。

保修回访制度属于工程竣工后的管理范畴，保修对于完善建设工程保修制度、促进承包方加强质量管理、保护用户及消费者的合法权益有重要意义。

2. 工程质量的保修范围和最低保修期限

(1) 工程质量的保修范围　发承包双方在工程质量保修书中约定的建设工程的保修范围包括：地基基础工程，主体结构工程，屋面防水工程，有防水要求的卫生间、房间和外墙面的防渗漏，供热与供冷系统，电气管线、给水排水管道、设备安装和装修工程，以及双方约定的其他项目。具体保修的内容，双方在工程质量保修书中约定。

由于用户使用不当或自行修饰装修、改动结构、擅自添置设施或设备而造成建筑功能不良或损害者，以及因自然灾害等不可抗力造成的质量损害，不属于保修范围。

(2) 最低保修期限　保修的期限应当按照保证建筑物在合理寿命内正常使用，维护使用者合法权益的原则确定。具体的最低保修期限由国务院颁布的《建设工程质量管理条例》规定：

1) 基础设施工程、房屋建筑的地基基础工程和主体结构工程，为设计文件规定的该工程的合理使用年限。

2) 屋面防水工程，有防水要求的卫生间、房间和外墙面的防渗漏为 5 年。

3) 供热与供冷系统为 2 个采暖期和供冷期。

4) 电气管线、给水排水管道、设备安装和装修工程为 2 年。

5) 其他项目的保修期限由发、承包双方在合同中规定。建设工程的保修期自竣工验收合格之日算起。

3. 保修的操作程序

(1) 发送保修证书　在工程竣工验收的同时，由承包人向发包人发出“建筑安装工程保修证书”。保修证书主要包括以下内容：

1) 工程简况、房屋管理使用要求。

2) 保修范围和内容。

3) 保修时间。

4) 保修说明。

5) 保修情况记录。

6）保修单位的名称、详细地址等。

（2）填写“工程质量修理通知书” 在保修期内，工程项目出现质量问题而影响使用时，使用人应填写“工程质量修理通知书”告知承包人，注明质量问题及部位、联系维修方式，要求承包人安排人员前往检查修理。“工程质量修理通知书”发出日期为约定的起始日期，承包人应在7天内派人员执行修理任务。

（3）实施保修服务 承包人接到“工程质量修理通知书”后，必须尽快派人检查，并会同发包人共同做出鉴定，提出修理方案，明确经济责任，尽快组织人力、物力进行修理，履行工程质量保修义务。房屋建筑工程在保修期间出现质量缺陷的，发包人或房屋建筑所有人应当向承包人发出保修通知，承包人接到保修通知后，应到现场检查情况，在保修约定的时间内予以保修。发生涉及结构安全或者严重影响使用功能的紧急抢修事故时，承包人接到保修通知后，应当立即到达现场抢修。发生涉及结构安全的质量缺陷时，发包人或者房屋建筑产权人应当立即向当地建设主管部门报告，采取安全防范措施，由原设计单位或者具有相应资质等级的设计单位提出保修方案，承包人实施保修，原工程质量监督机构负责监督。

（4）验收 在发生问题的部位或项目修理完毕后，要在保修证书的“保修记录”栏内做好记录，并经发包人验收签认，此时修理工作完毕。

6.3.2 保修金的概念及其处理

1. 保修金的概念

保修金是指对保修期间和保修范围内所发生的维修、返工等各项费用支出。保修金按合同和有关规定合理确定和控制。保修金一般可按照建筑安装工程造价的确定程序和方法计算，也可按照建筑安装工程造价或承包工程合同价的一定比例计算。

2. 保修金的处理

在保修金的处理问题上，必须根据修理项目的性能、内容以及检查修理的多种因素的实际情况，区别保修责任的承担问题。对于保修经济责任的确定，应当由有关责任方承担，其经济处理办法应由建设单位和施工单位共同商定处理。其具体处理的主要规定有以下几个方面：

1）由于勘查、设计方面的原因造成的质量缺陷，由勘查、设计单位承担经济责任，由施工单位负责维修或处理，勘查、设计单位继续完成勘查、设计工作，减收或免收勘查、设计费并赔偿损失。

2）承包单位未按国家的有关规范、标准和设计要求施工的，造成的质量缺陷，由承包单位负责返修并承担经济责任。

3）由于建筑材料、设备及构配件质量不合格引起的质量缺陷，谁采购谁承担相应的经济责任。至于施工单位、建设单位与材料、设备及构配件供应单位或部门之间的经济责任，按材料、设备及构配件的采购供应合同处理。

4）因使用单位使用不当造成的损坏问题，由使用单位自行负责。

5）因地震、洪水、台风等不可抗拒的自然原因造成的损坏问题，施工、设计单位不承担经济责任，由建设单位负责处理。

6）其他保修问题及涉外工程保修问题，除参照上述办法进行处理外，还可以通过合同条款约定执行。

6.4 建设项目后评估

6.4.1 建设项目后评估概述

1. 建设项目后评估的概念及意义

建设项目后评估是指在项目建成投产或投入使用后的一定时刻，对项目的运行进行全面的评价，即对投资项目的实际费用和效益进行系统的分析评价，将项目决策时的预期效果与项目实施后的终期实际效果进行全面的对比考核，对建设项目投资的经济、技术、社会及环保等方面的效益与影响进行全面科学的评估，以检验项目的前评估理论和方法是否合理、决策是否科学，从中总结经验，吸取教训，及时反馈到新的决策中去，为今后同类项目的评估和决策提供分析依据，从而提高可行性研究及项目决策的科学性，保证项目投资效益的实现。

2. 建设项目后评估的种类

从不同的角度出发，建设项目后评估可分为不同的种类。

（1）根据评估的时点划分

1）项目跟踪评估。**项目跟踪评估**也称为“中间评估”或“过程评估”，是指在项目开工以后到项目竣工验收之前任何一个时点所进行的评估。其目的或是检查项目前评价和设计的质量，或是评估项目在建设过程中的重大变更及其对项目效益的作用和影响，或是诊断项目发生的重大困难和问题，寻求对策和出路等。这类评估往往侧重于项目层次上的问题，如建设必要性评估、勘测设计评估和施工评估等。

2）项目实施效果评估。**项目实施效果评估**是指通常所说的项目后评估，世界银行和亚洲开发银行称之为PPAR（Project Performance Audit Report），是指在项目竣工以后一段时间之内所进行的评估（一般生产性行业在竣工以后1~2年，基础设施行业在竣工以后5年左右，社会基础设施行业可能更长一些）。其目的主要是检查确定投资项目或活动达到理想效果的程度，总结经验教训，为完善已建项目、调整在建项目和指导待建项目服务。这类评估是对项目层次和决策管理层次的问题加以分析和总结。

3）项目影响评估。**项目影响评估**又称为项目效益监督评估，是指在项目实施效果评估完成一段时间以后，在项目实施效果评估的基础上，通过调查项目的经营状况，分析项目发展趋势及其对社会、经济和环境的影响，总结决策等宏观方面的经验教训。

（2）根据评估的内容划分

1）目标评估。一方面，有些项目原定的目标不明确，或不符合实际情况，项目实施过程中可能会发生重大变化，如政策性变化或市场变化等，所以项目后评估要对项目立项时原定决策目标的正确性、合理性和实践性进行重新分析和评估；另一方面，项目后评估要对照原定目标完成的主要目标，检查项目实际实现的情况和变化并分析变化原因，以判断目的和目标的实现程度，也是项目后评估所需要完成的主要任务之一。判别项目目标的指标应在项目立项时确定。

2）项目前期工作和实施阶段评估。主要通过评估项目前期工作和实施过程中的工作业绩，分析和总结项目前期工作的经验教训，为今后加强项目前期工作和实施管理积累经验。

3）项目运营评估。通过项目投产后的有关实际数据资料或重新预测的数据，研究建设项目实际投资效益与预测情况，或其他同类项目投资效益的偏离程度及其原因，系统地总结项目投资的经验教训，并为进一步提高项目投资效益提出切实可行的建议。

4）项目影响评估。分析评估项目对所在地区、所属行业和国家产生的经济、环境和社会等方面的影响。

5）项目持续性评估。是指对项目的既定目标是否能按期实现，项目是否可以持续保持较好的效益，接受投资的项目业主是否愿意并依靠自己的能力继续实现既定的目标，项目是否具有可重复性等方面做出评估。

（3）根据评估的范围和深度划分

1）大型项目或项目群的后评估。

2）对重点项目中关键工程运行过程的追踪评估。

3）对同类项目运行结果的对比分析，即进行“比较研究”的实际评估。

4）行业性的后评估，即对不同行业投资收益性差别进行实际评估。

（4）根据评估的主体划分

1）项目自评估。由项目业主会同执行管理机构按照国家有关部门的要求，编写项目的自我评估报告，报行业主管部门、其他管理部门或银行。

2）行业或地方项目后评估。由行业或省级主管部门对项目自评估报告进行审查分析，并提出意见，撰写报告。

3）独立后评估。由相对独立的后评估机构组织专家对项目进行后评估，通过资料收集、现场调查和分析讨论，提出项目后评估报告。通常情况下，项目后评估均属于这类评估。

6.4.2　建设项目后评估的内容、程序及方法

1. 建设项目后评估的内容

（1）目标评估　通过项目实际产生的一些经济及技术指标与项目决策时确定的目标进行比较，检查项目是否达到了预期目标或达到目标的程度，从而判断项目是否投资成功。

（2）执行情况评估　对设计、施工、资金使用、设备使用、设备采购、竣工验收和生产准备进行评估，找出偏离预期目标的原因，并提出对策，提高项目的建设水平。

（3）成本效益评估　通过分析成本构成，进行财务评价，判定项目的成本与效益。

（4）影响评估　对项目建成投产后对国家、项目所在地区的社会经济发展、生态环境所产生的实际影响进行的评估，据此判定项目的决策宗旨是否实现。

（5）持续性评估　对项目未来的发展趋势进行科学的分析和预测。

2. 建设项目后评估的程序

1）明确项目后评估的具体对象、评价目的及具体要求。

2）组建一个评估领导小组，制订一个周详的项目后评估计划。

3）制定详细的调查提纲，确定调查对象和方法，开展调查，收集后评估所需要的各种资料和数据。

4）根据后评估内容，采用定量分析和定性分析方法，发现问题，提出改进措施。

5）编制项目后评估报告，将分析研究的成果汇总，并提交委托单位或被评估单位。

建设项目后评估的程序如图 6-1 所示。

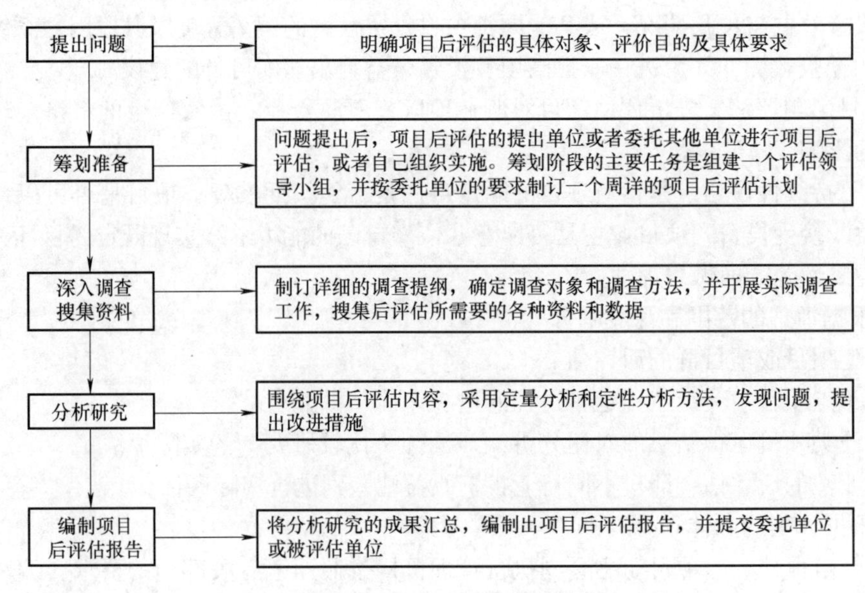

图 6-1　建设项目后评估的程序

3. 建设项目后评估的方法

建设项目后评估是运用控制论的基本原理，通过项目实际实施结果与预期结果的对比，寻找项目实施中存在的偏差，通过对偏差因素的分析，及时采取相应的控制措施，以保证项目投资实现预期的目标。

后评估中，通常是设置一些具体的指标，如项目前期和实施阶段的后评估指标，项目营运阶段的后评估指标，通过对这些具体指标的计算和对比，求出项目实际运行情况与预计情况的偏差和偏离程度，对其进行分析，采用具有针对性的解决方案，保证项目的正常运营。

6.4.3　项目后评估指标的计算

1. 项目前期和实施阶段的后评估指标

（1）实际项目决策（设计）周期变化率　实际项目决策（设计）周期变化率表示实际项目决策（设计）周期与预计项目决策（设计）周期相比的变化程度，计算方法见式(6-2)。

$$\text{实际项目决策(设计)周期变化率}=\frac{\text{实际项目决策(设计)周期(月数)}-\text{预计项目决策(设计)周期(月数)}}{\text{预计项目决策(设计)周期(月数)}}\times 100\% \tag{6-2}$$

（2）竣工项目定额工期率　竣工项目定额工期率反映项目实际建设工期与国家统一制定的定额工期或确定的、计划安排的计划工期的偏离程度，计算方法见式（6-3）。

$$\text{竣工项目定额工期率}=\frac{\text{竣工项目实际工期}}{\text{竣工项目定额(计划)工期}}\times 100\% \tag{6-3}$$

（3）实际建设成本变化率　实际建设成本变化率反映建设项目成本与批准的（概）预算所规定的建设成本的偏离程度，计算方法见式（6-4）。

$$实际建设成本变化率=\frac{实际建设成本-预计建设成本}{预计建设成本}\times 100\% \tag{6-4}$$

（4）实际工程合格（优良）品率　实际工程合格（优良）品率反映建设工程项目的工程质量，计算方法见式（6-5）。

$$实际工程合格(优良)品率=\frac{实际单位工程合格(优良)品数量}{验收签订的单位工程数量}\times 100\% \tag{6-5}$$

（5）实际投资总额变化率　实际投资总额变化率反映实际投资总额与项目前评估中预计的投资总额偏差的大小，包括静态投资总额变化率和动态投资总额变化率，计算方法见式（6-6）。

$$静态(动态)投资总额变化率=\frac{静态(动态)实际投资总额-预计静态(动态)投资总额}{预计静态(动态)投资总额}\times 100\% \tag{6-6}$$

2. 项目营运阶段的后评估指标

（1）实际单位生产能力投资　实际单位生产能力投资反映竣工项目的实际投资效果，计算方法见式（6-7）。

$$实际单位生产能力投资=\frac{竣工验收项目(或单项工程)实际投资总额}{竣工验收项目(或单项工程)实际形成的生产能力} \tag{6-7}$$

（2）实际达产年限变化率　实际达产年限变化率反映实际达产年限与设计达产年限的偏离程度，计算方法见式（6-8）。

$$实际达产年限变化率=\frac{实际达产年限-设计达产年限}{设计达产年限}\times 100\% \tag{6-8}$$

（3）主要产品价格（成本）变化率　主要产品价格（成本）变化率衡量前评价中产品价格（成本）的预测水平，可以部分地解释实际投资效益与预期效益偏差的原因，也是重新预测项目生命周期内产品价格（成本）变化情况的依据。指标计算分三步进行，其计算方法见式（6-9）~式（6-11）。

1）计算主要产品价格（成本）年变化率：

$$主要产品价格(成本)年变化率=\frac{实际产品价格(成本)-预测产品价格(成本)}{预测成本价格(成本)}\times 100\% \tag{6-9}$$

2）运用加权法计算各年主要产品平均价格（成本）年变化率：

$$主要产品平均价格(成本)年变化率=\sum 产品价格(成本)年变化率\times 该产品产值(成本)占总产值(总成本)的比例\times 100\% \tag{6-10}$$

3）计算考核期实际产品价格（成本）年变化率：

$$实际产品价格(成本)年变化率=\frac{各年产品价格(成本)年平均变化率之和}{考核期年限}\times 100\% \tag{6-11}$$

（4）实际销售利润变化率　实际销售利润变化率反映项目实际投资效益，并且衡量项目实际投资效益与预期投资效益的偏差，分为两步计算，其计算方法见式（6-12）和式（6-13）。

1）计算考核期内各年实际销售利润变化率：

$$各年实际销售利润变化率 = \frac{该年实际销售利润 - 预计年销售利润}{预计年销售利润} \times 100\% \quad (6\text{-}12)$$

2）计算实际销售利润变化率：

$$实际销售利润变化率 = \frac{各年实际销售利润率}{预考核年限} \times 100\% \quad (6\text{-}13)$$

（5）实际投资利润（利税）率　实际投资利润（利税）率是指项目达到实际生产后的年实际利润（利税）总额与项目实际投资的比率，也是反映建设工程项目投资效果的一个重要指标。计算方法见式（6-14）。

$$实际投资利润(利税)率 = \frac{年实际利润(利税)或年平均实际利润(利税)}{实际投资额} \times 100\% \quad (6\text{-}14)$$

（6）实际投资利润（利税）变化率　实际投资利润（利税）变化率反映项目实际投资利润（利税）率与预测投资利润（利税）率或国内外其他同类项目实际投资利润（利税）率的偏差。计算方法见式（6-15）。

$$实际投资利润(利税)变化率 = \frac{实际投资利润(利税)率 - 预测(其他项目)投资利润(利税)率}{预测(其他项目)投资利润(利税)率} \times 100\% \quad (6\text{-}15)$$

（7）实际净现值　实际净现值是反映项目生命周期内获利能力的动态评价指标，它的计算是依据项目投产后的年实际净现金流量或根据情况重新预测的项目生命周期内各年的净现金流量，并按重新选定的折现率，将各年现金流量折现到建设期的现值之和。其计算方法见式（6-16）。

$$\mathrm{RNPV} = \sum_{i=1}^{n} \frac{\mathrm{RCI} - \mathrm{RCO}}{(1 + i_K)^t} \quad (6\text{-}16)$$

式中　RNPV——实际净现值；

RCI——项目实际的或根据实际情况重新预测的年现金流入量；

RCO——项目实际的或根据实际情况重新预测的年现金流出量；

i_K——根据实际情况重新选定的一个折现率；

n——项目生命期；

t——考核期的某一具体年份，$t = 1, 2 \cdots n$。

（8）实际内部收益率　实际内部收益率（RIRR）是根据实际发生的年净现金流量和重新预测的项目生命周期计算的各年净现金流量现值为零的折现率。计算方法见式（6-17）。

$$\sum_{t=1}^{n} \frac{\mathrm{RCI} - \mathrm{RCO}}{(1 + i_{\mathrm{RIRR}})^t} = 0 \quad (6\text{-}17)$$

式中　i_{RIRR}——以实际内部收益率为折现率。

（9）实际投资回收期　实际投资回收期是以项目实际产生的净收益或根据实际情况重新预测的项目净收益，抵偿实际投资的总回收期。它分为实际静态投资回收期和实际动态投资回收期。计算方法见式（6-18）和式（6-19）。

1）实际静态投资回收期（P_{Rt}）：

$$\sum_{t=1}^{P_{Rt}} (\mathrm{RCI} - \mathrm{RCO})_t = 0 \quad (6\text{-}18)$$

2）实际动态投资回收期（P'_{Rt}）：

$$\sum_{t=1}^{P'_{Rt}} \frac{(\mathrm{RCI}-\mathrm{RCO})_t}{(1+i_K)^t} = 0 \tag{6-19}$$

（10）实际借款偿还期　实际借款偿还期是衡量项目实际清偿能力的一个指标，它是根据项目投产后实际的或重新预测的可作为还款的利润、折旧和其他效益额偿还固定资产实际借款本息所需要的时间。计算方法见式（6-20）。

$$I_{Rd} = \sum_{t=1}^{P_{Rd}} (R_{RP} + D'_R + R_{RO} - R_{Rt}) \tag{6-20}$$

式中　I_{Rd}——固定资产投资借款实际本息之和；

P_{Rd}——实际借款偿还期；

R_{RP}——实际或重新预测的年利润的总额；

D'_R——实际可用于还款的折旧；

R_{RO}——年实际可用于还款的其他收益；

R_{Rt}——还款期的年实际企业留利。

案例分析

背景资料：

某一大中型建设项目于2014年开工建设，2016年底有关财务核算资料如下：

1）已经完成部分单项工程，经验收合格后，已经交付使用的资产包括：

① 固定资产价值为125 000万元。

② 为生产准备的使用期限在一年以内的备品备件、工具、器具等流动资产价值为40 000万元，期限在一年以上，单位价值在1 500元以上的工具为100万元。

③ 建设期间购置的专利权、专有技术等无形资产为2 500万元，摊销期为5年。

2）基本建设支出的完成项目包括：

① 建筑安装工程支出为25 000万元。

② 设备工器具投资为65 000万元。

③ 建设单位管理费、勘察设计费等待摊投资为3 600万元。

④ 通过出让方式购置的土地使用权形成的其他投资为150万元。

3）非经营项目发生的待核销基建支出为95万元。

4）应收生产单位投资借款为2 000万元。

5）购置需要安装的器材为80万元，其中待处理器材损失为29万元。

6）货币资金为810万元。

7）预付工程款及应收有偿调出器材款为30万元。

8）建设单位自用的固定资产原值为89 750万元，累计折旧为14 500万元。

9）反映在“资金平衡表”上的各类资金来源的期末余额是：

① 预算拨款为81 000万元。

② 自筹资金拨款为94 477万元。

③ 其他拨款为870万元。

④ 建设单位向商业银行借入的借款为160 000万元。

⑤ 建设单位当年完成交付生产单位使用的资金价值中，300万元属于利用投资借款形成的待冲基建支出。

⑥ 应付给器材销售商的金额为 70 万元，贷款和尚未支付的应付工程款为 2 850 万元。

⑦ 未交税金为 48 万元。

试根据上述有关资料编制该项目竣工财务决算表。

分析：

本案例考核根据已知数据资料对项目竣工财务决算表进行编制。

解答：

根据上述有关资料编制的大、中型建设项目竣工财务决算表如表 6-7 所示。

表 6-7　大、中型建设项目竣工财务决算表

建设项目名称：× × 建设项目　　　　　　　　　　　　　　　　单位：万元

资 金 来 源	金额	资 金 占 用	金额	补 充 资 料
一、基建拨款	176 347	一、基建支出	261 445	1. 基建投资借款期末余额
1. 预算拨款	81 000	1. 交付使用资产	167 600	
2. 基建基金拨款		2. 在建工程	93 750	
其中：国债专项资金拨款		3. 待核销基建支出	95	
3. 专项建设基金拨款		4. 非经营性项目转出投资		
4. 进口设备转账拨款		二、应收生产单位投资借款	2 000	2. 应收生产单位投资借款期末数
5. 器材转账拨款		三、拨款所属投资借款		
6. 煤代油专用基金拨款		四、器材	80	
7. 自筹资金拨款	94 477	其中：待处理器材损失	29	
8. 其他拨款	870	五、货币资金	810	
二、项目资本金		六、预付及应收款	30	
1. 国家资本		七、有价证券		
2. 法人资本		八、固定资产	75 250	
3. 个人资本		固定资产原价	89 750	
三、项目资本公积金		减：累计折旧	14 500	
四、基建借款	160 000	固定资产净值	75 250	
其中：国债转贷		固定资产清理		
五、上级拨入投资借款		待处理固定资产损失		
六、企业债券资金				
七、待冲基建支出	300			
八、应付款	2 920			
九、未交款	48			
1. 未交税金	48			
2. 其他未交款				
十、上级拨入资金				
十一、留成收入				
合计	339 615	合计	339 615	

本章小结及关键概念

• 本章小结： 建设项目竣工决算是建设项目竣工支付使用的最后一个环节，也是建设项目在建设过程中进行工程造价控制的最后一个环节。竣工验收、后评估阶段工程造价管理的内容包括竣工结算和竣工决算的编制与审查，保修金的处理以及建设项目后评估等。

工程竣工决算是建设项目经济效益的全面反映，是建设单位掌握建设项目实际造价的重要文件，也是建设单位核算新增固定资产、新增无形资产、新增流动资产和新增其他资产价值的主要资料。因此，工程竣工决算包括竣工财务决算说明书、竣工财务决算报表、建设工程竣工图、工程造价对比分析四部分内容，其中竣工财务决算说明书和竣工财务决算报表是竣工决算的核心内容。竣工财务决算报表应该分别按照大、中型项目的编制要求进行编写，在编制建设项目竣工决算时，应该按照编制依据、编制步骤进行编写，以保证竣工决算的完整性和准确性。在确定建设项目新增资产时，应根据各类资产的确认原则确认其价值。

建设工程保修金是指发包人与承包人在建设工程承包合同中约定，从应付的工程款中预留，用以保证承包人在缺陷责任期内对建设工程出现的缺陷进行维修的资金。建设项目竣工交付使用后，施工单位应定期对建设单位和建设项目的使用者进行回访，如果建设项目出现质量问题，应及时进行维修和处理，保修金应按合同和有关规定合理确定和控制。

建设项目后评估是指在建设项目建成投产或投入使用后的一定时刻，对项目的运行进行全面的系统评价的一项技术经济活动。建设项目后评估的内容包括：①目标评估；②执行情况评估；③成本效益评估；④影响评估；⑤持续性评估。建设项目后评估的指标有：①项目前期和实施阶段的后评估指标；②项目营运阶段的后评估指标。

• 关键概念： 竣工验收、建设项目、竣工决算、保修金、建设项目后评估

习题

一、选择题

1. 发包人参与的全部工程竣工验收分为三个阶段，其中不包括（　　）。

A. 预验收　　B. 初步验收　　C. 验收准备　　D. 正式验收

2. 根据《建设工程质量管理条例》的有关规定，电气管线、给水排水管道、设备安装和装修工程的保修期为（　　）。

A. 2年　　B. 5年

C. 合同约定的年限　　D. 双方协议约定的年限

3. 根据《建设工程质量管理条例》的有关规定，下列工程内容保修期限为5年的是（　　）。

A. 外墙面的防渗漏　　B. 主体结构工程

C. 供热与供冷系统　　D. 装修工程

4. 缺陷责任期从（　　）之日起计算。

A. 工程交付使用　　B. 工程竣工验收合格

C. 提交竣工验收报告　　D. 应付工程价款

5. 建设项目竣工验收方式中，又称为交工验收的是（　　）。

A. 工程整体验收　　B. 单项工程验收

C. 单位工程验收　　D. 分部工程验收

二、填空题

1. 为确保竣工图样的质量，必须在施工过程中及时做好________记录，整理好设计变更文件。

2. 《建设工程质量管理条例》对建设工程在正常使用的条件下为设计文件规定的该工程的合理使用年

限是________。

3. 固定资产是指企业为生产产品、提供劳务、出租或者经营管理而持有的，使用时间超过________，价值达到一定标准的非货币性资产，包括房屋、建筑物、机器、机械、运输工具以及其他与生产经营活动有关的设备、器具、工具等。

4. 发承包双方就缺陷责任有争议时，可以请有资质的单位进行鉴定，________承担鉴定费用并承担维修金。

5. 建设项目竣工验收的最小单位是________。

三、简答题

1. 什么是建设项目竣工验收？建设项目竣工验收的内容是什么？
2. 简述建设项目竣工验收的程序。
3. 什么是建设项目竣工决算？建设项目竣工决算的编制依据有哪些？
4. 建设项目竣工结算与建设项目竣工决算的区别是什么？
5. 工程质量的保修范围及保修的期限是如何规定的？
6. 保修金应如何处理？
7. 什么是建设项目后评估？有哪些评估指标？

四、计算题

某建设项目及其锻造车间的建筑工程费、安装工程费、需安装设备费以及分摊费用如表 6-8 所示，试计算锻造车间新增固定资产价值。

表 6-8 费用分配表 单位：万元

费用类型	建筑工程费	安装工程费	需安装设备费	建设单位管理费	土地征用费	勘察设计费
建设项目竣工决算	2 100	700	850	85	100	50
锻造车间竣工决算	600	350	400			

第7章 工程造价审查

学习要点

• 知识点：工程造价审查的基本概念、意义、特点及内容，投资估算审查、设计概算审查、施工图预算审查、工程量清单计价审查、工程结算与竣工结算审查的具体概念、意义、方法及步骤。

• 重点：工程造价审查的依据和内容，投资估算审查、设计概算审查、施工图预算审查、工程量清单计价审查、工程结算与竣工决算审查的概念、意义和主要内容。

• 难点：投资估算审查、设计概算审查、施工图预算审查、工程量清单计价审查、工程结算与竣工决算审查的方法及具体步骤。

7.1 概述

7.1.1 工程造价审查的概念及意义

1. 工程造价审查的概念

工程造价审查是指对工程造价形成的各阶段价格进行全面系统的检查、校正、复核的过程，并纠正在工程造价确定时出现的某些偏差、错误和问题，使工程造价的确定及构成更加确切、合理、合法。同时也是对工程项目投资活动的真实性、合理性、合法性及工程造价构成的正确性、编制与确定的合法性与有效性进行的全面监督和评价活动。

工程造价审查具体包括工程项目投资估算审查、设计概算审查、施工图预算审查、工程量清单计价审查和工程结算与竣工决算审查五部分内容。

2. 工程造价审查的意义

工程造价审查是建设工程造价管理的重要环节，是合理确定工程造价的必要程序，是控制工程造价的必要手段。通过对工程造价进行全面、系统的检查和复核，及时纠正所存在的错误与问题，使之更加合理地确定工程造价，达到有效控制工程造价的目的，以保证项目管理目标的实现。因此，工程造价审查具有如下重要意义：

(1) **有利于对投资进行科学的管理和监督，提高投资效益**　对投资项目估算的审查可为项目的财务分析和经济评价提供正确的投资估算额，为投资者的科学决策提供重要依据。

(2) **有利于建筑市场的合理竞争**　在固定资产投资过程中，业主的主要目标是在满足工程项目质量和功能要求的前提下降低工程造价，而承包人所关注的是其利润最大化，这就构成了市场经济的价格矛盾。从建立市场经济的约束机制出发，需要通过第三方对其造价进行公正、合法的确认。通过工程造价审查，有利于促进招投标市场的规范化，减少甚至杜绝招投标市场上不规范现象的发生，保证建设项目的合理竞争。

(3) **有利于企业加强经济核算，提高经营管理水平** 通过加强工程造价的审查，可以有效避免企业在预算过程中的失误如重项、漏项等，重视管理水平的再提高，促使企业认真采取降低成本的措施，加强经济核算，提高经营管理水平。

(4) **有利于维护国家财经法律，促进我国现代化建设** 工程造价审查是贯彻落实国家在工程建设领域出台的法律、法规及政策、文件，促使技术进步的重要手段。对工程造价的审查，可以为工程建设提供所需要的人、材、机等方面的可靠数据，以便政府和有关部门据此正确地实施项目建设拨款、贷款、计划、统计和成本核算以及制定合理的技术经济考核指标，使我国社会主义现代化建设有序地进行。

7.1.2 工程造价审查的特点及方式

1. 工程造价审查的特点

工程造价审查的主要特点表现为依法性、独立性、间接性和客观性。

(1) 依法性 审查工作只能按照委托审查方的意愿和规范进行，即审查工作既要按委托合同的要求进行，也要严格地执行国家的相关法律和法规，维护工程造价管理工作健康、有序地发展，提高工程造价的管理水平。

(2) 独立性 从事审查工作的人员和机构是专职的，只对委托审查的人或机构负责，不受其他任何行政机构、社会团体和个人的干涉。

(3) 间接性 体现在审查工作与直接管理工作的区别上。直接管理工作是指在投资主体内部，监督机构对直接从事工程造价管理工作者的再监督以及上级业务领导对下属工作人员在工程造价管理方面的监督和评价工作。而审查工作是指投资主体委托社会中介机构进行的第三方监督，而这种第三方监督具有间接性。

(4) 客观性 工程造价审查的过程与依据要符合被审查项目的客观实际，审查的项目也必须客观，不得人为地加以夸大或缩小。

2. 工程造价审查的方式

根据项目建设每一阶段的特点不同、工作难点和要求的深度不同、工程规模的大小不同，工程造价审查有如下几种审查方式：

(1) 单审 由项目主管部门、建设单位、设计单位、施工单位、工程造价咨询机构等分别进行的审查。这种方式比较灵活，不受协作关系复杂的限制，适用于施工图预算阶段、招投标阶段、竣工结算阶段的审查，也可用于一般建设项目投资估算阶段和设计概算阶段的审查。

(2) 分头审 由项目主管部门组织建设项目所涉及的各部门单位，分头审查建设项目中的部分内容，定期共同确定工程造价的审查。这种方式比较适用于时间紧、要求急的工程项目，主要用于中、小型建设项目投资估算阶段、设计概算阶段、竣工决算阶段工程造价的审查。

(3) 会审 由项目主管部门组织建设单位、设计单位、施工单位、工程造价咨询机构等共同组成审查小组，审查中可充分展开讨论。这种方式比较适用于质量要求高、时间紧的重点工程项目，主要用于建设项目投资估算阶段、设计概算阶段和竣工决算阶段工程造价的审查。

（4）委托审查　建设单位可以委托造价咨询机构进行造价审查。

7.1.3　工程造价审查的内容与程序

1. 工程造价审查的内容

（1）**审查工程量**　按工程量计算规则，逐项审查施工单位增加工程量计算的正确与否，尤其对重要的工程量，更应重点审查。

（2）**审查单位工程造价**　按单位工程计价程序分别予以审查，重点审查计价项目有无多算或漏算；计算式、计算结果是否正确；计算基础和费率计取是否正确。

（3）**审查费用**　根据相关资料及依据，在确保工程量和单位工程造价正确的情况下，审查费用是否合理准确。

2. 工程造价审查的程序

1）施工单位编制建筑工程造价书，交监理单位。

2）经监理单位审核后，监理单位和施工单位达成一致意见，交建设单位。

3）建设单位自审或请造价管理部门予以审核。

4）由建设单位审批，并予以盖章。

7.2　投资估算审查

投资估算审查是指对建设项目在项目建议书和可行性研究阶段所确定的投资估算额进行的审查，投资估算一经批准，即为建设项目投资的最高限额，一般情况下不得随意突破。通过审查投资估算的估算方法、编制依据、投资估算额是否确切，为项目的财务评价和经济分析提供正确的投资依据，从而保证项目决策的科学性及正确性。

7.2.1　投资估算审查的意义

投资估算是指在整个投资决策过程中，依据现有的资料和一定的估算方法，对工程项目的投资数额进行估算。在项目建议书阶段，可以对投资额进行毛估、粗估、初步估算，而在项目可行性研究阶段，可以对投资额进行控制估算。对投资估算进行审查具有以下重要意义：

1. 投资估算审查是确保项目决策正确性的重要前提

投资估算、资金筹措、建设地点、资源利用等都影响着项目是否可行，由于投资估算的正确与否关系到项目财务评价和经济分析是否正确，从而影响到项目在经济上是否可行。因此，必须对投资估算编制的正确性（误差范围）进行审查。

2. 投资估算审查为工程造价的控制奠定可靠的基础

在项目建设各阶段中，通过工程造价管理的具体工作，依次形成了投资估算、设计概算、施工图预算、招标控制价、投标报价、合同价款、期中结算价及竣工结算价。只有采用科学的估算方法和可靠的数据资料，合理地计算投资估算，确保投资估算的正确性，才能保证其他阶段的造价能控制在合理的范围内，使投资控制目标得以最终实现。

7.2.2 投资估算审查的内容

1. 审查投资估算的编制依据

投资估算所采用的依据必须具有合法性、有效性、时效性和准确性。

(1) 合法性 投资估算所采用的各种编制依据必须经过国家和主管部门的批准，符合国家有关编制政策的规定，未经批准的不能采用。

(2) 有效性 各种编制依据都应根据国家有关部门的现行规定进行，不能脱离国家现行的各种财务规定去做投资估算，如有新的管理规定和办法，应按新的规定和办法执行，投资估算的编制要满足《建设项目投资估算编审规程》(CECA/GC 1—2015) 中的相关规定。

(3) 时效性和准确性 项目投资估算所需的数据资料很多，如已运行的同类型项目的投资、设备和材料价格、运杂费率、有关的定额、指标、标准以及有关规定等，这些资料都与时间有密切关系，都可能随时间发生不同程度的变化。因此，进行投资估算审查时必须注意数据的时效性和准确性。

2. 审查投资估算的构成内容

审查投资估算构成内容的核心是防止编制投资估算时出现多项、重项或漏项的现象，保证内容准确合理。需从以下几个方面予以重点审查：

1) 审查费用项目与规定要求、实际情况是否相符，估算费用划分是否符合国家规定，是否针对具体情况做了适当增减，是否包含建设工程投资估算、安装工程投资估算、设备购置投资估算及工程建设其他费用的估算。

2) 审查投资估算的分项划分是否清晰，内容是否完整，投资估算的计算是否准确，是否达到了规定的深度要求。

3) 审查是否考虑了物价变化、费率变动等对投资额的影响，所用的调整系数是否合适。

4) 审查现行标准和规范与已建设项目当时采用的标准和规范有变化时，是否考虑了上述因素对投资估算额的影响。

5) 审查拟建项目是否对主要材料价格的估算进行了相应调整。

6) 审查工程项目采用高新技术、材料、设备及新结构、新工艺等，是否考虑了相应费用额的变化。

3. 审查投资估算的方法和计算的正确性

工程项目的投资估算方法分为静态估算方法和动态估算方法，并且根据投资项目的特点、行业类别可选用的具体方法很多，要重点分析所选择的投资估算方法是否恰当。一般来说，供决策用的投资估算，不宜使用单一的投资估算方法，而是综合使用集中投资估算方法，相互补充，相互校核。

4. 其他审查内容

审查投资估算是否经过评审，是否进行优化，是否得到批复等。

7.2.3 投资估算审查的方法

投资估算审查方法应根据估算的精度要求进行选用。国家规定，投资估算与初步设计阶段概算比较，不应大于10%，否则项目应重新报批。因此，在投资估算审查时，应按投资估算的内容要求进行全面审查，针对每项内容的特点可具体采用对比分析和查询核实等方法，要在分析具体原因之后进行费用的调整。凡需调整投资估算的，应提出“投资估算审查调整对比表”，并逐项说明投资增减的原因，提出调整投资的内容，减少初期投入的意见和措施等。

审查时可采用以下方法测算项目投资额，从而作为判断可行性研究各阶段投资估算精确可靠程度的依据。具体方法一般有：

1. 单位生产能力审查法

单位生产能力审查法的计算方法见式（7-1）。

$$\text{投资估算} = \text{单位生产能力投资额} \times \text{项目设计生产能力} \tag{7-1}$$

2. 比例审查法

比例审查法的计算方法见式（7-2）。

$$\text{投资估算} = \frac{\text{新投资项目主要设备投资}}{\text{同类项目主要设备投资占总投资比}} \tag{7-2}$$

3. 指数审查法

指数审查法的计算方法见式（7-3）。

$$y_2 = y_1\left(\frac{x_2}{x_1}\right)^n \tag{7-3}$$

式中　y_1、y_2——投资项目和同类投资项目的投资额；

x_1、x_2——投资项目和同类投资项目的生产能力；

n——指数，视情况而定，通常为0.6。

【例7-1】　某新建化工项目采用新工艺，拟生产国内市场急需的某特种材料，计划年产量为15万吨。此项目属于扩建工程，因建在原有厂区内，故不需要新征土地，没有大量的土方工程，并可利用原厂区的公用工程和辅助设施，厂区已与一条专用铁路、一条高等级公路相通，原材料、燃料和动力供应充足。

根据可行性研究报告得知，该项目计算期为16年，其中建设期为3年，投产期为3年。项目投资估算为17 445.75万元（含外汇708.77万美元），财务内部收益率为14.76%。通过对项目进行财务效益分析和财务不确定分析，得知该项目在经济上可行，但项目具有一定的投资风险，项目社会效益较好。

【解】　采用会审方式组织专家评审，经专家审查对比，核实情况如下：

1. 投资估算编制依据的审查

专家审查组对投资估算的编制依据进行了详细的鉴定分析，认为该项目选取的投资估算定额和税费符合规定，引进设备的价格是按类似的工程估算；国内设备、材料价格按中国石油化工总公司《工程建设设备材料统一基价》《机械产品目录》、产品样本等选用，每年按6%的涨价系数换算到报告编制年份；安装工程根据中石化文件《石油化工安装工程概算指标》及类似工程的指标对比估算；外汇汇率、关税、增值税和海关费等经核实基本按现行规定和当前情况估算；固定资产方向调节税根据《固定资产投资方向调节税石油化工行业税目注释》（计投资［1996］312号）规定估算：特种橡胶和大中型合成橡胶税率按零税率计算等。其投资估算编制依据经审查，认为合法、有效。

2. 投资估算编制内容和方法的审查

专家审查组经过对投资估算编制内容和方法的审查，认为投资估算内容编制的比较完整，静态估算选用方法合理，计算正确无误；动态估算选用方法合理，基本预备费和建设期价差预备费按可行性研究投资估算费用计列基本正确，建设期利息计算正确，税费计算基本正确。因此，不存在有意压价或高估冒算的现象。

现需要调整的主要内容如下：

(1) 国外引进部分

1) 专家组审查认为软件费用偏高，应减少 58.77 万元。

2) 引进设备的关税和增值税偏低，应增加 470.63 万元。

(2) 国内部分　原可行性研究报告中的投资估算没有考虑到污水处理厂的改造费用 200 万元，审查后认为应补充进来。

(3) 预备费　基本预备费可不做考虑，但是价差预备费应做如下调整：

1) 原可行性研究报告中没有考虑到外汇汇率的变化，经审查应调整为 1 568.21 万元 (含外汇 85.05 万美元)，增加了 156 万元。

2) 设备、材料价差相应调整了 444.06 万元。

(4) 建设期利息　由于固定资产投资调整，增加了 807.64 万元的贷款，建设期利息由原来的 1 644.11 万元（含外汇 98.27 万美元)，调整为 1 745.71 万元（含外汇 107.13 万美元)。

根据上述投资估算调整，审查该项目固定资产投资总额为 17 844.71 万元（含外汇 802.68 万美元)，比原来的可行性研究报告中固定资产投资额增加了 909.24 万元（含外汇 88.05 万美元)。

3. 铺底流动资金的审查

可行性研究报告中的流动资金占用额是按 2 个月的工厂成本计算（扩大指标法）的。本项目根据调整后的工厂成本重新计算的流动资金占用额为 1 750.67 万元，比原可行性研究报告增加了 49.75 万元。由于生产工厂用的原料和辅助材料绝大部分是由公司内部供应，则专家审查组认为要做好产供销的管理。流动资金估算是正确的，则铺底流动资金由 510.28 万元调整至 525.20 万元。

4. 工程项目投资估算的审查

审查后的工程项目投资估算总额为 18 369.91 万元（含外汇 802.68 美元)，比项目可行性研究报告中的总投资额增加了 924.16 万元，其中固定资产投资增加了 909.24 万元，铺底流动资金增加了 14.92 万元。投资估算审查调整对比表见表 7-1。

表 7-1　投资估算审查调整对比表

工程名称：　　　　建设项目　　单位：人民币　　　万元；外币　　　万美元

序号	主项号	工程或费用名称	原可行性报告估算值		审查后估算值		审查增减值	备注
			人民币合计	含外汇	人民币合计	含外汇		
一		工程费用						
	(一)	国外引进部分	5 664.27	602.00	6 076.13	602.00	411.86	
	1	软件费	2 997.47	318.58	2 938.70	318.58	(58.77)	
	2	设备费	2 666.80	283.42	3 137.43	283.42	470.63	

（续）

序号	主项号	工程或费用名称	原可行性报告估算值		审查后估算值		审查增减值	备注
			人民币合计	含外汇	人民币合计	含外汇		
	(二)	国内部分	5 962.36		6 160.92		198.56	
	1	主体工程	5 545.47		5 545.47			
	2	配套工程	285.05		285.01		(0.04)	
	3	污水厂改造			200.00		200.00	
	4	拆除工程	125.00		125.00			
	5	工具生产家具购置	6.84		5.44		(1.40)	
		小计	11 626.63	602.00	12 237.05	602.00	610.42	
二		其他费用						
	1	土地征用费						
	2	勘察设计费	300.00		300.00			
	3	其他	485.32	8.50	472.85	8.50	(12.47)	
		小计	785.32	8.50	772.85	8.50	(12.47)	
三		预备费						
	(一)	基本预备费						
	(二)	价差预备费						
	1	汇率调整	1 412.21		1 568.21	85.05	156.00	
	2	价差调整	1 467.20		1 520.85		53.65	
四		投资方向调节税						
五		建设期利息	1 644.11	98.27	1 745.71	107.13	101.60	
	固定资产投资总额		16 935.47	708.77	17 844.71	802.68	909.24	
六		辅导流动资金						
	1	流动资金	(1 700.92)		(1 750.67)		(49.75)	
	2	铺底流动资金	510.28		525.20		14.92	
工程项目投资总额			17 445.75	708.77	183 69.87	802.68	924.12	

7.3 设计概算审查

设计概算审查是指对在初步设计阶段或扩大初步设计阶段所确定的工程造价进行的审查。可行性报告中的投资估算是整个项目投资控制的主要依据，故设计概算应在投资估算的控制范围之内进行。

7.3.1 设计概算审查的意义

1. 设计概算审查是工程项目投资管理的一个重要环节

设计单位在编制完成设计概算后，首先在内部进行初步审查，然后按规定的报批权限，在设计文件报批的同时报批概算文件，批准后的设计概算不能任意修改突破，如必须突破，增加投资，需申请原批准单位重新审批。

2. 设计概算审查有助于提高工程项目的投资效益

经审查的设计概算为工程项目投资的落实和下阶段推行限额设计和编制施工图预算提供

了依据，有助于提高工程项目的投资效益。

3. 设计概算审查既是投资估算贯彻执行的手段，也是投资控制的手段

通过对工程项目的投资规模核定，可以判定设计概算是否符合投资估算的控制原则，使工程项目总投资做到准确、完整，为工程项目投资管理提供技术支持，也可避免故意压低概算投资，做“钓鱼”项目，最后导致实际造价大幅度突破概算。

4. 设计概算审查能促使设计概算编制更加完善准确

设计概算审查可以促使概算编制单位或人员提高业务水平，严格执行国家有关工程概算编制的相关规定和政策要求，从而提高概算编制的质量，使其更加完善准确。

5. 设计概算审查有助于合理确定和有效控制工程造价

设计概算与经过审查批准的投资估算相比较，其误差应控制在合理的范围内，其偏高或偏低，不仅会影响工程造价的控制，也会影响项目投资计划管理及资金的合理分配。

6. 设计概算审查有助于促进设计水平的提高

设计概算中的技术经济指标是设计方案的技术性与经济性的综合反映。通过对这些指标的分析比较，可判定设计方案是否技术先进、经济合理，从而促进设计人员业务水平的提高。

7.3.2 设计概算审查的编制

1. 审查设计概算的编制依据

（1）合法性审查　设计概算采用的各种编制依据必须经过国家或授权机关的批准，设计概算所使用的概算定额、概算指标、费用定额及信息价格等应符合相关规定，不能以各种借口、理由擅自提高或缩小这些标准，以扩大投资规模或预留缺口。

（2）时效性审查　各种依据（如定额、指标、取费标准等）都应根据国家有关部门的现行规定进行，注意有无调整和新的规定。

（3）适用范围审查　各种编制依据都有规定的适用范围，应注意判定编制概算所套用的定额、指标、费率、税率等是否适用，定额与取费之间是否配套，有无定额采用中央各主管部门的，而取费又套用地方的，两者应当统一。

（4）完成度审查　审查扩大的初步设计是否完成，是否满足要求。

2. 审查设计概算的编制深度

（1）审查编制说明　审查设计概算的编制方法、深度和编制依据等重大原则问题，若编制说明出现问题和差错，则可判定具体概算结果一定有问题和差错。

（2）审查概算编制的完整性　重点审查编制深度能否达到国家要求、概算文件是否完整。一般大、中型项目的设计概算应有完整的编制说明和“三级概算”，即总概算表、单项工程综合概算表和单位工程概算表。

（3）审查概算的编制范围　审查概算的编制范围及其具体内容是否与主管部门批准的工程项目范围及具体内容一致；审查分期建设项目的建设范围及具体工程内容有无重复交叉，是否重复计算或漏算；审查是否同时安排了“三废”治理和绿化项目及其投资；审查概算有无弄虚作假、多要投资或预留缺口的现象；审查静态投资、动态投资和经营性项目铺底流动资金是否分别列出等。

（4）审查设计概算资料的完整性　建设项目设计总概算文件一般包括编制说明、总概算表、其他费用表、各单项工程综合概算表、单位工程概算表、单位设备安装工程概算表、补充单位估价表。独立装订成册的总概算文件应加封面、签署页（扉页）和目录。检查总概算文件是否包括了上述各部分。

3. 审查设计概算的编制内容

（1）**审查编制依据** 在设计概算内容审查时，应审查概算的编制是否符合编制依据的要求，是否根据工程项目所在地的自然条件进行编制。

（2）**审查建设规模、标准** 审查投资规模、建筑面积、生产能力、用地标准、设计标准、主要设备、配套工程、设计定员等是否符合原批准的可行性研究报告或立项批文的标准。对概算总投资超过原批准投资估算10%以上的，应进一步审查超估算的原因，并重新上报审批。

（3）**审查编制方法、计价依据和程序** 具体应对编制方法、计价依据和程序是否符合现行规定，包括定额指标的适用范围和调整方法是否正确进行审查。进行定额或指标的补充时，要求补充定额或指标的项目划分、内容组成、编制原则等要与现行的规定一致。

（4）**审查设备规格、数量和配置** 设备购置费占建设项目投资很大的比重，如工业建设项目中设备投资一般占总投资的30%～50%，故要认真审查。审查设备数量、品种、规格、性能、效率配置是否符合设计要求，是否与生产规模一致；审查设备材质、自动化程度有无提高标准；审查引进设备是否配套、合理；审查备用设备是否适当，消防、环保设备是否计算等。

1）审查时应注意的问题：①所列设备投资是否符合设计文件要求，有无在设备清单之外多列设备投资，有无漏列设备投资，有无满足不了设计要求的情况；②设备原料和运杂费的确定是否准确；③工器具购置计划的基数和选用的费率是否正确。

2）重点审查设备价格是否合理，是否符合国家的有关规定。审查标准设备原价和运杂费的计算方法是否正确，是否与国家规定的价格相符，可参照各部委、地方有关的现行产品出厂价格表和调价信息进行审查。除审查价格的计算依据、估算方法外，还要分析研究影响非标准设备估价准确度的有关因素及价格变动规律。

审查非标准设备原价应根据设备所被管辖的范围，审查各级规定的统一价格标准。通常采用对比分析法，即选取一些类似的机械设备价格做参照，寻找出超常规的差异后，再延伸审查设备厂家的报价费用组成和计算方法是否合理、准确；审查在施工现场制造的非标准设备费用是否合理。

对于国外引进设备的原价，应根据设备费用各组成部分及国家设备进口、外汇管理、海关、税务等有关部门不同时期的规定进行。首先，要注意货价的确定是否合理，外汇牌价是否符合规定；其次，还应严格区别引进设备不同的价格结算形式，如离岸价、到岸价、成本加运费价等，它们之间的差异对设备原价的影响很大；最后，审查进口设备各项费用的组成及其计算程序、方法是否符合国家主管部门的规定。

3）审查计价指标。审查建筑安装工程采用工程所在地区的计价指标、价格指数和有关人工、材料、机械台班单价是否符合现行规定；审查引进设备安装费率或计取标准、部分行业设备安装费率是否按有关规定计算；审查后续调整系数是否符合文件要求。

（5）**审查工程费** 建筑安装工程的投资是随工程量的增加而增加的，因此要认真审查其工程量。根据初步设计图样、概算定额及工程量计算规则和施工组织设计的要求，利用专业设备材料表，建筑物、构筑物和总图运输一览表进行审查，尤其对工程量大、造价高的项目要重点审查。它又分为工程量审查、定额单价审查、材料用量、价格审查和总费用审查。

1）工程量审查。主要是审查扩大分项工程的工程量：①审查工程量计算中各个工程及其组成部分的尺寸是否与初步设计图纸相符合；②审查工程量的计算方法、程序是否与规定相符；③审查同一结构中不同规模、不同形式、不同施工方法的分类是否与规定相符。

2）定额单价审查。主要是审查采用的单价是否正确，与定额或单位估价表所列内容是否一致；审查定额换算是否合理，因定额规定闭口的，不得任意换算，而允许换算的要审查其是否按有关规定和资料换算；审查补充单价，如因定额缺项需补充单价的，要审查其编制原则、内容组成、项目划分是否与现行定额编制原则和依据一致等。

3）材料用量和价格审查。审查主要材料的用量数据是否正确，材料预算价格是否符合工程所在地的价格水平，材料价差是否符合现行规定以及计算是否正确等。

4）总费用审查。审查建筑安装工程的各项费用的计取是否符合国家或地方有关部门的现行规定，审查计算程序、取费标准和总费用计算是否正确。

（6）**审查工程建设的其他费用**　这部分费用内容多、弹性大、约占项目总投资的25%以上，因此必须认真按国家和地区规定逐项审查，不属于总概算范围的费用项目不能列入概算。审查工程其他费用的列项是否齐全，计算基数是否准确，计算基数比例是否符合文件要求。

1）审查列入此项的有关费用计划是否合理。国家规定的土地使用费、建设单位管理费、勘察设计和研究试验费、联合试运转和生产准备费、办公和生活家具购置费、引进技术和进口设备项目的其他费用、施工机构迁移费、临时设施费、工程监理费、造价咨询及招标代理费、工程保险费等费用属于工程其他费用，并对每项费用的计列范围进行了严格的规定，应着重审查。如建设单位管理费的计列与新建项目和改、扩建项目就有很大区别；联合试运转费不包括应由设备安装费用开支的试车费用，当试运转收入可以抵消和超出运转费用时，该项费用不得列入概算。

2）审查有无将部门或地方各种名目的集资、摊派款列入概算投资，这个问题在土地青苗补偿和安置补助费用中表现得最为突出。

（7）**审查预备费、建设期贷款利息、铺底流动资金**　审查设计概算预备费时，应注意：①预备费的计算比例是否合适；②预备费的计算基础是否正确，不同的行业预备费的计算基数各不相同；③在审查概算其他内容时，发现问题应及时进行调整，以使预备费做相应调整；④考虑物价上涨因素。审查建设期贷款利息时，应注意国家现行贷款利率和外汇牌价。审查铺底流动资金时，应注意流动资金的计算。

（8）**审查综合概算、总概算编制内容及方法**　审查过程中应对其编制内容、方法是否符合现行规定和设计的要求，有无设计文件外的项目，有无将非生产性项目以生产性项目列入进行审查。

（9）**审查总概算文件的组成内容及设计概算的内容**　应审查其与设计图纸是否一致，有无出现概算与图纸不符的现象，是否完整地包括了工程项目从筹建到竣工投产为止的全部费用组成。

（10）**审查技术经济指标**　根据本项目的规模、标准等基本情况，对比类似项目技术经济指标情况，分析投资经济效果是否达到了技术上先进可靠、经济上合理的要求。

7.3.3　设计概算审查的方法

设计概算审查的方法有对比分析法、查询核实法和联合会审法。采用适当方法进行设计概算审查是确保审查质量、提高审查效率的关键。设计概算审查方法见表 7-2。

表 7-2　设计概算审查方法

方　法	内　容
对比分析法	对比分析法主要是指建设规模、标准与立项批文的对比，工程数量与设计图纸的对比，综合范围、内容与编制方法、规定的对比，各项取费与规定标准的对比，材料、人工单价与统一信息的对比，技术经济指标与同类工程的对比等
查询核实法	查询核实法是指对一些关键设备和设施、重要装置、引进工程图纸不全、难以核算的较大投资进行多方查询核对，逐项落实的方法
联合会审法	联合会审前，可先采取多种形式分头审查，包括设计单位自审，主管、建设、施工单位初审，工程造价咨询公司评审，邀请同行专家预审，审批部门复审等，经层层审查把关后，由有关单位和专家进行联合会审

7.3.4　设计概算审查的步骤

建设项目设计概算审查程序一般包括设计概算审查准备和设计概算审查实施两个环节，其具体审查步骤如图 7-1 所示。

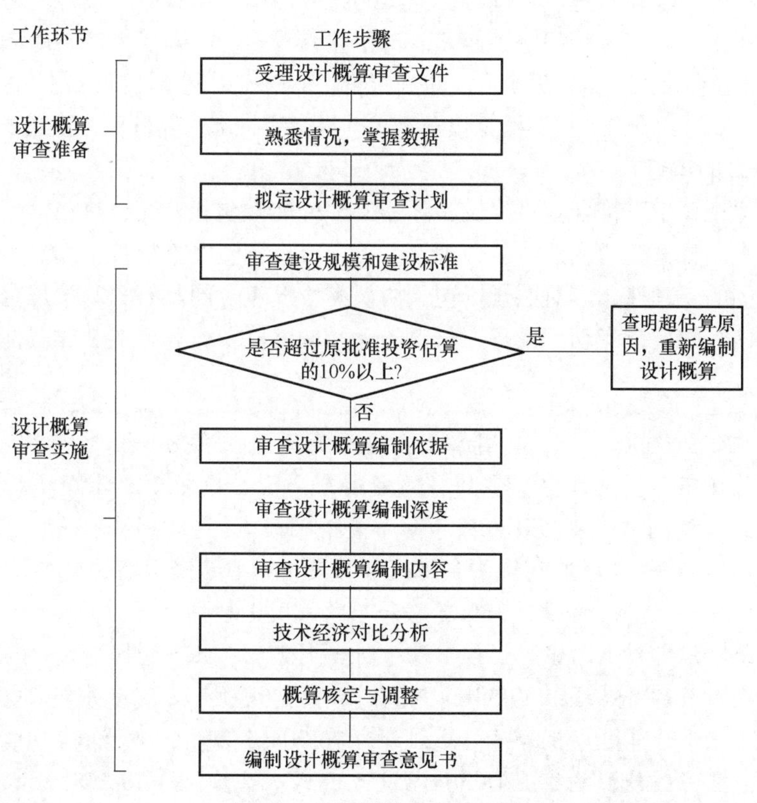

图 7-1　设计概算审查的步骤

7.3.5 设计概算审查的成果及其他问题

审查后，审查人应提交一份完整的审查报告，并对审查的组织形式和调整概算进行说明。

1. 审查报告的要求

对在审查中发现的问题和偏差，应按照单项工程、单位工程的顺序目录用分类整理的方式提交审查报告。首先按设备费、安装费、建筑费和工程建设其他费用分类整理；然后按静态投资、动态投资和铺底流动资金三大类，汇总核增或核减的项目及其投资额；最后将具体审核数据，按照“原编概算”“审查结果”“增减投资”“增减幅度”四栏列表，并按原总概算表汇总顺序，将增减项目逐一列出，相应地调整所属项目投资合计，再依次汇总审核后的总投资及增减投资额。

2. 审查的组织形式

对于中、小型项目，一般选用单审、分头审的方式进行，这样可以节约大量人力、物力和时间，并能取得满意的效果，但对于一些大型项目、特大型项目和全国重点项目一般选用会审的方式，又称联合会审法。联合会审前，可先采用多种形式的单审、分头审和会审，包括设计单位自审，主管部门、建设、承包单位初审，工程造价中介机构评审，邀约同行专家预审，审批部门复审等，经层层把关后，由有关单位和专家进行联合会审。在联合会审上，由设计单位概算编制人员介绍编制情况及有关问题，各有关单位、专家汇报初审、预审意见，然后进行认真分析、讨论，结合对各专业技术方案的审查意见所产生的投资增减，逐一核实原概算存在的问题和偏差。经过与会人员的充分协商，认真听取设计单位意见后，实事求是地处理、纠正、调整这些问题和偏差。对于差错较多、问题较大或不能满足要求的，责成编制单位按联合会审意见修改返工后，重新报批；而对于无重大原则问题，深度基本满足要求，投资增减不多的，应当场核实概算投资额，并提交审批部门复核后，正式下达审批概算。

3. 调整概算的审查

调整是对原概算中不符合项目建设实际需要部分的修改和补充，故在进行调整概算审查时，应注意审查调整概算的合法性、合理性。首先审查调整概算审批手续是否完整；其次审查调整概算范围的合理性，应对照投资包干协议和承发包合同及有关政策规定进行；最后结合建设期建设内容的增减变动，设备、材料的上下调整以及概算定额和取费标准的变化审查调整的准确性。

【例7-2】 20世纪90年代，某国家重点建设项目，经审查小组专家评审、核实，发现项目建设投资管理不严，设计概算多列，问题十分严重。特别是设计概算高估冒算情况突出，共涉及违纪金额21 452.7万元人民币。审查情况如下：

1）概算多计引进设备外汇兑换差19 668.9万元。项目引进设备应计概算投资75 600万元。按20世纪90年代实行的《增加从苏联和东欧五国进口机电产品补贴的请示》（国务院［1986］54号文）规定：中国银行仍按1外币折合1.2元人民币的固定比价与用户结算，差额按实际亏损由财政部补贴给经贸部计算而得，但是建设项目上级有关部门却批准按1外币折合1.277元人民币计算进口投资，如此则计为76 904.1万元，多计取1 304.1万元。除此之外，还在概算中另列外汇兑换差18 364.8万元，两项共计概算19 668.9万元。

2）多计预备费648万元。根据当时的《某工业项目基本建设引进设备概预算编制办法》，应列预备费6 382.8万元，但本项目实际却列7 030.8万元，多计列648万元。

3）在概算总投资中，漏列应冲减的设备包装费残值回收金，形成多列设计概算120万元。

4）在概算中重复计算利润，故多计取利润1 015.8万元。

7.4　施工图预算审查

施工图预算审查是指对施工图设计阶段所确定的工程造价进行的审查。施工图预算是设计概算的进一步具体化，它既受设计概算的控制，又是下阶段造价控制的依据。因此，施工图预算编制完成后，需要认真进行审查。

7.4.1　施工图预算审查的意义

1. 施工图预算审查有利于正确贯彻执行国家工程建设投资管理制度

加强施工图预算审查，有助于提高预算造价的准确性，有利于国家或业主对工程项目建设投资规模的控制和管理，是正确贯彻执行国家有关方针政策的重要环节。

2. 施工图预算审查有利于工程造价的控制

施工图预算造价是项目造价控制中的重要环节，它既要受设计概算的控制，又要起到控制下一阶段工程项目实施的施工承包合同价的作用，另外，加强施工图预算审查可以促使建设单位树立经济观念，降低工程成本，节约建设资金。

3. 施工图预算审查有利于施工承包合同价的合理确定和控制

经审查的施工图预算，对于招标工程，它是编制招标控制价的依据；对不宜招标工程，它是合同价款结算的基础，因此，对施工承包企业编制的施工图预算的审查，是合理确定合同价的有效措施。施工图预算造价一方面要防止超越设计概算，另一方面又必须控制施工承包合同价。

4. 施工图预算审查有利于积累和分析各项技术经济指标，促使设计人员树立经济观念，不断提高设计水平

通过审查施工图预算，为积累和分析技术经济指标提供了准确依据，通过有关技术经济指标的比较分析，找出设计中的薄弱环节，以便及时改进设计，不断提高设计水平。

7.4.2　施工图预算审查的内容

施工图预算审查的重点，首先，应放在工程量的计算与设备材料价格取定是否正确，各项应计取费用标准是否符合现行有关规定等方面；其次，应按施工图预算构成费用，审查是否有增项或漏项情况，汇总计算是否正确等。

1. 审查工程量

工程量的审查是施工图预算审查中工作量最大且繁琐的工作，需要审查人员熟悉掌握工程量的计算规则和设计施工图，熟悉各分部分项工程的施工技术和施工组织，耐心细致地核算工程量的计算方法和结果。有时为减轻审查工作量，可先行对一些容易出现问题的分项工程进行抽查，如没有发现较大的问题，则可认为工程量的计算基本正确；如出现较大的问题或问题的数量较多时，则应一一列项进行审查。

容易出现问题的分项工程一般有：工程量计算规则容易混淆的分项工程；定额项目综合工程内容较多的分项工程；使用范围有限制的分项工程；需要现场核实的分项工程；结构复杂和价值大的分项工程。具体审查应注意的内容有：

（1）**建筑面积** 对建筑面积工程量的审查，必须以现行的《建筑工程建筑面积计算规则》为准；建筑面积计算方法的审查应注意其计算是否正确，是否符合建筑工程建筑面积计算规范的规定和要求；建筑面积审查中应区分计算建筑面积的范围与不计算建筑面积的范围有无混淆。

（2）**土方工程** 平整场地、挖基槽、挖基坑、挖土方工程量的计算是否符合现行定额计算规定；其土体类别、土方边坡、土壁支护是否与勘察、设计要求一致；土方开挖方式及运输方式是否与施工组织设计一致，有无重算和漏算；回填土方应注意基槽、基坑回填土的体积是否扣除了基础所占体积，地面和室内填土的有效厚度和土料选用是否符合设计要求，回填施工方法是否符合施工方案的要求；运送土方的审查除了注意运土距离外，还要注意运土数量是否扣除了就地回填的土方，外购土方是否符合施工组织设计的要求。

（3）**桩基础工程** 各种不同的桩料必须分别计算，施工方法必须符合设计的要求；桩料长度必须符合设计的要求，对接桩审查时，注意审查接头数是否正确；对打试桩、送桩等现场实际是否考虑。

（4）**砌筑工程** 墙基和墙身的划分、柱基和柱身的划分是否符合规定；不同厚度的内、外墙是否按规定划分计算；墙高度的计算是否符合规定要求；门窗洞口及埋入墙体的各种钢筋混凝土梁、柱等是否已扣除；不同强度等级砂浆的墙体和定额规定按立方米或平方米计算的墙有无混淆、错算或漏算的现象。

（5）**混凝土与钢筋混凝土工程** 现浇与预制混凝土及预应力混凝土构件是否分别计算，有无混淆；现浇柱与梁、主梁与次梁、有梁板与无梁板的柱高及各种构件长度的计算是否符合定额规定，有无重算或漏算；有筋与无筋构件是否按设计规定分别计算，有无混淆；钢筋工程量计算中，构造筋、分布筋、弯钩增加长度等有无漏算、重算；钢筋混凝土的含钢量与预算定额的含钢量发生差异时，是否按规定予以增减调整；模板工程量中定额规定按平方米或立方米计算的，有无混淆、错算。

（6）**门窗及木结构工程量** 门窗是否分不同种类及框断面，按门窗洞口面积计算或樘数计算；卷闸门的计算是否符合规定；木装修的工程量是否按规定分别以延长米或平方米计算；木结构的工程量计算是否符合规定。

（7）**楼地面工程** 楼梯、台阶的面层是否按水平投影面积计算；垫层、找平层、整体面层、块料面层的计算是否符合规定；散水坡、防滑坡道、防滑条、明沟、踢脚板、栏杆、扶手的计算单位是否符合规定；细石混凝土、水泥砂浆的设计强度等级和厚度与定额强度等级和厚度不相同时，是否按定额规定进行换算。

（8）**屋面及防水工程** 卷材屋面工程是否与屋面找平层工程量相等，是否考虑翻边面积的计算；屋面保温层的工程量是否按屋面层的建筑面积乘以保温层平均厚度计算，不做保温层的挑檐部分是否按规定不做计算；平面与立面相接处防水层是否按规定划分平面防水与立面防水；防水层中“二布三涂”或“三布六涂”中的“三涂”“六涂”是指涂料构成防水层的层数，而非指涂料的遍数，审查中应注意；分清刚性防水及柔性防水，刚性防水层中钢筋是否漏算。

(9) **构筑物工程**　当烟囱和水塔定额是以座编制时，地下部分已包括在定额内，按规定不能再行计算，审查是否符合要求、有无重算；当烟囱和水塔定额基础和筒身分开编制时，基础和筒身的划分是否符合定额规定。

(10) **装饰工程**　内墙面抹灰工程量是否按墙面的净高度和净宽计算，有无重算或漏算；外墙面、顶棚抹灰及油漆、涂料、裱糊工程量计算是否符合定额规定，注意其计算单位是否与定额规定单位相符。

(11) **金属构件制作工程**　金属构件制作工程量多数按图示尺寸以吨为单位计算。审查时注意切边的重量、焊条、铆钉、螺栓等重量均已包括在定额内，不得另行计算；金属构件在计算时，型钢按图示尺寸求出长度，再乘以每延长米的质量；钢板要求算出面积再乘以每平方米的质量，审查是否符合规定；审查不规则或多边形钢板面积时，均按最大对角线与最大宽度的乘积所得矩形面积计算，审查是否符合规定。

(12) **构件运输及安装工程量**　预制构件、各类砌块、钢结构构件、各类门窗的运输工程量计算单位及构件运输类别的划分是否符合定额规定；各类构件运输定额已综合考虑道路情况，不得因道路条件不同而修改定额，除非发生道路加固、拓宽等原因需另行处理的情况除外；各类构件安装应按已审批的施工方案进行定额调整，一般采用原定额乘以调整系数的方法计算，审查是否符合定额规定。

(13) **脚手架及垂直运输工程量**　砌筑脚手架、现浇钢筋混凝土脚手架、装饰脚手架、其他用途脚手架的工程量计算是否符合定额规定，有无混淆、重算或漏算。审查时应注意满堂脚手架、围墙脚手架、独立柱脚手架的计算及脚手架材质的选择；垂直运输是按费用形式计入，应区分不同建筑物结构类型及高度，按建筑面积以平方米计算，审查是否符合定额规定；建筑物超高降效费用审查，建筑物超高一般会引起人工、机械效率降低，从而增加人工费、机械费以及施工用水加压费，定额中一般采用降效率指数计算增加的费用，审查是否符合定额规定。

2. 审查设备、材料的价格

设备、材料的价格在施工图预算造价中占比重最大，价格弹性也最大，必须重点审查，逐一核实。

1）审查设备、材料的价格是否符合工程项目所在地的真实价格水平。如果采用市场价，应核实其合法性、真实性、可靠性；若是采用主管部门公布的信息价，要注意其公布时间、地点、适应范围是否符合要求，且判定是否需要按规定进行调整。

2）审查设备、材料原价的确定方法是否正确，进口设备、材料更应注意其原价的确定与有关规定是否相符。非标准设备的原价在确定时应注意其计价依据、方法是否合理，计算是否正确。

3）审查设备运杂费的计算是否正确，材料价格的各项费用的计算是否正确。

3. 审查预算单价的套用

审查预算单价的套用是否正确，也是施工图预算审查工作的主要内容之一。审查时应注意以下几个方面：

1）预算中所列的各分项工程预算单价是否与现行定额的预算单价相符，其名称、规格、计量单位和所包括的工程内容是否一致。可以直接套用定额预算单价的分项工程应满足如下条件：

一个单位工程的分项或子项工程根据施工图的要求在定额中查到后，如果与定额中的相应分项或子项的名称、工程内容、工作内容完全相同，或者虽然有些不同，但定额不允许换算时，都可以直接套用定额中的预算单价，作为计算每一相应分项或子项工程合价的依据。在定额中，绝大多数分项或子项工程的定额单价可以直接套用。其审查方法和内容如下：

① 在定额的相应目录中找出相应的分部分项工程的名称和所在的页数。

② 在定额的相应页数中找出相应的分项或子项工程名称，并按照施工图的要求与定额规定的工程内容、工作内容、计量单位及规格相比较，当完全或基本一致时，则可直接套用这个分项或子项的定额单价。

③ 确定所套用的定额单价、定额编号、计量单位以及人工费、材料费、施工机具使用费是否完整地、正确地反映在预算表的相应栏目中。

2）审查换算单价。首先要审查换算的分项或子项工程量是否是定额中允许换算的，其次要审查换算方法和计算是否正确。

定额单价换算是指把定额中规定的内容与施工图要求的内容不一致的部分进行调整，取得相一致的过程。通常允许换算的内容多为砂浆、混凝土、木门窗框断面等，审查时应按定额规定执行。其审查方法和内容为：

① 砂浆、混凝土强度等级价差换算，其计算方法见式（7-4）。

$$\text{换算后的定额单价}=\text{原定额单价}\pm(\text{应换出半成品单价}-\text{应换入半成品单价})\times\text{该半成品定额数量} \tag{7-4}$$

② 砂浆、混凝土厚度价差换算，其计算方法见式（7-5）。

$$\text{换算后的预算单价}=\text{定额单价}+\left[\left(\frac{\text{相应材料定额用量}}{\text{相应材料定额厚度}}\right)\times\text{增减厚度}\right]\times\text{相应材料单价} \tag{7-5}$$

3）审查补充定额和单位估价表的编制是否符合编制原则、是否正确。补充定额和单位估价表是确定工程预算造价时，对预算定额中缺少的项目进行的补充。其编制必须与现有定额编制原则、所用基础资料相一致。补充定额单价的审查，应着重于补充单价计算过程、工程内容和计量单位的审查，特别是工程内容方面的审查。

4. 审查有关费用项目及其计取

直接工程费可由分项或子项工程量乘以相应分项或子项定额单价再汇总求得。措施费、间接费等与施工任务相联系，不易计算其绝对数值，所以只能以百分比，即采用确定计取费率的办法来解决，而且材料价差、利润及税金也是如此，故审查有关费用项目及其计取也是施工图预算审查的主要内容之一。

审查有关费用项目及其计取，要注意以下几个方面：

1）措施费和规费的计取基础是否符合现行规定；计取基础所包括的内容是否完整，数值是否正确；计取费用的工程类别、费率标准的选择是否恰当，有无选错现象；计算过程及结果是否正确。

2）间接费的计取基础、计取费用的工程类别、费率标准的选择是否恰当；预算外调增的材料差价是否计取了间接费；直接费或人工费增减后，有关费用是否相应做了调整。

3）材料差价审查中应注意区别主要材料差价与地方材料差价的计算方法是否正确。

4）利润是根据工程项目的不同投资来源或工程类别来实行差别利率的。目前各地的计取基础和计取利率不同，审查时应按当地有关规定执行。

5）审查税金计取基础、税率是否正确时，应按当地有关规定执行。还要审查城市维护建设税和教育费附加是否有遗漏。

5. 审查有无巧立名目，乱计费、乱摊派的现象

6. 审查有些按实计算的费用项目是否成立，计算是否正确等

7.4.3 施工图预算审查的方法

施工图预算审查的方法主要有：全面审查法、用标准预算审查法、重点审查法、分解对比审查法、分组计算审查法、筛选审查法等。其具体内容如表7-3所示。

表7-3 施工图预算审查的方法

审查方法	具体内容
全面审查法	全面审查法又称逐项审查法，是指按预算定额顺序或施工顺序，对施工图预算中的项目逐一地全部进行审查的方法。此方法的优点是全面、细致，经过审查的预算差错少，质量高；缺点是工作量大 此方法适用于一些工程量较小、工艺较简单的工程
用标准预算审查法	对于利用标准图或通用图纸施工的工程，应先集中力量编制标准预算，并以此为标准审查预算的方法。这种方法的优点是时间短、效果好、好定案；缺点是适用范围较小 此方法只适用于对按标准图纸施工的工程
重点审查法	抓住预算中的重点进行审查的方法，称重点审查法。通常对选择数量大或价值高的工程量、补充单价、各项取费（计费基础、取费标准）等进行重点审查。该方法具有重点突出、审查时间短、效果好的特点
分解对比审查法	在一个地区或一个城市内施工，如果采用标准施工图或复用施工图的单位工程，其预算造价应当是相同的。虽然因建设地点、施工条件、运输条件等不同，使工程造价有所不同，但可以利用对比方法，先把拟审的同类型工程预算造价与已审定的工程预算造价进行对比。如果出入不大，就可以认为本工程预算问题不大，可以不再审查；如果出入较大，则需要找出原因，可把拟审的预算造价按直接费用、间接费用等进行分解，然后再把直接费用按分部分项工程进行分解，边分解边对比，哪一部分出入较大，就进一步审查这一部分的工程项目与价格，直到把问题查出来为止
分组计算审查法	分组计算审查法是一种加快审查速度的方法。它把预算中的工程项目划分为若干组，并把相邻的在工程量计算上有一定内在联系的项目编为一组，审查或计算同一组中某个分项工程的实物数量，利用它们工程量之间具有相同或相似计算基础的关系，判断同组中其他几个分项工程量计算的准确性
筛选审查法	筛选审查法也是一种对比方法，建筑工程中各个分部分项工程的工程量、造价、用工量在每个单位面积上的数值变化不大，把这些数据加以汇集、优选，找出这些分部分项工程在每单位建筑面积上的工程量、价格、用工的基本数值，归纳为工程量、造价、用工量三个单方基本值表，并注明其适用的建筑标准。这些基本值如“筛子孔”，用来筛分各分部分项工程，筛下去的不用审查，没有筛下去的就意味着此分部分项工程的单位建筑面积数值不在基本值范围内，应对该分部分项工程进行详细审查。筛选法的优点是简单易懂、便于掌握、审查速度快、发现问题快

【例7-3】 某6层矩形住宅，底层为370mm厚墙，楼层为240mm厚墙，建筑面积为1 800m^2，砖墙工程量的单位建筑面积用砖指标为0.47m，而该地区同类型的一般住宅工程

(240mm 厚) 测算的砖墙用砖耗用量综合指标为 0.42m。试分析砖墙工程量的计算是否正确。

【解】 该住宅底层是 370mm 厚墙，而综合指标是按 240mm 厚墙考虑的，故砖砌体量大是必然的，但用砖指标 0.47 是否正确可按以下方法测算：

底层建筑面积为

$$S_{底} = 1\,800\text{m}^2/6 = 300\text{m}^2$$

设底层也为 240mm 厚，则底层砖体积为

$$V_{底} = (300 \times 0.42)\text{m}^3 = 126\text{m}^3$$

当底层为 370mm 厚时，则底层砖体积为

$$V'_{底} = 126\text{m}^3 \times 370\text{mm}/240\text{mm} = 194.25\text{m}^3$$

该建筑砖体积 V 为

$$V = [(1\,800 - 300) \times 0.42]\text{m}^3 + 194.25\text{m}^3 = 824.25\text{m}^3$$

该建筑砖体积比综合指标 (240mm 厚) 多用砖体积为

$$V_{\text{D}} = 824.25\text{m}^3 - (1\,800 \times 0.42)\text{m}^3 = 68.25\text{m}^3$$

每单位建筑面积多用砖体积为

$$68.25\text{m}^3/1\,800\text{m}^2 = 0.04\text{m}$$

此数据与 0.47m − 0.42m = 0.05m 不一致，说明工程量计算存在问题。

7.4.4 施工图预算审查的步骤

1. 做好审查前的准备工作

(1) 熟悉施工图和所采用的标准图集　施工图是编制预算分项数量的重要依据，因此必须全面熟悉了解、核对所有图纸 (含采用的标准图集)，清点无误后，依次读图。

(2) 搜集并了解经审批的施工组织设计和合法有效的地勘资料　施工方案与所采用的定额规定内容不一致的分项工程内容，审查时予以注意。

(3) 了解预算包括的内容、范围　根据预算编制说明，了解预算包括的工程内容，如配套设施，室外管线、道路以及会审图纸后的设计变更等，弄清预算各表之间以及表与文字说明之间的关系，分析其经济指标，为进一步审查工作做好准备。

(4) 弄清预算所采用的单位估价表　任何单位估价表或定额都有一定的适用范围，应根据工程性质、所在地区，搜集相应的单价和定额资料。

2. 选择审查方法，审查相应内容

由于工程所处的地区不同，规模不同，复杂程度不同，施工技术不同，编制人员水平不同等，导致所编制的工程预算质量好坏不一，因此，需选择适当的方法进行审查。

3. 整理审查资料并调整定案

经审查的施工图预算资料，应先与编制单位交换意见，协商统一后，双方签字确认，再综合整理编制调整预算、审减 (增) 表及审查情况说明。故需提交给委托方下列审查资料：

1) 施工图预算审查报告。

2) 按委托要求数量提交经审查后的施工图预算书。

3) 审查结果汇总表。

7.5 工程量清单计价审查

工程量清单计价是市场经济的产物，主要适用于工程招投标，它是我国现行的招投标计价活动中的一种与国际接轨的计价方式。

7.5.1 工程量清单计价审查的意义

1. 有利于工程投资控制，维护各方的利益

在工程量清单计价审查中，首先必须对业主提出的工程量清单进行审查，避免出现工程量错算、重算或漏算的现象，以免给项目管理带来困难，造成投资控制失控，从而维护各方利益。

2. 有利于促使承包人提高自身的管理能力和竞争力

承包人的自主报价包括了许多因素，一方面是企业定额的完善，另一方面是其施工技术和管理水平的提高。通过工程量清单计价审查，可以帮助企业找出差距，以利于其改进和发展，提高其认识水平和管理能力。

3. 有利于工程造价管理人员、从业人员水平的提高

工程造价管理人员、从业人员通过工程量清单计价的学习、编制、审查，转变自身观念，在积累了大量工作经验后，其自身素质和业务水平会逐渐提高。

7.5.2 工程量清单计价审查的内容

工程量清单计价审查应从市场经济角度及工程量清单的计价特点出发，维护市场主体双方的根本利益，确保其在我国社会主义市场经济的建设中发挥出应有的作用。

其审查内容着重从以下几个方面进行：

1. 审查工程量清单计价的合法性和有效性

工程量清单与工程量清单计价表要求签字、盖章的地方，必须由规定的单位和人员签字、盖章，以使其合法有效，删除和涂改之处必须签章。

2. 审查工程量清单

(1) 审查总说明　审查总说明的内容是否符合现行《建设工程工程量清单计价规范》要求，是否完整、真实。用词是否准确，会不会引起误解。

(2) 审查分部分项工程量清单　审查项目编码、项目名称、项目特征、计量单位和工程数量是否符合现行《建设工程工程量清单计价规范》的规定，有无错项、漏项，工程量计算是否正确。审查补充项目的编制是否符合规范要求，是否附上了补充项目的名称、项目特征、计量单位、工程量计算规则和工作内容。

(3) 审查措施项目清单　审查保障性措施项目和技术性措施项目是否分别按各自规定的编制方式进行编制；是否依据招标文件、图纸及现场情况、工程特点和施工方法计列完整，有无错项、漏项，是否符合现行《建设工程工程量清单计价规范》要求；技术性措施项目清单工程量是否计算准确，项目特征描述是否完整，规范中没有的项目是否做了补充。

(4) 审查其他项目清单　审查暂列金额、暂估价、计日工、总承包服务费是否根据工程特点、招标文件要求计列，有无错项漏项，是否符合现行《建设工程工程量清单计价规范》要求。审查暂列金额设定是否合理，有无超出规范中规定的计取比例。审查暂估价设立的项目是否合理，暂估价格是否符合市场行情，暂估价格的类型是否正确，有无出现与分部分项工程量清单重复的现象。审查计日工设立的类型是否全面，给定的暂定数量是否合理。审查总承包服务费中包含的工作内容是否齐全。

(5) 审查主要材料价格表　审查材料编码、材料名称、规格型号和计量单位是否填写齐全，材料种类是否符合招标文件要求，有无遗漏，是否合法有效，是否满足评标要求。

(6) 审查规费、税金项目清单　审查规费和税金的相应项目有无错项漏项，是否符合现行《建设工程工程量清单计价规范》的要求。

3. 审查工程量清单计价

工程量清单所有需填报的单价和合价均应填报，否则未填报的单价和合价被视为此项费用包含在工程量清单的其他项目的单价和合价中，审查时应予以注意。

(1) 审查工程项目总价表　审查汇总计算是否正确，是否合法有效。

(2) 审查单项工程费汇总表　审查建筑工程、装饰装修工程、安装工程是否符合招标文件规定的范围要求，有无错项漏项，汇总计算是否正确。

(3) 审查单位工程费汇总表　审查分部分项工程量清单计价合计，措施项目清单计价合计，其他项目清单计价合计，规费和税金项目清单计价合计的计算是否正确，汇总计算是否正确。

(4) 审查分部分项工程量清单计价表　审查分部分项工程量清单计价表的填写是否齐全，有无遗漏，数字是否正确。

(5) 审查措施项目清单计价表　审查措施项目清单计价表有无补充内容，补充内容是否符合工程特点及施工组织要求，所有数字填写是否正确。审查其综合单价构成内容及计算方法是否正确。

(6) 审查其他项目清单计价表　审查暂列金额、专业工程暂估价和计日工时，对其估算的数量进一步评价是否合理，并注意此三项费用不应视为投标人所有，竣工结算时，应按承包人实际完成的工作内容结算，剩余部分归招标人所有。审查总承包服务费时应根据分包和材料采购工作量的大小确定，审查其费用组成是否符合规定。

(7) 审查计日工计价表　审查计日工计价表的填写是否齐全，有无遗漏，数字是否正确。

(8) 审查规费、税金项目清单计价表　审查规费、税金项目清单计价表的填写是否齐全，有无遗漏，数字是否正确。

(9) 审查分部分项工程量清单综合单价分析表　审查综合单价的组成项目是否由人工费、材料费、施工机具使用费、管理费、利润组成，投标人还可适当考虑一定范围内的风险因素。审查其人工费、材料费、施工机具使用费、管理费、利润的计算是否符合企业的定额要求，与企业的施工技术、管理能力是否吻合。特别应注意审查以下重要部分：

1) 工程量的计算审查。工程量清单中的工程量应按现行《建设工程工程量清单计价规范》中的工程量计算规则计算，一般按图示尺寸确定。而在分部分项工程量清单综合单价分析表中却应按施工图所示尺寸，并结合施工组织设计规定的施工方法来确定。

2) 人工费、材料费、施工机具使用费、一定范围内的风险费用、管理费、利润等计取审查。此六项费用是组成综合单价的主要费用，审查时应判定其是否合理。

4. 审查工程量清单计价招标控制价

（1）审查招标控制价编制的依据　是招标控制价审查环节的基础性工作，招标控制价编制依据选择的合法、合理直接关系到招标控制价编制的合理性和准确性。

1）审查编制依据的合法性。审查是否经过国家和行业主管部门的批准，是否符合国家的编制规定，未经批准的不能采用。

2）审查编制依据的时效性。各种编制依据均应严格遵守国家及行业主管部门的现行规定，注意有无调整和新的规定，审查招标控制价编制依据是否仍具有法律效力。

3）审查编制依据的适用范围。对各种编制依据的范围进行适用性审查，如不同投资规模、不同工程性质、不同专业工程是否具有相应的依据。

（2）审查分部分项工程费　审查综合单价是否参照了现行消耗量定额进行组价，计费是否完整，取费费率是否按国家或省级、行业建设主管部门对工程造价计价中费用或费用标准执行。审查综合单价中是否考虑了投标人承担的风险费用。审查定额工程量计算是否准确。审查人工、材料、施工机具使用费是否按工程造价管理机构发布的工程造价信息及市场信息价格进入综合单价，对于造价信息价格严重偏离市场价格的材料、设备，是否进行了价格处理。招标文件中提供了暂估单价的材料，是否按暂估的单价进入综合单价。

（3）审查措施项目费　该费用应根据相关计价规定、工程具体情况及企业实力进行计算，如通用措施项目清单未列的但实际会发生的措施项目应进行补充；保障性措施项目清单中相关的措施项目应齐全，计算基础、费率应清晰。技术性措施项目清单费用综合单价的组价原则按分部分项工程量清单费用的组价原则进行计算，并提供措施项目清单综合单价分析表，其格式、内容与分部分项工程量清单一致。

（4）审查其他项目费　审查暂列金额、专业工程暂估价、计日工是否按照工程量清单给定的金额或数量进行计价。审查计日工单价是否为综合单价，总承包服务费是否按照招标文件及工程量清单的要求，结合自身实力对发包人发包专业工程和发包人供应材料计取总承包服务费，计取的基数是否准确，费率有无突破相关规定。

（5）审查规费、税金　审查是否严格按政府规定的费率计算，计算基数是否准确。

（6）其他需要审查的相关内容　审查时应注意招标文件中的工程量清单与编制招标控制价的工程量清单在格式、内容、描述、单位、数量等方面是否保持一致。

5. 审查工程量清单计价投标报价

对投标报价的审查包括报价的符合性审查和合理性审查以及对投标报价技巧的审查。

（1）投标报价的符合性审查　审查投标报价是否在招标控制价范围内；投标报价的格式是否符合招标文件及相关规范的要求；投标报价中是否按招标文件给定的工程量清单进行报价；对工程量清单修改的投标报价根据招标文件的规定应为无效报价。审查投标报价中的暂估价、暂列金额是否按招标文件给定的价格进行报价；规费、税金、安全文明施工费是否按规定的费率进行报价，计算的基数是否准确，此部分不应进行竞争。不符合上述相关规定者，根据招标文件规定应为无效报价。

（2）投标报价的合理性审查

1）审查投标报价中的大写金额与小写金额是否一致，否则以大写金额为准。审查总价金额与依据单价计算出的结果是否一致，否则应按单价金额进行修正总价，但单价金额小数点有明显错误的除外。

2）分部分项工程费的审查。审查分部分项工程量清单项目中所套用的定额子目是否得当，定额子目的消耗量是否进行了调整。审查清单项目中的人工、材料、设备价格是否严重偏离了当地的市场公允价格及工程造价管理机构发布的工程造价信息，综合单价中的管理费费率和利润率是否严重偏离了企业承受的能力及当地造价管理机构颁布的《计价费率》标准，综合单价中的风险费用计取是否合理。对比其他投标单位的投标报价，对造价权重比例比较大的清单项目综合单价进行对比，分析综合单价的合理性。

3）措施项目费的审查。审查措施项目费的计取方法是否与投标时的施工组织设计和施工方案一致，有无必要的措施项目而没有列项报价的情况。审查措施项目计取的比例、综合单价的价格是否合理，有无偏离市场价格。审查措施项目费占总价的比例，并对比各投标单位的措施项目费，判断措施项目费是否偏低或偏高。

4）其他项目费的审查。审查计日工价格是否严重偏离市场价格。根据招标文件规定的总承包服务内容，核实投标报价中计取的服务费用是否合理，对投标报价中承诺的服务内容是否与招标文件、合同条件要求的一致。

5）其他需要审查的内容。审查总说明中的报价范围是否与招标文件约定的内容一致；材料设备的选用是否满足招标文件的要求；总说明中特别说明的事项应认真分析，看是否与招标文件的要求一致，避免中标后投标文件的效力大于招标文件而产生纠纷。审查投标书的内容是否齐全，综合单价分析表是否满足招标文件及规范的要求，综合单价分析表提供的是否齐全。

（3）投标报价技巧的审查　审查报价中先期项目单价与后期项目单价的关系。审查后期工作量留有活口的项目单价。审查工程量大的单价。审查单价构成与施工方案的关系，尽可能避免工程造价在实际执行过程中的难度，对承包人合理的不均衡报价行为尽可能在招标文件中消除。

7.6 工程结算与竣工决算审查

7.6.1 工程结算审查

工程结算审查按工程造价控制与管理要求，可分为预付工程备料款审查、工程进度款审查、工程结算款审查、预留保修金审查等。

1. 预付工程备料款审查

预付工程备料款一般是根据工程承包合同的规定进行审查的。包工包料工程承包合同，都应按当年建筑工作量的一定比例，由建设单位在开工前拨付给施工单位一定限额的预付款；而对于只包工不包料的工程承包合同，一般不预付工程备料款。审查时应注意以下几点：

（1）**合同规定的预付工程备料款限额**　工程备料款支付比例应符合合同、文件的要求，工程备料款支付金额应按合同约定的金额支付，一般建筑工程不应超过当年建筑工作量价值的30%；安装工程则按当年安装工作量价值的10%限定；材料占比重较多的安装工程按当年计划产值的15%左右限定。合同约定扣除暂列金额、暂估项目金额的，在计算时应扣除。

（2）**备料款的扣回**　在工程实施后，随着工程所需主要材料储备的逐步减少，应以抵充工程价款的方式陆续扣回，其扣款方法应在招标文件或工程承包合同中做出明确规定。一般有两种常用方法，审查时按合同规定执行。

1）可以从未施工工程尚需的主要材料及构件的价值相当于备料款数额时起扣，从每次结算工程价款中，按材料比重扣抵工程款，竣工前全部扣清。

2）在乙方完成金额累计达到合同总价的10%后，由乙方开始向甲方还款，甲方从每次应付给乙方的金额中扣回工程备料款，甲方至少在合同规定的完工期前三个月将工程预付备料款的总计金额按逐次分摊的办法扣回。

（3）**工程备料款的计算** 具体应审查工程备料款的计算方法、过程、结果是否正确。

（4）**工程备料款保函** 审查发包人付款时，是否要求承包人提供了工程备料款保函，工程备料款保函的担保金额应与工程备料款金额一致。

（5）**工程备料款扣取情况** 审查有无出现工程款已支付完而工程备料款尚未扣清的情况，尚未扣清的工程备料款金额应作为承包人的到期应付款。

2. 工程进度款审查

工程进度款的支付一般根据工程承包合同规定方法进行，如按月结算、分阶段结算、竣工后一次结算等，审查时应按承包合同规定的方法执行。

（1）**审查工程量** 达到了承包合同规定的进度款结算要求时，应对工程量的计量进行审查，审查工程量计算是否符合定额规定的要求或《建设工程工程量清单计价规范》的要求。

（2）**审查结算单价** 结算单价应按合同约定的计价方式进行。审查其采用的计价原则和方法是否符合合同约定的要求，是否符合国家相关的规定，计算过程和结果是否正确等。

（3）**审查符合规定范围的合同价款的调整** 审查合同变更、索赔、奖励、惩罚等是否符合承包合同规定的要求，是否符合现行工程造价管理的相关政策、法规，计算方法、过程、结果是否正确等。

3. 预留保证金审查

按照有关规定，项目建设单位可以与施工单位在合同中约定按照不超过工程价款结算总额的5%预留保证金，待工程交付使用缺陷责任期满后清算。资信好的施工单位可以用银行保函替代保证金。预留保证金一般有两种方法，审查时按承包合同规定的比例和方法进行。

1）当工程进度款拨付累计额达到该建筑安装工程造价的95%～97%时，停止支付，预留造价部分作为保修金。

2）保修金的扣除也可以从甲方向乙方第一次支付的工程进度款开始，在每次乙方应得的工程款中按合同要求的比例扣留，直至保修金总额达到合同要求的总额为止。

7.6.2 竣工结算审查

1. 竣工结算审查的概念

建设项目竣工结算审查是指在一个单位工程或单项工程的建筑、安装完毕后，由建筑安装单位对施工中与原设计图纸规定所发生的变化和调整后的施工预算造价进行审查，反映工程项目的实际价格。单位工程竣工结算或建设项目竣工总结算由承包人编制，监理和发包人审查，也可委托具有相应资质的工程造价咨询机构进行审查。政府投资项目由同级财政部门审查。

建设项目竣工结算审查是竣工结算阶段的一项重要技术经济工作。经审查的工程竣工结算是核定工程造价的依据，也是建设项目验收后编制竣工结算和核定新固定资产价值的依据。因此，业主、承包人、监理人员、造价人员非常重视此阶段工程造价的审查。

2. 竣工结算审查的依据

1）建设期内影响合同价格的法律、法规和规范性文件。

2）工程结算审查委托合同。

3）完整、有效的工程结算书。

4）施工发承包合同、专业分包合同及补充合同，有关材料、设备采购合同。

5）与工程结算编制相关的国务院建设行政主管部门及各省、自治区、直辖市和有关部门发布的建设工程造价计价标准、计价方法、计价定额、价格信息、相关规定等计价依据。

6）招投标文件。

7）工程竣工图或施工图、经批准的施工组织设计、设计变更、工程洽商、索赔与现场签证，以及相关的会议纪要。

8）隐蔽工程检查验收记录。

9）工程材料及设备中标价、认价单。

10）双方确认追加（减）的工程价款。

11）经批准的开、竣工报告或停、复工报告。

12）工程结算审查的其他专项规定。

13）影响工程造价的其他相关资料。

3. 竣工结算审查的期限

单项工程竣工后，承包人应在提交竣工验收报告的同时，向发包人递交竣工结算报告及完整的结算资料，发包人应按以下规定时限进行核对（审查）并提出审查意见：

1）500 万元以下，从接到竣工结算报告和完整的竣工结算资料之日起 20 天内。

2）500 万元～2 000 万元，从接到竣工结算报告和完整的竣工结算资料之日起 30 天内。

3）2 000 万元～5 000 万元，从接到竣工结算报告和完整的竣工结算资料之日起 45 天内。

4）5 000 万元以上，从接到竣工结算报告和完整的竣工结算资料之日起 60 天内。

4. 竣工结算审查的内容

（1）核对合同条款

1）审查工程内容是否完成合同要求。审查人员应该根据合同所约定的施工内容及范围，现场查验是否施工到位，对合同范围内明确定价的材料，查看其购置程序是否符合规定，手续是否完备，价格是否合理，只有按合同要求完成全部工程并验收合格的工程才能办理竣工结算，否则只能按工程价款结算方式办理工程价款结算。

2）审查工程备料款、进度款、保修金等是否按合同约定的结算要求办理，结算中采用的结算方法、计价定额、取费标准、主材价格和优惠价格条款等是否与合同约定相符。对工程竣工结算进行审查时，若发现合同开口或有漏洞的，应请业主与承包人认真研究，明确结算要求。

（2）检查隐蔽验收记录　所有隐蔽工程均需进行验收，必须有两人以上的签证。实行工程监理的项目应由监理工程师签证确认。审查竣工结算时，隐蔽工程的施工记录和验收签证、手续必须完整，工程量与竣工图一致方可列入结算。

(3) 设计变更、洽商及现场签证的审查 根据合同约定审查设计变更、洽商及现场签证是否涉及费用调整，如不涉及费用调整，应作为技术变更，结算时只对经济变更进行费用调整。

审查经济变更项目综合单价计算的准确性，看是否按合同约定的原则套用综合单价，新增加项目的综合单价其组价的原则是否按合同约定并按投标费率进行组价，变更超出合同约定范围的是否对原综合单价进行了调整。

审查由于变更导致措施项目费用的增加，根据合同约定是否进行调整，进行调整的原则是否符合合同要求。

设计修改变更应由原设计单位出具设计变更通知单和修改图纸，由设计、校审人员签字并加盖公章，经建设单位和监理工程师审查同意后，签证才能列入结算；重大设计变更还应经原设计审批部门审批，否则变更签证不能列入结算。

(4) 暂估价格调整的审查 审查暂估价项目确认后的价格内容是否与原来暂估价包含的内容一致；如确认的内容大于原暂估价所包含的内容，重复的部分应扣除。

审查是否对非暂估价进行了调价，根据合同约定，非暂估价不应调整。审查暂估价部分调整的数量是否超出了原投标时的数量，超出原清单数量范围外的部分不应调整费用。审查暂估价项目调整的费用是否只计取了规费和税金。

(5) 按图纸核实工程量 竣工结算的工程量应依据竣工图、设计变更单和现场签证等进行核算。

1) 按施工图预算报价签订的合同，工程量计算应按国家规定的施工图预算计算规则进行审查。

2) 按工程量清单报价签订的合同，工程量应按国家规定的工程量清单项目及计算规则进行计算，并对工程量清单项目或清单项目工程数量按实调整。

(6) 按合同约定核实单价 结算单价应按合同约定的计价方式，按现行的计价原则和计价方法确定，不得违背。

1) 按定额计价法报价签订的合同，按各地现行定额执行。

① 结算单价应按合同约定或招投标规定的计价定额与计价原则执行。

② 注意各项费用计取。建筑安装工程的取费标准应按合同要求或项目建设期间与计价定额配套使用的建筑安装工程费用定额及有关规定执行。先审查各项费率、价格指数或换算系数是否正确，价差调整的计算是否符合定额规定，再核实特殊费用和计算程序是否正确，最后审查各项费用的计取基数是否正确。

2) 按工程量清单报价签订的合同，其综合单价应按下列办法确定：

① 因分部分项工程量清单漏项或非承包人原因引起的工程变更，造成增加新的工程量清单项目的，其对应的综合单价按下列方法确定：合同中已有适用的综合单价，按合同中已有的综合单价确定；合同中有类似的综合单价，参照类似的综合单价确定；合同中没有适用或类似的综合单价，由承包人提出综合单价、发包人确认。

② 因非承包人原因引起的工程量的增减，发承包双方应在合同中约定调整综合单价的工程量增减幅度。在合同约定幅度以内的，应执行原有的综合单价；在合同约定幅度以外的，其综合单价由承包人提出、发包人确认。

审查完毕后，应提交竣工结算审查报告，审减（增）项目及原因分析。

7.6.3 竣工决算审查

1. 竣工决算审查的意义

1）竣工决算审查可反映竣工项目计划、实际的建设规模、建设工期以及设计和实际的生产能力。

2）竣工决算审查可反映概算总投资和实际的建设成本以及所达到的主要技术经济指标。它是建设单位办理交付使用资产的依据，一般由国家审计部门或其委托机构进行。

3）竣工决算审查可以考核建设项目投资效果，为今后制订基建计划，降低建设成本，提高投资效益提供必要的资料。

2. 竣工决算审查的依据

1）工程竣工报告和工程验收单。

2）工程施工合同和有关规定。

3）经审批的施工图预算。

4）经审批的补充修正预算。

5）有关定额、费用调整的补充项目。

6）预算外费用现场签证。

7）材料、设备和其他各项费用的调整依据。

8）建设、设计单位修改或变更设计的通知单。

9）建设单位、施工单位会签的图纸会审记录。

10）隐蔽工程检查验收记录。

3. 竣工决算审查的内容

（1）审查竣工决算报告情况说明书　审查建设项目、基本建设投入、投资包干结余、施工结余资金的上交分配情况是否真实、正确；资金来源及运行等财务分析计算是否正确。

（2）审查竣工财务决算报表　审查建设项目概况表是否编制完整、正确；建设项目竣工财务决算表是否编制完整、正确；建设项目交付使用资产总表是否编制完整、正确；建设项目交付使用资产明细表是否编制完整、正确。

（3）审查建设工程竣工图　审查竣工图绘制的是否符合相关规定的要求。

（4）审查造价比较指标　审查主要实物工程量指标、主要材料消耗量指标是否计算正确，并与概算确定指标进行对比分析。审查其他计取费用是否多列或少列，并与概算进行比较分析。

审查完毕后，应提交竣工决算审查报告，审减（增）项目及原因分析。

本章小结及关键概念

• **本章小结**：工程造价审查作为建设工程造价管理的重要环节，是合理确定工程造价的必要程序，是控制工程造价的必要手段。工程造价审查具有依法性、独立性、间接性和客观性的特点。其审查内容主要包括审查工程量、单位工程造价及各项费用。工程造价审查具体包括投资估算审查、设计概算审查、施工图预算审查、工程量清单计价审查和工程结算与竣工决算审查五部分内容。

投资估算审查作为后续工程造价合理控制的基础，通常对投资估算的编制依据、构成内容、计算方法、计算内容等方面进行审查。投资估算审查的方法主要有单位生产能力审查法、比例审查法及指数审查法。

设计概算审查是指对在初步设计阶段或扩大初步设计阶段所确定的工程造价进行的审查。在对其进行审查时，主要审查设计概算的编制依据、编制深度及编制内容。通常采用的审查方法有对比分析法、查询核实法和联合会审法。其审查程序一般包括设计概算审查准备和设计概算审查实施两个环节。

施工图预算审查是指对施工图设计阶段所确定的工程造价进行的审查。施工图预算审查主要包括审查工程量、设备及材料的价格、预算单价的套用、有关费用项目及其计取等内容。通常采用全面审查法、标准预算审查法、重点审查法、分解对比审查法、分组计算审查法、筛选审查法等方法进行审查。在审查时首先应做好审查前的准备工作，然后选择审查方法并审查相应内容，最后整理审查资料并调整定案。

工程量清单计价审查内容着重从审查工程量清单计价的合法性和有效性、工程量清单、工程量清单计价、工程量清单计价招标控制价和投标报价等方面入手，对工程量清单计价的合理审查有利于工程投资的有效控制、提高承包人自身管理能力和竞争力、提高工程造价管理人员和从业人员的业务水平。

工程结算审查按工程造价控制与管理要求，可分为预付工程备料款审查、工程进度款审查、工程结算款审查、预留保修金审查等。建设项目竣工结算审查是指在一个单位工程或单项工程的建筑、安装完毕后，由建筑安装单位对施工中与原设计图规定所发生的变化和调整后的施工预算造价进行审查，其审查内容主要有核对合同条款、检查隐蔽验收记录、设计变更、洽商及现场签证的审查、暂估价格调整的审查、核实工程量、核实单价等。作为可反映竣工项目计划、实际的建设规模、建设工期以及设计和实际的生产能力的竣工决算审查，通常包括审查竣工决算报告情况说明书、竣工财务决算报表、建设工程竣工图和造价比较指标等内容。

• **关键概念：**工程造价审查、投资估算审查、设计概算审查、施工图预算审查、工程量清单计价审查、工程结算与竣工决算审查。

习题

一、选择题

1. 审查设计概算不审查（　　）。

A. 设计概算的编制依据　　B. 概算编制深度

C. 工程概算内容　　D. 工程概算的编制单位资质

2. 下列不属于建设项目设计概算编制依据的是（　　）。

A. 批准的可行性研究报告

B. 主要生产工程综合概算表

C. 项目涉及的概算指标或定额

D. 项目涉及的设备材料供应及价格

3. 审查施工图预算方法中的对比方法是以分部分项工程的单方基本价值作为参照，该方法适用于(　　)。

A. 住宅工程　　B. 工程量的工程

C. 工程工艺比较简单的工程　　D. 标准图纸设计的工程

4. 某工程采用实物法编制施工图预算，对该施工图预算审查的重点内容之一是(　　)。

A. 补充单位计价表是否正确

B. 定额消耗量标准是否合理

C. 分项工程单价是否与预算单价相符

D. 有关取费标准是否符合规定

5. 施工图预算审查方法中，审查质量高、效果好但工作量大的是（ ）。

A. 标准预算审查法　　B. 重点审查法

C. 逐项审查法　　D. 对比审查法

二、填空题

1. 工程造价审查的主要特点表现为＿＿＿＿、＿＿＿＿、＿＿＿＿和＿＿＿＿。

2. 建设项目每一阶段的特点不同、工作难点和要求的深度不同、工程规模的大小不同，工程造价审查的审查方式分为＿＿＿＿、＿＿＿＿、＿＿＿＿和＿＿＿＿。

3. 设计概算的审查方法有＿＿＿＿、＿＿＿＿和＿＿＿＿。

4. 施工图预算审查的步骤主要有＿＿＿＿、＿＿＿＿和＿＿＿＿。

5. 按照有关规定，项目建设单位可以与施工单位在合同中约定按照不超过工程价款结算总额的＿＿＿预留保证金，待工程交付使用缺陷责任期满后清算。

三、简答题

1. 工程造价审查的意义是什么？

2. 投资估算审查的内容包括哪些？

3. 设计概算审查的步骤是什么？

4. 如何理解工程量清单计价审查的意义？

5. 工程项目竣工结算审查的依据是什么？

6. 工程项目竣工决算审查的内容是什么？

四、计算题

某五层矩形住宅，底层为370mm厚墙，其余楼层为240mm厚墙，建筑面积为2 000m^2，砖墙工程量的单位建筑面积用砖指标为0.46，而该地区同类型的一般住宅工程（240mm厚）测算的砖墙用砖耗用量综合指标为0.42。试分析砖墙工程量的计算是否正确。

第 8 章
工程造价管理新技术

学习要点

• **知识点**：现代工程造价管理发展模式中的全过程造价管理、全要素造价管理、全寿命周期造价管理的概念及主要内容，常用的图形算量软件及工程计价软件概述，BIM 技术的概念、特点及其在工程造价管理中的主要应用。

• **重点**：现代工程造价管理发展模式的类型及概念，BIM 技术的概念及特点。

• **难点**：全过程造价管理、全要素造价管理、全寿命周期造价管理的具体内容及 BIM 技术在造价管理中的应用。

8.1 现代工程造价管理发展模式

工程造价管理理论随现代管理科学发展而发展，在建设工程投资决策、设计、发承包、施工、竣工验收的各个阶段，基于建设工程项目全寿命周期，对工程的建造成本、质量、工期、安全以及环境等要素进行的集成管理。每一种模式都体现了工程造价管理发展的需要。

8.1.1 全过程造价管理

1. 全过程造价管理概述

(1) 概念　**全过程造价管理**是指为确保建设项目的投资效益，对建设项目从可行性研究开始经初步设计、扩大初步设计、施工图设计、承发包、施工、调试、竣工、投产、决算、后评估等整个过程，围绕工程造价所进行的全部业务行为和组织活动，是通过制定工程计价依据和管理办法，对建设项目从决策、设计、交易、施工至竣工验收全过程造价，实施合理确定、有效控制的理论和方法。

(2) 内涵

1) 多主体的参与和投资效益最大化。全过程造价管理的根本指导思想是通过多主体的参与，使得项目的投资效益最大化以及合理地使用项目的人力、物力和财力，以降低工程造价。

2) 强调全过程的协作与配合。全过程造价管理作为一种全新的造价管理模式，强调建设项目是一个过程，是一个项目造价决策和实施的过程，在全过程的各个阶段需要协作配合。

3) 基于活动的造价确定方法。此方法是将一个建设项目的工作分解成项目活动清单，然后使用工料机计量方法确定出每项活动所消耗的资源，最终根据这些资源的市场价格信息确定出一个建设项目的造价。

4）基于活动的造价控制方法。这种方法强调一个建设项目的造价控制必须从项目的各项活动及其活动方法的控制入手，通过减少和消除不必要的活动去减少资源消耗，从而实现降低和控制建设项目造价的目的。

2. 全过程造价管理的内容

全过程造价管理的两项主要内容为**工程造价的合理确定和工程造价的有效控制**。

（1）工程造价的合理确定　全过程造价管理模式中工程造价的合理确定是按照基于活动的项目成本核算方法进行的。这种方法的核心指导思想是：任何项目成本的形成都是由于消耗或占用一定资源造成的，而任何这种资源的消耗和占用都是由于开展项目活动造成的，所以只有确定了项目的活动才能确定出项目所需消耗的资源，而只有在确定了项目活动所消耗或占用的资源后才能科学地确定出项目活动造价，最终才能确定出一个建设项目的造价。这种确定造价的方法实际上就是国际上通行的基于活动成本核算的方法，也称工程量清单法或工料测量法。

（2）工程造价的有效控制　全过程造价管理模式中工程造价的有效控制是按照基于活动的项目成本控制方法进行的。这种方法的核心指导思想是：任何项目成本的节约都是由于项目资源消耗和占用的减少带来的，而项目资源消耗和占用的减少只有通过项目减少或消除项目的无效或低效活动才能做到。所以只有减少或消除项目无效或低效活动以及概算项目低效活动的方法才能有效控制和降低建设项目的造价。建设项目造价的控制方法则是按照基于活动的管理原理和方法去开展建设项目造价管理的技术方法。

（3）二者关系　工程造价的合理确定是工程造价有效控制的基础和载体；工程造价的有效控制贯穿于工程造价合理确定的全过程，工程造价的合理确定过程也就是工程造价有效控制的过程。

3. 全过程造价管理各阶段的工作重点

全过程造价管理各阶段的工作重点见表 8-1。

表 8-1　全过程造价管理各阶段的工作重点

阶　段	工 作 重 点
决策阶段	重点做好投资目标的确定，建设方案的比选，目标或限额的分解，并准确估算各项费用
设计阶段	重点做好设计概算的编制和招标控制价的编制
招投标阶段	重点关注合同的策划与分解，招标标段的划分，招标文件的严谨性和合理性，工程量清单和招标控制价的准确性、规范性和可操作性
实施阶段	①设备、材料、专业工程暂估价的确定；②处理好工程变更、现场签证等事项；③合理确定工程备料款、工程进度款，并协助建设单位按合同要求及时支付；④处理好工程索赔和工程经济纠纷；⑤做好投资偏差控制和风险管理
竣工阶段	做好合同价款的调整，按时完成工程结算，进行两算对比分析，按合同要求做好工程决算

4. 全过程造价管理的技术方法

全过程造价管理的技术方法主要有基本方法和辅助方法两部分。其中，基本方法主要包括全过程造价管理的分解技术方法、全过程造价确定技术方法、全过程造价控制技术方法；辅助方法主要包括建设项目全要素集成造价管理技术方法、建设项目全风险造价管理技术方法、建设项目全团队造价管理技术方法等。

8.1.2　全要素造价管理

1. 全要素造价管理的概念

影响建设项目造价的因素有很多，包括工期要素、质量要素、成本要素、安全要素、环境要素等。在建设项目全过程中，影响建设项目造价的基本要素有三个：工期要素、质量要素和造价要素本身，且这几种要素是可以相互影响和相互转化的，一个建设项目的工期和质量在一定条件下可以转化成建设项目的成本。因此，**控制建设项目造价不仅是控制建设项目本身的建造成本，还应同时考虑工期成本、质量成本、安全与环境成本的控制，从而掌握一套从全要素管理入手的全面造价管理具体技术方法，实现工程成本、工期、质量、安全、环境的集成管理**。如果只对建设项目成本这个单元要素进行管理，无法实现建设项目的全面造价管理。全要素造价管理的核心是按照优先性的原则协调和平衡工期、质量、安全、环保与成本之间的对立统一关系。

2. 全要素造价管理的方法和程序

1）全要素造价管理的具体方法为：

① 分析和预测工程项目三个基本要素变动与发展趋势的方法。

② 控制这三个基本要素的变动，从而实现全面造价管理目标的方法。

项目管理中的已获价值管理理论与方法实现了对工程造价全要素集成管理的新突破。利用已获价值管理方法，开展全要素造价管理的基础是设计和定义出一系列必要的分析指标及其计算方法。全要素造价管理技术方法指标体系如表8-2所示。

表8-2　全要素造价管理技术方法指标体系

体系名称	体系具体内容
基本指标体系	项目预算总作业量；项目实际完成作业量；预算作业量；实际作业量；项目预算工期；项目已耗用工期；单位预算造价；单位实际造价；实际质量水平；预定质量水平
中间变量指标体系	项目的计划完成程度；质量指数；进度指数；项目的预算造价；计划做的预算造价；整个项目计划作业预算造价；已完成作业预算造价；整个项目已完成作业预算造价；已完成作业的实际造价；已完成作业质量的实际造价
差异分析指标体系	已完作业造价的绝对差异；已完作业造价的相对差异；工程进度造价的绝对差异；工程进度造价的相对差异；工程质量造价的绝对差异；工程质量造价的相对差异；预算造价比率；时间造价比率；工程造价比率；项目估算造价差异；项目实际造价差异
指数分析指标体系	项目造价现状指数；项目工期现状指数；项目质量现状指数；项目剩余作业造价现状指数；项目工期造价指数；项目质量造价指数
预测分析指标体系	预计项目总造价；预计尚需工程造价；预计项目总工期；预计尚需工程工期；预计项目质量造价；预计尚需质量改善

2）要素造价管理除理论核心和分析预测指标体系外，还需要有一套具体的工作程序和方法。这些工作程序和方法是实现建设项目全要素集成管理的具体步骤。全要素造价管理工作程序如图8-1所示。

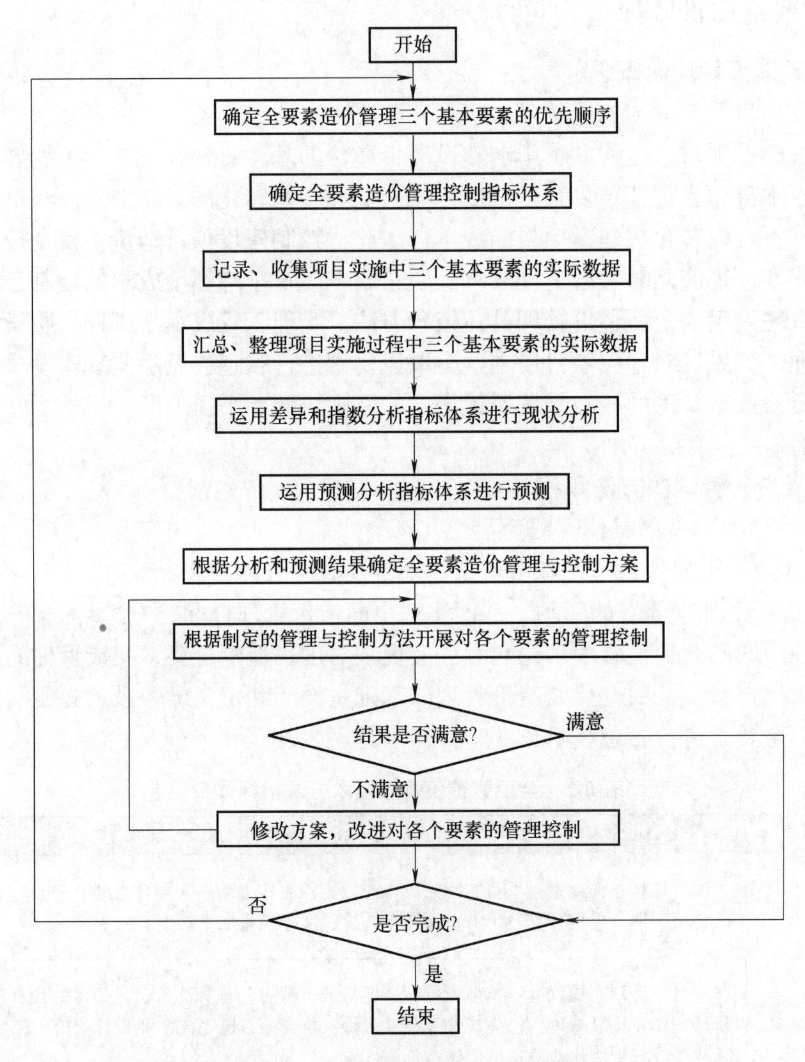

图 8-1 全要素造价管理工作程序

8.1.3 全寿命周期造价管理

1. 全寿命周期造价管理的概念

全寿命周期造价管理是指从建设项目全寿命周期（包括建设前期、建设期、使用期和翻新与拆除期等阶段）出发去考虑造价和成本问题，运用多学科知识，采用综合集成方法，重视投资成本、效益分析与评价，运用工程经济学、数学模型等方法，强调对工程项目建设前期、建设期、使用维护期等各阶段总造价最小的一种管理理论和方法。

全寿命周期造价管理要求人们在建设项目投资决策和分析以及在建设项目备选方案评价与选择中要充分考虑建设项目建造和运营两个方面的成本，这是建筑设计中的一种指导思想和手段，用它可以计算一个建设项目在整个寿命周期的全部成本。这是一种追求建设项目全寿命周期造价最小化和建设项目价值最大化的技术方法。

2. 全寿命周期造价管理的内容

全寿命周期不仅包括项目决策阶段，还包括项目实施阶段及使用阶段，其具体内容如图8-2所示。

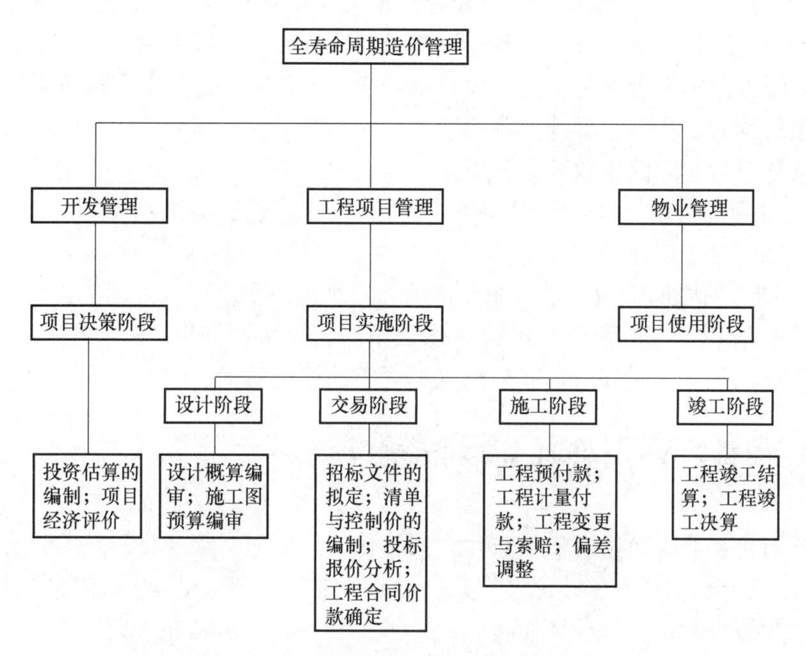

图8-2　全寿命周期造价管理的内容

3. 全寿命周期造价管理的注意事项

在建设工程全面造价管理体系中，全寿命周期造价管理要求各方管理主体在建设工程全过程的各个阶段都要从全寿命周期角度出发，对造价、质量、工期、安全、环境、技术进步等要素进行集成管理。但是因项目运营阶段的成本、费用等因素较多，且难以预测，则其模型的建立是十分困难的，因此应有选择地开展。

8.1.4　协同造价管理

协同管理是指业主委托具有丰富管理经验和较强技术实力的项目管理公司协同业主对项目实施全过程、全范围的项目管理。它是一种新型的管理模式，由项目管理公司派出专业团队弥补业主方建设管理组织的不足，进而使之成为具有健全的组织、科学完善的管理制度和工作流程、全面完整的管理范围、掌握先进的管理工具和经济技术、工程技术的专业化的项目协同管理团队，进行各项工作的策划和实施，但重大事项决策权仍属于业主。在项目协同管理团队中，项目管理公司的专业技术人员提供的是咨询服务、管理服务和技术服务。协同造价管理是其重点内容之一。

协同造价管理是指在满足项目合理的质量标准前提下，在项目的各个阶段把工程项目投资控制在批准的限额内，力求在各个建设项目中合理使用人力、物力、财力，取得较好的投资效益和社会效益。其通常通过工程建设项目的协同管理平台实现信息的协同、业务的协同和资源的协同，极大提高工程造价管理的能力，节约投资成本。

8.1.5 集成造价管理

集成造价管理是指以工程项目造价系统为完整的研究对象，以促进和提高企业长期综合竞争力为目的，在集成化（系统）管理理论、现代成本理论、项目管理理论与方法、经济学中的市场与价格理论、不对称信息理论、激励理论、公共投资理论、风险管理理论以及信息技术集成理论方法的综合支持下，在项目全寿命周期各阶段，对工程造价系统的各个部分及相互关系进行预测、决策、设计、分析、考核，不断实现工程造价约束的一系列方法和技术的总和。集成造价管理的主要特征如下：

（1）全局性管理　项目全寿命周期各个阶段、各个责任实体、各项目部位等关系都必须纳入管理范围，并予以计划和控制。

（2）内外结合的协调管理　包括职能部门、上级组织和供应商之间的协调。

（3）综合性管理　包括管理工作和实施工作的综合协调问题、设计交底、设备采购活动、随时间分布的预算、时间管理和采购管理之间的综合协调。

8.2 工程造价管理中软件的应用介绍

当今工程造价从业人员呈现出信息化、网络化、知识化、年轻化的发展趋势，传统的手工算量、Excel 电子表格算量、计价等方式已经越来越不能满足行业、社会发展的需求。在此背景下，工程造价管理软件孕育而生，以计算工程造价为核心的软件近年来已日趋成熟，并得到了造价管理人员的普遍好评。工程造价管理类软件主要包括算量软件、计价软件、投标报价评审软件、合同管理软件及项目管理软件等。

工程造价管理类软件应用的方便性、灵活性、快捷性有效提高了工程造价管理人员的工作效率，同时也提升了建筑业的信息化水平，创造了巨大的经济价值和社会效益。软件的应用成为当今工程造价管理的发展方向和趋势。

8.2.1 图形算量软件概述

1. 图形算量软件的基本原理

图形算量软件以绘图和 CAD 识图功能为一体，应用者按照图样信息定义好构件的材质、尺寸等属性，同时定义好构件立面的楼层信息，然后将构件沿着定义好的轴线画入或布置到软件中相应的位置，软件则通过轴线图形法，即根据工程图样纵、横轴线的尺寸，在计算机屏幕上以同样的比例定义轴线。然后使用软件中提供的特殊绘图工具，依据图中的建筑构件尺寸，将建筑图形描绘在计算机中。计算机根据所定义的扣减计算规则，采用三维矩阵图形数学模型，统一进行汇总计算，并打印出计算结果、计算公式、计算位置、计算图形等，以方便甲乙双方审核和核对。

2. 常用的几种图形算量软件

目前常用的图形算量软件分为工程量计算软件和钢筋计算软件。随着我国建筑信息化的发展程度不断提升，已开发使用的计量软件有很多品牌，如广联达、斯维尔、鲁班、神机妙算、PKPM 软件等，这些软件的品牌虽不同，但每种软件的内容和操作方法却有很多相似或相同之处。

8.2.2　工程计价类软件概述

1. 工程计价类软件的基本原理

工程计价类软件中目前使用较为广泛的是清单计价软件。清单计价软件一般包括工程量清单、控制价编制、投标报价编制三部分内容。在软件中，内置了完整的工程量清单的内容、定额库和材料预算价格、建筑工程估价取费程序等信息，使用者只需输入相应的清单编号、定额编号和工程量，便可得到完整的工程量清单和相应报价。

运用清单计价软件进行工程量清单和投标报价的编制，可以通过以下步骤来完成：新建工程→工程概况输入→分部分项工程量清单→措施项目清单→其他项目清单→人材机调价→费用汇总→报表输出。

2. 常用的几种工程计价软件

计价软件也称套价软件，是造价管理领域中最早投入开发的应用软件之一，经过多年的发展已比较成熟，并得以广泛应用，取得了显著的效果，其功能也从单一的套价向多方扩展。在招投标过程和施工结算时，清单计价方法的应用越来越多，使得清单计价软件的应用越来越广泛，各个公司的清单计价软件也在不断地开发应用和升级。常用的软件有广联达计价软件、神机妙算计价软件、宏业清单计价专家软件等。

8.3　BIM 技术在工程造价管理中的应用

建筑信息模型（BIM）技术于 20 世纪 70 年代起源于美国，随着全球化发展进程，逐步发展到欧洲、日本、韩国、新加坡等国家，这些国家在发展和应用该技术方面都达到了一定水平。我国于 2002 年首次引入 BIM 技术，经过十多年的发展，中国建筑业正在经历 BIM 带来的变革。目前，我国已有不少建设项目，如天津 117 大厦、国家会展中心等，在项目建设的各个阶段不同程度地运用了 BIM 技术，实现了成本节约、管理提升等目标。

8.3.1　BIM 技术概述

1. BIM 技术的概念

BIM 技术是指以三维数字技术为基础，集成建设项目各种相关信息的工程数据模型，同时又是一种应用于设计、建造、管理的数字化技术。

国际标准组织设施信息委员会（Facilities Information Council）给出比较准确的定义：**BIM 是在开放的工业标准下对设施的物理和功能特性及其相关的项目全寿命周期信息的可计算、可运算的形式表现，从而为决策提供支持，以更好地实现项目的价值。**

2. BIM 技术的特点

1）BIM 是一个由计算机三维模型形成的数据库，该数据库储存了建筑物从设计、施工到建成后运营的全过程信息。

2）建筑物全过程的信息之间相互关联，对三维模型数据库中信息的任何更改，都会引起与该信息相关联的其他信息的更改。

3）BIM 技术支持协同工作。BIM 技术基于开放的数据标准——IFC 标准，有效地支持建筑行业各个应用系统之间的数据交换和建筑物全过程的数据管理。

3. BIM 技术的意义

BIM 技术作为实现建设工程项目全生命周期管理的核心技术，正引发建筑行业一次史无前例的彻底变革。BIM 技术通过利用数字模型将贯穿于建筑全生命周期的各种建筑信息组织成一个整体，对项目的设计、建造和运营进行管理。BIM 技术将改变建筑业的传统思维模式及作业方式，建立设计、建造和运营过程的新组织方式和行业规则，从根本上解决工程项目规划、设计、施工、运营各阶段的信息丢失问题，实现工程信息在生命周期的有效利用与管理，显著提高工程质量和作业效率，为建筑业带来巨大的效益。

4. 我国 BIM 技术发展现状

2011 年，我国将 BIM 列为重点推广技术，现阶段我国 BIM 技术主要应用于设计阶段的碰撞检测、复杂体系设计、管线综合设计等；在招标阶段，BIM 技术主要用于在投资采购方面的材料统计、招投标管理；在施工阶段，主要用于施工方案的探讨、4D 模拟化施工；在运营阶段，主要用于设备信息维护、空间使用变革。施工企业中，BIM 技术应用稍晚于设计企业，在项目的运维阶段，BIM 技术大多还处于初步的探索过程中。目前我国运用 BIM 技术进行管线的碰撞检查、深化设计的应用最多，施工进度模拟应用主要用于形象进度展示。由于施工项目管理的复杂性，BIM 技术在项目全生命周期运用时，在现场业务管理方面尚不完善，成本管理、进度管理、合同资料管理应用并不广泛。

目前国内很多知名高校同企业合作进行 BIM 技术研究。清华大学研究提出了中国建筑信息模型标准框架 CBIMS，把标准框架设计为面向 IT 的技术标准和面向用户的实施标准；清华大学与广联达软件股份有限公司共建 BIM 联合研究中心。同济大学与鲁班咨询公司达成 BIM 战略合作，共同推动发展 BIM 技术应用研究。上海交大建设了 BIM 协同研究虚拟实验室，提供 CAD、ACA 系列，Revit 系列协同设计研究平台。华中科技大学建立了 BIM 工程中心，进行 BIM 的研究及工程咨询服务等。

8.3.2 BIM 技术在造价管理中的应用

1. BIM 技术的应用价值

（1）投资决策阶段　通过 BIM 技术对多个设计方案进行模拟分析与投资估算分析，为业主遴选出价值最大化方案。

（2）设计阶段　采用 BIM 技术进行虚拟现实、设计优化、碰撞检验、施工模拟，实现对设计阶段的成本控制。

（3）招投标阶段　以 BIM 技术作为投标增值项目，或通过 BIM 技术快速编制清单，提高精确度、节省人力。

（4）施工阶段　通过 BIM 技术在施工过程中进行可视化管理、深化设计、变更管理，实现进度—成本控制。

（5）竣工结算　通过 BIM 技术进行多维度统计、对比、分析，建立企业数据库。

（6）运营维护　通过 BIM 技术参与到建设项目运营维护中，增加服务的附加价值。

2. 业主方在全过程造价管理中对 BIM 技术的应用

依托于现有的 BIM 技术软件，业主方可以对建设项目全寿命周期内统一数据模型实现信息共享，从而进一步提高工程项目的管理水平。具体步骤如下：

（1）委托设计单位进行规划建模　通过 3dMax、CityPlan 等三维规划设计软件对周边环境进行建模，包括周边道路、建筑物、园林景观等内容，将模型放入环境中进行分析，供业主进行可行性决策。

（2）进行场地模拟分析　通过BIM结合GIS进行场地分析模拟，对建筑物的定位，建筑物的空间方位及外观，建筑物和周边环境的关系，建筑物未来的车流、物流、人流等各方面的因素进行集成数据分析的综合。

（3）绿色建筑分析　利用PHOENICS、Ecotect、IES、Green Building Studio以及国内的PKPM等软件，模拟自然通风环境，进行日照、风环境、热工、景观可视度、噪声等方面的分析。

（4）设计方案论证　通过直观的三维模型，对设计方案进行对比、论证、调整。

（5）工程量统计　完成施工图后进行模型完善，利用Revit、Navisworks等软件搭建工程量统计BIM模型中主要材料工程量。

（6）招投标的标底精算　通过鲁班、广联达等软件，形成准确的工程量清单，模型可由业主方建立，同时由投标单位建立模型并提交业主，这样便于精确统计工程量，提前在模型中发现图样问题。

（7）施工项目预算　建立的BIM模型与时间相结合，粗的可以根据单体建筑定义时间，细的可以根据楼层定义时间，从而快速得到每个月或每周的项目造价，根据不同时间所需费用来安排项目资金计划。

（8）施工组织模拟　根据施工单位上报的施工组织设计，通过已建立的BIM模型，进行可视化模拟。

（9）三维可视化图样会审　利用各专业可视化模型，对图样中存在的问题汇总统计，在模型中标注出来。现场图样会审过程中，在模型中将涉及的问题一一进行会审、分析并提出解决方案。

（10）管线预留孔核对　根据设计图样搭建的设计模型，结合施工规范和现场施工要求，搭建管线综合模型，进行所有专业管线的综合排布，提交综合管线排布图和预留孔洞位置图，在施工安装开始之前将所有管线位置确定下来。

（11）四维模拟施工　将Revit模型导入Navisworks软件中，通过TimeLiner工具可以向Navisworks中添加四维进度模拟，TimeLiner从多种格式的数据源导入进度后，使用模型中的对象连接进度中的任务以创建四维模拟，这样就可以形象地反映出工程的进度情况，从而指导现场施工组织安排和材料计划的采购工作。

（12）资料管理　基于BIM技术的业主方档案资料协同管理平台，可将施工资料、项目竣工资料和运维阶段资料档案（包括验收单、检测报告、合格证、洽商变更单等）导入BIM模型中，实现资料的统一管理。

（13）搭建竣工模型　现场验收过程中，通过可视化模型与现场实际情况的对比，可更好地进行验收。将竣工模型完善后，与实体项目一并移交，为后期运维管理提供直观、全面、科学的档案模型。

（14）结算审计　通过BIM技术，快速创建施工过程中的洽商变更资料，以便在结算时追溯，实现结算工程量、造价的准确快速统计。有效控制结算造价，通过造价指标对比，分析审核结算造价。

（15）运营维护　利用BIM技术可以在整合各系统后在三维模型中展示，同时可以快速地查询和调取相关模型。通过竣工模型提供的资料，可以设置设备养护和更换自动提醒，把安全隐患控制在萌芽状态。

（16）突发事件应急处理　在维护阶段对于突发事件进行准确快速的处置。例如，设备紧急关闭或更换，疏导人员的撤离，重要人物来访的安保等，通过 BIM 技术可以很好地解决这些问题。

3. 施工方在全过程造价管理中对 BIM 技术的应用

由于 BIM 技术在国内起步较晚，导致施工方在全过程造价管理中对 BIM 技术的应用还处在技术应用为主，数据应用和协同管理应用为辅的状态。随着企业对 BIM 技术的探索与发展，施工企业的 BIM 技术应用会逐渐升级到以下阶段：

（1）全过程应用　多个项目管理条线全过程应用 BIM 技术，在技术、进度、成本、质量、安全、现场管理、协同管理，甚至交付和运维方面，都可以有很多 BIM 技术应用点，而不是局限于某一条线某个应用点，导致投入产出不够。多一次应用，就增加一次投入产出。这需要专业化、本地化突出的 BIM 技术系统。

（2）集成化应用　建筑是一个综合性的多专业化系统工程，BIM 技术的应用也需要实现多专业的集成化应用，实现更为精准的技术方案模拟、成本控制和进度控制。单专业的应用在计算机中理论上可行，但在实际施工运用中综合多专业多因素后，很可能无法实现，这也就失去了意义。

（3）协同级应用　基于 BIM 平台的互联网协同应用，经授权的项目参建人员都能随时随地、准确完整地获得基于 BIM 的工程协同管理平台的数据和技术支撑。项目参建方的所有人员可以基于同一套模型、同一套数据进行协同，有效提高协同效率；同时数据能被项目和企业掌握，数据授权能实现分级控制。

（4）企业级 BIM 数据库　建立企业的 BIM 数据库平台，大量项目数据在企业数据中心被集中管理。该数据库可以为所有业务和管理部门提供强大的数据支撑、技术支撑和协同管理支撑。在建造过程、运维过程中，为全生命周期的客户服务提供工程基础数据库，提供管理支持。此时，施工企业在施工的所有项目，包括一个小小的门房，在全过程、全专业、全范围的管理应用中都在用 BIM 技术做精细化管理。尤其在当今，建筑业全面实行“营改增”政策，全企业内相关管理部门、参建方一起协同，更有利于施工企业的良好发展。

4. BIM 技术在造价管理中的常用软件

BIM 技术核心建模软件有 Autodesk 公司的 Revit 建筑、结构和机电系列，Bentley 建筑、结构和设备系列，Nemetschek 公司的 ArchiCAD 等。这几款软件适合设计与施工人员学习，是现在大家主要学习 BIM 技术的软件。尤其是 Revit，应用很广。对于 BIM 技术造价管理软件，国外的 BIM 技术造价管理软件有 Innovaya 和 Solibri 等，国内 BIM 技术造价管理软件有鲁班软件与广联达软件等。

8.3.3 BIM 技术在造价管理中的工程实例

1. 项目概况

某项目 A 的占地面积为 20 461.25m²，总建筑面积为 78 217.71m²，其中地上建筑面积为 49 569.43m²，地下建筑面积为 28 648.28m²，主体建筑层数由南向北依次升高，为 7 ~ 11 层，地下室 2 层，建筑高度 44.80m，于 2013 年 5 月 17 日正式开工。本项目是集技术研发、科技创新、科研办公、信息技术及服务配套为一体的综合体项目。本工程采用钢筋混凝土框架结构，需达到超限高层建筑工程抗震设防要求。

2. BIM 技术在项目建设中的实施过程

根据 BIM 技术实施计划，整合各参建方力量共同推进 BIM 技术在该项目的应用实施工作。在施工全过程中，可以合理制订工期计划，提前发现影响施工质量的空间碰撞问题，减少返工，节约材料，加强项目施工过程的动态检查，避免潜在的安全风险因素。

（1）搭建 BIM 共享平台　通过共同搭建云端服务器，由上海鲁班公司为各参建方安装鲁班 BIM 软件，搭建共享平台系统。该系统主要包括资源分析、审核分析、驾驶舱、工程文件管理四部分，共设有进度管理、安全管理、合同管理、物资设备管理、成本管理、质量管理、运维管理等功能模块。业主、施工、监理、项目管理等各参建方能够及时通过 BIM 共享平台传输数据信息，通过计算机、手机等设备实现异地随时查看项目 BIM 模型、图样及相关数据信息，相关负责人可以随时掌握现场情况，实现信息化、科学化管理。

（2）BIM 模型建立及设计优化　项目 BIM 工作小组成员在鲁班公司驻现场技术人员的指导下，先分土建、安装两大专业，以地上、地下两部分逐层开始建模，再将各专业图样录入鲁班 BIM 系统进行建模，最后汇总形成整体工程的三维模型，整体三维建筑模型和整体三维安装模型如图 8-3 和图 8-4 所示。三维模型建模的过程中，按预算、合同、实际施工三部分的工程量及单价进行导入，所有分部分项及构件都录入了详尽的参数，如材质、型号、尺寸、规格、位置等。因此在三维模型建立后，系统也计算出了整个项目施工方中标后较为准确预算的工程量，并可以通过进度计划查看不同时间点的施工模型，计算出各阶段、各部位的总价。对未施工的部分通过三维模型及时进行设计优化，然后将对应的施工组织设计方案、合同、文件资料上传，作为支撑材料存储在工程文件管理文件夹中。

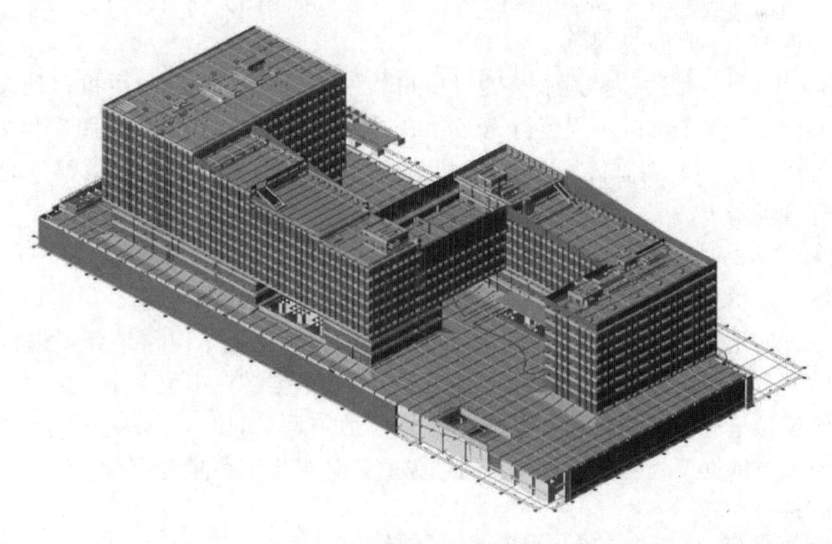

图 8-3　整体三维建筑模型

（3）碰撞检查指导现场施工　在三维模型建立后，通过 BIM 系统的碰撞检查及漫游功能得出碰撞报告，对各专业相互间碰撞构件和位置进行全面了解。再依据报告内容与设计方沟通对设计进行优化，通过反复多次调整相应构件的标高和走向，使碰撞点逐步减少直至所有碰撞点消失，最后通过 BIM 软件传输到各专业的二维施工图指导现场施工。对于功能布局一致的区域，可以通过样板层的方式进行施工指导，样板层施工完毕后，标准层按照样板层施工，各专业顺利展开，避免了专业间互相交叉影响，减少了大量协调工作，保证了工期，避免拆改及人材机的浪费。

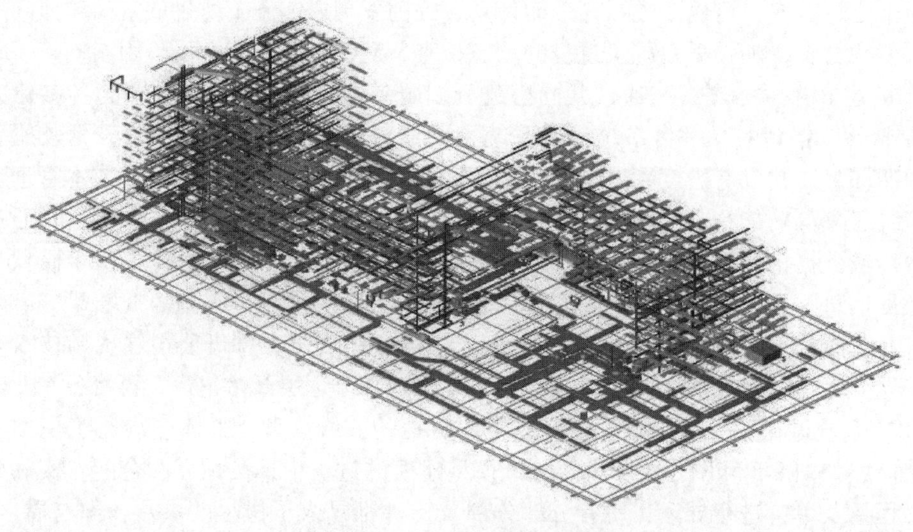

图 8-4　整体三维安装模型

（4）协助管线综合方案优化　先通过三维模型检查管线综合布局情况，建立全尺寸设备的三维模型，对复杂区域进行方案优化，查看出管线交叉碰撞问题，在优化设计后的三维管线综合布置图，导出安装综合排布平面图、剖面图及轴测图，对工人进行交底，保证工期与质量，避免返工，满足验收规范。

（5）提高现场管控能力　监理人员通过鲁班软件公司发布的 iBan 手机移动应用，对施工现场违反安全、质量要求的不规范行为即时拍照，并可同时通过手机将照片和文字说明传输到 BIM 共享平台上，起到监督检查和及时反馈的作用。各方负责人可以第一时间在异地通过平台掌握现场施工情况，提高现场管控能力及效率。

（6）进行成本的动态管理　BIM 技术能够实现项目成本的动态管理，将项目 BIM 模型数据导入系统中，系统根据选择的模型范围进行工程量分析和造价分析，可以通过合同清单和实际施工数据的量价对比，对材料使用、成本预结算、变更情况预结算等进行精确的计算。BIM 三维模型中的工程量作为项目成本管理的基础数据，在工程发生变更时，技术人员通过改变三维模型里的构件参数，直接得出变更前后的模型对比，可以直观地看出前后效果的区别，造价人员依据工程变更前后的三维模型直接计算出工程量的前后差异，使工程实现成本的动态管理。

（7）工程档案资料的管理　通过 BIM 施工模型过程资料的输入，建立模型与各信息数据间的可视化连接，工程竣工后通过导出存储在工程文件管理文件夹中的文件资料，更快更准确地整理出工程竣工档案。在后续运维管理阶段，可以通过 BIM 竣工模型技术系统及时查找设施设备的相关信息，避免人员通过二维图样及各种机电设备操作手册信息查找不全引起的误操作，给业主和运维人员提供管理便利。通过 BIM 竣工模型可以直观地看到一些隐蔽工程的详细信息，避免过去建筑物使用年限过长后，人员更换造成的隐蔽工程资料缺失；以及由于管线老化引起的安全隐患。并且对于突发事件的应急管理可以更加及时准确。

3. 运用 BIM 技术在工程造价管理方面进行效果分析

通过 BIM 技术对项目进行建模，从设计的模拟阶段过渡到实际的建造上来，各参建方通过使用 BIM 技术可以更好地协同配合对现场进行科学管理，提升施工建设水平，并保证了施工质量，从而获得更多的经济效益。

（1）招投标标底测算　在后续设备的招投标过程中，通过 BIM 模型对招标设备进行标底测算，与预算进行比较分析，提出合同中的资金支付计划，通过模型对设备基础模拟，提高招投标的效率。

（2）成本管控更加合理　本项目在实际施工中经历了 ±0.000 抬高，一、二层部分区域荷载提高的工程变更，通过 BIM 三维模型变更前后的对比和改变三维模型中的构件参数，可以直观地看出前后效果的区别，计算出工程量的变化，为工程成本控制提供参考依据。同时，根据 BIM 模型中可视化的进度变化分析，对实际进度计划和计划进度计划进行偏差分析，结合模型中实际工程量的计算，对进度变化引起的成本提高提供理论计算数据，对施工期间各阶段进度款进行综合分析，及时调整资金计划，会同各参建方完成支付审核，实现资金的动态管理。在结算时，通过预算模型和实际施工模型的比较，将链接自动计算出的预算和实际的工程量和工程款，作为结算款支付审核的参考依据。

图 8-5 是电梯由无机房电梯变更为有机房电梯后的屋面结构效果图比较，通过三维模型可以直观地看出变更后的实际效果，并快速计算出工程量的差异，为变更后的工程款支付提供依据。

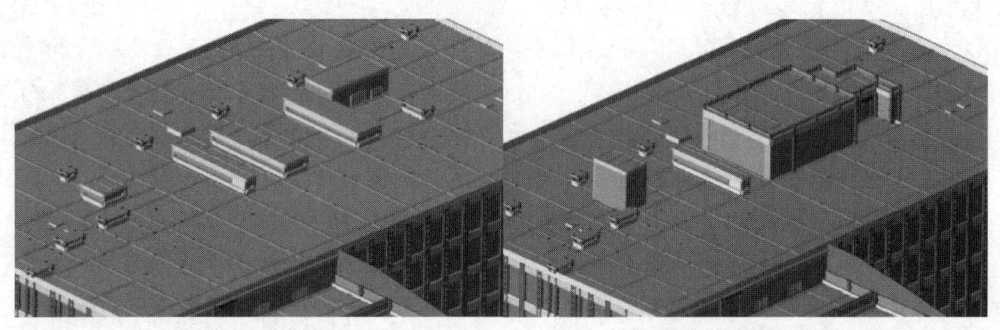

a) 无机房电梯的屋面结构　　b) 有机房电梯的屋面结构

图 8-5　无机房电梯变更为有机房电梯后的屋面结构效果图比较

如表 8-3 所示，模型在经过修改维护后，系统计算出了该版本模型的工程量数据，清楚地计算出了矩形柱混凝土等级 C30、C40、C35 的商品混凝土变更前后的使用量，通过汇总对比，驻场人员编写完成了变更前后数据对比表，表格清晰地反映出由于图样变更的执行所带来的与初始模型计算数据产生的差值，为后期结算提供依据。

经过对该工程 BIM 技术使用的初步估算，节省了人工费、材料费达上百万元，缩短了工期 3 个月之多。通过该项目在建设管理过程中 BIM 技术的应用，体会到了 BIM 技术给本项目相关管理人员带来了一套全新的项目管理模式，这种新模式有别于以往的方法，使工程数据更透明化，数据统计查找更加方便，数据的利用率也成倍提高，同时有效证明了 BIM

技术能够实现多方面信息数据共享，多角度数据分析统计，对施工现场管理起到了有益的帮助。

表 8-3 地上土建一次主体结构数据变更对比（节选部分）

序号	项目编码	项目名称	计量单位	工程量（变更前）	工程量（变更后）	数据差
混凝土及钢筋混凝土工程						
1	10402001001	矩形柱 混凝土等级：C30 商品混凝土	m^3	455.36	455.53	0.17
2	10402001003	矩形柱 混凝土等级：C40 商品混凝土	m^3	1 214.56	1 214.56	0
3	10402001002	矩形柱 混凝土等级：C35 商品混凝土	m^3	983.74	1 006.56	22.82

本章小结及关键概念

● **本章小结**：我国现阶段应用较广的工程造价管理模式主要有全过程造价管理、全要素造价管理以及全寿命周期造价管理等。

全过程造价管理是通过制定工程计价依据和管理办法，对建设项目从决策、设计、交易、施工至竣工验收全过程造价，实施合理确定、有效控制的理论和方法。其主要内容为工程造价的合理确定和工程造价的有效控制。

影响建设项目造价的因素有很多，控制建设项目造价不仅是控制建设项目本身的建造成本，还应同时考虑工期成本、质量成本、安全与环境成本的控制，因此需掌握一套从全要素管理入手的全面造价管理具体技术方法，从而实现工程成本、工期、质量、安全、环境的集成管理。全要素造价管理的核心是按照优先性的原则协调和平衡工期、质量、安全、环保与成本之间的对立统一关系。

全寿命周期造价管理是指从建设项目全寿命周期出发去考虑造价和成本问题，运用工程经济学、数学模型等方法，强调对工程项目建设前期、建设期、使用维护期等各阶段总造价最小的一种管理理论和方法。其核心是通过综合考虑建设项目全寿命周期中的建设期成本和运营期成本，努力争取实现建设项目价值最大化。

工程造价管理类软件的广泛应用为提高工程管理人员的工作效率做出了贡献。当前常用的工程造价管理类软件主要包括算量软件、计价软件、投标报价评审软件、合同管理软件及项目管理软件等。

BIM 技术是指以三维数字技术为基础，集成建设项目各种相关信息的工程数据模型，同时又是一种应用于设计、建造、管理的数字化技术。目前该技术主要应用在：投资决策阶段对多个设计方案进行模拟分析与投资估算分析，为业主遴选出价值最大化方案；设计阶段通过进行碰撞检验、施工模拟对成本实现有效控制；招投标阶段快速编制清单以提高工作效率；施工阶段通过可视化管理、变更管理等对进度、成本进行有效控制。

正确掌握认识现代工程造价管理的方式及手段是未来工程造价从业人员顺应时代发展的

趋势和增强自身竞争力的有力保障。

• **关键概念**：现代工程造价管理发展模式、全过程造价管理、全要素造价管理、全寿命周期造价管理、工程造价管理软件、BIM 技术。

习题

一、选择题

1. 建设工程全要素造价管理是指除控制建设工程本身的建造成本外，还应同时考虑对建设工程(　　)的控制。

①工期成本　②质量成本　③运营成本　④安全成本　⑤环境成本

A. ①②③⑤　　B. ②③④⑤　　C. ①③④⑤　　D. ①②③④⑤

2. 全寿命周期造价管理的指导思想是实现建设工程全寿命周期造价(　　)。

A. 最大化　　B. 平均化　　C. 最小化　　D. 动态化

二、填空题

1. 全过程造价管理具有两项主要内容，分别是________和________。

2. 全过程造价管理技术方法中的基本方法主要包括________、________和________。

3. 全寿命周期造价管理思想的核心是通过综合考虑建设项目全寿命周期中的________和________，努力争取实现建设项目价值最大化。

4. BIM 技术是指以三维数字技术为基础，集成建设项目各种相关信息的工程数据模型，同时又是一种应用于________、________、________的数字化技术。

三、简答题

1. 全过程造价管理是指什么？

2. 全寿命周期造价管理的内容有哪些？

3. 图形算量软件和工程计价类软件的原理分别是什么？

4. BIM 技术有哪些特点？

5. BIM 技术在我国尚属起步阶段，很多施工企业接触 BIM 技术后，经历了从开始的激动兴奋、到中间的茫然无助、再到后来的无奈放弃。请查阅相关案例和资料，提出合理建议来帮助施工企业正确有效地运用 BIM 技术。

模 拟 题

一、选择题（每题2分，共20分）

1. 下列属于建设项目决策阶段工程造价管理内容的是（　　）。

A. 编制工程量清单　　B. 投资方案经济评价

C. 审核设计概算　　D. 确定标底

2. 根据《注册造价工程师管理办法》，某注册造价工程师职业刚满2年时变更注册单位，则该注册造价工程师在新单位的注册有效期为（　　）年。

A. 1　　B. 2　　C. 3　　D. 4

3. 下列控制措施中，属于建设项目工程造价控制目标被动控制的是（　　）。

A. 制订实施计划时，考虑影响目标实现和计划实施的不利因素

B. 识别和揭示影响目标实现和计划实施的潜在风险因素

C. 制定必要的备用方案，以应对可能出现的影响目标实现的情况

D. 跟踪目标实施情况，发现目标偏离时及时采取纠偏措施

4. 某建设项目建设期为3年，分年均衡进行贷款，第一年贷款1 000万元，第二年贷款2 000万元，第三年贷款500万元，假设年贷款利率为6%，建设期只计息不支付，则该项目第三年的贷款利息为（　　）。

A. 204.11万元　　B. 245.60万元　　C. 345.00万元　　D. 355.92万元

5. 某产品有甲、乙、丙、丁4个部件，其功能重要性系数分别为0.28、0.40、0.38、0.17，现实成本分别为220元、200元、350元、90元。按照价值工程原理，应优先改进的部件是（　　）。

A. 甲　　B. 乙　　C. 丙　　D. 丁

6. 下列合同计价方式中，建设单位最容易控制造价的是（　　）。

A. 单价合同　　B. 总价合同

C. 成本加浮动酬金合同　　D. 成本加百分比酬金合同

7. 根据标准施工招标文件，下列合同文件的内容不一致时，或专用合同条款另有约定时，应以（　　）为准。

A. 专用合同条款　　B. 通用合同条款　　C. 投标函　　D. 中标通知书

8. 某承包人获取业主结算款700万元，合同价款余额还有500万元时因不合理而放弃工程，业主与新承包人以600万元的合同价款签订未施工工程的承包合同，则业主向原承包人提出（　　）索赔。

A. 100万元　　B. 500万元　　C. 600万元　　D. 1 100万元

9.（　　）是指不能全部计入当年损益，应当在以后年度分期摊销的各种费用，包括开办费、租入固定资产改良支出等。

A. 流动资产　　B. 固定资产　　C. 递延资产　　D. 无形资产

10. 根据《建设工程质量管理条例》的有关规定，电气管线、给排水管道、设备安装和装修工程的保修期为（　　）。

A. 2年　　B. 5年

C. 合同约定的年限　　　　D. 双方协议中约定的年限

二、填空题（每空 0.5 分，共 10 分）

1. 从广义上来说，工程造价包含______、______和设备及相关费用。

2. 工程、______和______是工程造价管理的三个关键词。

3. 工程造价管理的内容是______和______。

4. 有效控制工程造价的措施有合理设置工程造价控制目标、______、主动地动态控制和______。

5. 总平面设计中影响工程造价的主要因素包括______、功能分区、______和运输方式。

6. 按照有关规定，项目建设单位可以与施工单位在合同中约定按照不超过工程价款结算总额的______预留工程质量保修金，待工程交付使用缺陷责任期满后清算。

7. 缺陷责任期从______之日起计算。

8. 发包人参与的全部工程竣工验收分为______、______和______。

9. 现代工程造价管理的发展模式有______、______、______、______和______。

三、名词解释（每题 2 分，共 10 分）

1. 工程造价管理

2. 限额设计

3. 施工图预算

4. 招标控制价

5. 竣工决算

四、简答题（每题 4 分，共 20 分）

1. 简述建设项目决策与工程造价的关系。

2. 编制投资估算有哪几个阶段？每一阶段对应的精度是多少？

3. 简述价值工程法中提高价值的途径。

4. 简述建设项目竣工决算审查的意义。

5. 简述全过程造价管理的内容及其相互关系。

五、计算题（每题 10 分，共 40 分）

1. 某市拟为市民新建一栋活动大楼，现有甲、乙、丙三个方案如下：

甲方案：结构方案为大柱网框架剪力墙轻墙体系，采用预应力大跨度叠合楼板，墙体材料采用多孔砖及移动式可拆装式分室隔墙，窗户采用中空玻璃断桥铝合金窗，面积利用系数为85%。

乙方案：结构方案采用框架结构，全预制楼板，墙体采用内浇外砌，窗户采用双玻塑钢窗，面积利用系数为93%。

丙方案：结构方案同乙方案，采用全现浇楼板，墙体材料采用标准黏土砖，窗户采用双玻铝合金窗，面积利用系数为78%。

方案各功能的权重及各方案的功能得分如表 A 所示，试采用价值工程法选择最优方案。

表 A 方案功能权重及得分

功能项目	功能权重	各方案功能得分		
		甲	乙	丙
结构方案	0.24	8	9	9
楼板类型	0.12	10	7	8
墙体材料	0.36	8	8	9
窗户类型	0.10	9	7	8
面积利用系数	0.08	8	9	7

2. 某学校拟在校区附近新征地修建职工住宅 3.6 万 m^2，初步预计按 6 幢 6 层砌体结构及中等标准修建，该企业地处市郊，场地平坦，地基良好，无大量土石方工程，交通顺畅，具备现场施工条件。主要资料如下：根据房屋结构及标准，结合该地区造价水平及市场状况，按单位指标估算法估算建筑工程费用为 1 000 元/m^2；建筑安装费用中的电气照明工程为 45 元/m^2，管道工程为 25 元/m^2，光纤、电话、网络等弱电工程为 30 元/m^2；室外工程费用的估算按建筑安装工程造价的 20% 计取；工程建设其他费用为 1 324.3 万元；基本预备费及价差预备费按项目投资总额的 3% 计取；暂不估算设备及工器具购置费和贷款利息。试估算该项目的投资费用总额，并计算单方造价。

3. 某 6 层矩形住宅，底层为 370mm 厚墙，楼层为 240mm 厚墙，建筑面积为 1 600m^2，砖墙工程量的单位建筑面积用砖指标为 0.46，而该地区同类型的一般住宅工程（240mm 厚墙）测算的砖墙用砖耗用量综合指标为 0.42。试分析砖墙工程量计算是否正确。

4. 某建设总承包企业承包某建筑安装工程的合同总额为 800 万元，工期为 10 个月。承包合同规定：

1）主要材料和构配件金额占合同金额的 60%。

2）预付款额度为 15%，工程预付款应从未施工工程尚需的主要材料及构配件的价值相当于预付备料款时起扣，每月以抵充工程款的方式陆续收回。

3）工程保修金为承包合同价的 3%，业主从每月承包人的工程款中按 3% 的比例扣留。

4）除设计变更和其他不可抗力因素外，合同总价不做调整。

由业主的工程师代表签认的承包人每月计划和实际完成的建筑安装工程量如表 B 所示。

表 B 承包人每月计划和实际完成的建筑安装工程量 单位：万元

月份	1~6	7	8	9	10
计划完成的建筑安装工程量	360	210	80	90	60
实际完成的建筑安装工程量	370	190	80	100	60

试计算：（1）工程预付备料款是多少？

（2）工程预付备料款从几月份开始起扣？

（3）1~6 月及其他各月工程师代表签证的工程款是多少？应签发付款凭证金额是多少？